Ubuntu
&
CentOS
Stream
両対応

Linux +コマンド入門

シェルとコマンドライン、基本の力

西村 めぐみ［著］
Nishimura Megumi

技術評論社

はじめに
Linuxを知り、コマンドラインに親しむ

本書は、コマンドを通じてLinuxを知る、そして、Linuxを介してコマンドを学べる入門書です。

コンピューターの操作をキーボードからの文字入力によって操作する、そのときに使うのが「コマンド」(*command*)です。また、コマンドを入力する場所や入力した内容のことを「コマンドライン」(*command line*)といいます。コマンドラインを提供し、コンピューターと私たち利用者の間でインターフェースの役割を担ってくれるソフトウェアが「シェル」(*shell*)です。

Linuxが「使える」ようになる第一歩は、「シェル」と「コマンドライン」です。そして、二歩めも三歩めも「シェル」と「コマンドライン」といっても過言ではないでしょう。LinuxにもGUI(*Graphical User Interface*、画面上のアイコン等で操作するインターフェース)環境がありますが、GUI環境があってもなお、コマンドラインで操作を行い、コマンドの実行によって状況を把握し、コマンドの実行によって問題を解決する、それがLinuxの世界です。また、LinuxはGUIを要しないサーバーで使われていることが多く、GUI環境が使えない場面にも数多く直面するでしょう。

そこで、本書はコマンドラインを中心に据《す》えて、操作の方法はもちろん、コマンドの実行を通じて、Linuxのしくみや考え方を掴《つか》めるように解説を構成しました。

説明どおりに文字を打てばコンピューターを操作できるのはコマンドラインの便利なところですが、それだけでは「自分の道具」として使いこなすにはもう一歩足りません。コマンド自体の知識だけではなく、コマンドがどのように働き、どのように組み合わせて使えるかを知ることで、さまざまな応用が利くようになります。ある程度のことが把握できていれば、はじめて見るコマンドでも意外と使えるようになる、これもまたコマンドラインの魅力です。

そして、その応用範囲はLinuxだけに留まりません。WindowsやmacOSにもコマンドの世界は広がっています。もちろん、Linuxの世界も広大です。本書をきっかけに理解を深め、広い世界へ向かってステップアップしていただけたならうれしく思います。

2021年3月　西村 めぐみ

本書の構成

本書の解説内容は以下のとおりです。

第1章

Linuxとコマンド操作の基礎知識　まずは実際に試してみよう

Linuxとはどのような OSなのか、学習用の環境を作る方法、コマンドはどのように入力するか、そしてコマンドの使い方を調べる方法を解説します。Linuxにはじめて触れる方は本章の冒頭から開始してみてください。後半のコマンド入力については、コマンドラインに少し親しんでから改めて読み返してみると、新たな発見があるでしょう。

第2章

ファイルとディレクトリ　どこに何がある? どう探す?

Linux全体のディレクトリ構成、ドットファイル、ファイルやディレクトリの属性、シンボリックリンクなどを扱っています。ファイル操作用の基本コマンドもここで解説しています。本章で扱っているのは、いつでもどこでも、あらゆる場面で使うコマンド群です。

第3章

シェル&コマンドライン　コマンドを自在に実行する

コマンドラインを作り出している「シェル」についての章です。シェルの役割やさまざまな機能、そしてコマンドラインを使っていく上で必要となる、あるいは使えると便利なテクニックを紹介します。

第4章

テキスト操作　Linuxの設定に必要な操作をマスターしよう

テキストの表示や検索、簡単な加工を行うためのコマンドを解説しています。テキスト操作というとファイルの読み書きをイメージするかもしれませんが、コマンドラインでは実行結果もまた「テキスト」です。コマンドラインでの操作のさまざまな場面にテキスト操作が登場し、登場させることで利便性が向上します。最後に、コマンド環境で環境設定を変更する際に使用するテキストエディタについても扱います。

第5章

パッケージ管理　必要なモノを揃えられるようにしよう

ソフトウェア/ツールの追加やアップデートの操作の章です。リポジトリの操作についても扱います。本章は必要になってから読む章ですが、必要になる前に少し体験しておくことで、心の準備となるでしょう。開発中のソースやドキュメントを入手する際に必要になることが多い「Git」の操作についても扱っています。

第6章

ユーザーとプロセス　誰が何を実行しているかを意識しよう

ユーザーの管理、プロセスの管理、そしてファイルシステムについて扱います。いずれも状況確認が中心ですが、本格的なシステム管理を行う上での基礎知識となる事項です。ユーザーの追加や削除は本番環境ではなかなか試すことができませんが、本書で紹介している仮想環境であれば気軽に実行できます。

第7章

ネットワーク　自分の状況を把握できるようになろう

ネットワークの基礎知識から、現在の状況を確認できるコマンドまでを解説しています。本格的なシステム管理を行う上での基礎知識となる事項です。SSHによるリモートログインやLinuxのGUI環境を支えるX Window Systemについても扱います。Linux同士はもちろん、WindowsやmacOSと仮想環境の組み合わせでリモートログインを体験できます。

Appendix

コマンドラインで広がる世界　WordPress/Python/Raspberry Pi

Linuxおよびコマンドの学習と実践に役立つ具体例を取り上げました。

A.1「WordPress」では、Webサーバーとデータベースサーバーを第5章のパッケージ操作でインストールし、WordPressを第2章のtarファイル操作でインストールします。

A.2「Python」では、Python仮想環境の構築とグラフ描画を試します。シンボリックリンクや環境変数が具体的にどう使われているのかを学びます。

A.3「Raspberry Pi」では、数千円〜1万円程度で手に入る超小型コンピューター「Raspberry Pi」のインストールを通じてファイルのダウンロードやデバイスの操作、SSHおよびVNCによるリモート接続を行います。

特別収録

Linux[基本]コマンドQuickリファレンス

巻頭/巻末(見返し)に、主要なコマンドの一覧を掲載しました。オプション類は、とくに使用頻度の高いものを掲載しています(具体的な使用方法などは、本文で解説)。

紙幅の関係でコマンドごとのオプション一覧は掲載していませんが、本書で取り上げたコマンドのオプションは巻末の索引で参照できますので必要に応じて活用してみてください。また、Linuxに収録されているマニュアル参照用のコマンドの使い方、およびマニュアルの読み方については第1章で解説しています。

本書の想定読者および前提知識について

本書は、Linuxのコマンド操作を学習したい方々を想定しています。コンピューターの操作にはある程度馴染みがあり、WindowsやmacOSなど、自分が普段利用しているコンピューターであれば、以下の操作ができる方々を想定しています。

- **URLが書かれていたら、Webブラウザで表示できる**
- **インストール用のファイルをダウンロードしてインストールできる**
- **「AというフォルダにあるBというファイル」という説明で、エクスプローラーやFinderでそのファイルを見つけて、必要に応じてコピーや削除ができる**

なお、本書ではLinux初学者の方々を想定し、注釈や参照ページが多めに付してありますが、基本的に飛ばして問題ありません。本文を読んでいて気になったときだけ参照してみてください。

動作確認環境について

動作確認は、Ubuntu Desktop 20.04.2.0 LTSおよびCentOS Stream 8で行っています。バージョンやインストールしたタイミングによって、ファイル構成が若干異なることがありますが、本書の学習範囲においては大きな影響はありません。

本書で使用しているコマンドの日本語化の度合いはディストリビューションおよびバージョンによって異なります。コマンドの実行例には原則としてUbuntuを使用しており、実行結果の表示内容はUbuntu Desktop 20.04.2.0 LTS（インストール時に日本語を選択）に従っています。

なお、第1章で、学習用の環境としてVirtualBoxというソフトウェアを使ってLinuxをインストールする方法も紹介しています（本文には導入時のポイントのみを扱っており、具体的な手順などはサポートページに掲載）。

本書の補足情報について

本書のサポートサイトなど、補足情報は以下から辿《たど》れます。

URL **https://gihyo.jp/book/2021/978-4-297-12024-5**

目次●Linux+コマンド入門　シェルとコマンドライン、基本の力

Appendix
コマンドラインで広がる世界

Column

第1章

Linuxとコマンド操作の基礎知識

まずは実際に試してみよう

本章では、学習用の環境を作る方法、そして電源を入れてからコマンドが入力できるようになるまでどのようなことが行われているか、コマンドはどのように入力するか、そしてコマンドの使い方を調べる方法を解説します。

コマンド操作は習うのも慣れるのも大切です。学校や職場などで使うためにLinuxを学習するという方も、学習用の環境を作ることをお勧めします。いつでも作り直せるので安心して操作できる、そして管理者として操作できるような学習用の環境があれば、効率良く操作を試すことができる、という利点があります。

1.1 そもそもLinuxとは何だろう

いろいろなところで、いろいろな名前のLinuxが動いている

コンピューターを使用するとき、私たちはハードウェアを直接操作するのではなく、アプリケーションソフトやOSを通じてさまざまな操作を行っています。

いろいろなところで、活躍中のLinux
アプリケーションソフトを支えるOS

OS（*Operating System*）は、コンピューター全体を管理し、制御して、さまざまなアプリケーションソフトを実行できるような環境を整えるソフトウェアです。いわゆるPCで使用されているのがWindows、Appleのコンピューターで使用されているのがmacOSです。スマートフォンでいえば、iPhoneで使われているOSがiOS、一方AndroidというOSは、さまざまな会社のスマートフォンで使われています。

アプリケーションソフト（*application software*、**アプリ**）は、Google ChromeなどのWebブラウザや文書作成用のWord、表計算用のExcelなど、特定の用途向けに開発されたソフトウェアです。アプリケーションソフトは、OSという基礎があってはじめて動かすことができます。

本書のテーマであるLinuxもOSの一つで、PCやサーバーをはじめとするさまざまな場所で使われています。また、仮想マシンというしくみを使うことで、WindowsやMacの中にLinuxをインストールする、という使い方もできます（**図A**）。

図A いろいろなところにLinux！

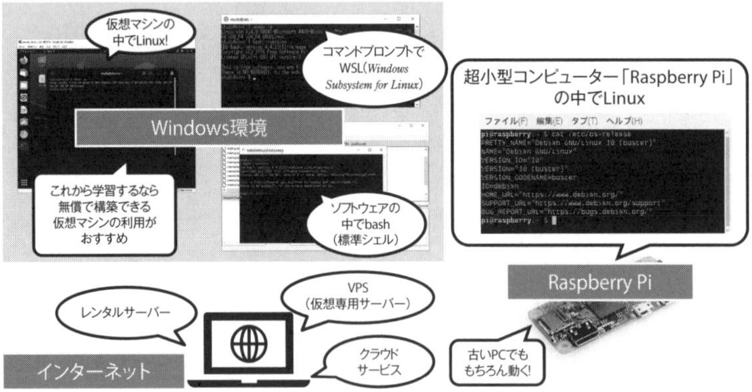

Linuxをインストールしてみよう、ダウンロードしてみよう、と思ったときにおそらく迷うのが「どの」Linuxをダウンロードすれば良いのか、です。Linuxには、開発元/提供元ごとにいろいろな名前が付けられているのです。ここを理解するために、まず、Unix系OSの歴史について簡単に振り返ってみることにします。

UNIXの歴史
LinuxはUNIXから枝分かれして発展してきた

Linuxは大きな分類としては「Unix系」と呼ばれるOSの仲間です。この元となるOSが、大文字で表記される「UNIX」です[注1]。

UNIXの歴史は1969年にAT&Tのベル研究所で始まりました。UNIXは、おもにミニコン[注2]やワークステーションで利用されていましたが、当初は商用ではなく研究用途での開発であり、設計内容が公開され自由に利用できるようになっていました。

自然な流れとして、さまざまな企業や団体がUNIXを自分の環境に合わせて独自に改造して使用しました。その結果、同じ「UNIX」と名乗っていても内容に隔たりが生じてくることになります。

とくに大きな勢力となったのが**BSD系**と呼ばれるグループです。BSDとは「Berkeley Software Distribution」の略で、1970年代から1980年代にUCB（*University of California, Berkeley*、カリフォルニア大学バークレー校）で開発されて、大学や研究所などの教育機関で広く普及しました。現在はBSD自体の開発は休止されていますが、派生システムであるFreeBSDやNetBSD、OpenBSDなどは開発が続けられています。また、macOSもBSD系であり、ターミナルと呼ばれるウィンドウの中でUnix系OSのコマンドを使えます。

Linuxカーネルの誕生
PCでUnix風OSを使いたいと思った学生が「Linuxカーネル」を作った

1980年代に入り、AT&TはUNIXを商用のOS「UNIX System V」（SysV、システムファイブ）としてリリースしました。当時UNIXが動作するコンピューターは高価なものであり、UNIXのライセンス料も高価でした。フリーで開発が続けられていたBSD系にしても、対象としているコンピューターは大企業や大学で使うミニコンやワークステーションです。1984年にIBMがPC/AT（*Personal Computer for Advanced Technologies*、System Unit 5170）というPCを発売し、小規模な会社や家庭でもコンピューターが使えるようになりました。しかし、このころのPCは非力で、その上で動くUnix系OSとしては教育目的で開発されていたMINIXはあったものの、研究や実務で利用できるようなものはありませんでした。

そんな中の1991年、フィンランドの学生だったリーナス・トーバルズ（*Linus Torvalds*）氏がPCで使えるUnix風OSであるLinuxを公開しました。ここで公開されたのは「カーネル」です。**カーネル**（*kernel*）とはOSの核となる部分で、たとえば、ディスク装置などを使用した外部記憶の管理、プロセスの管理（メモリー配分、CPUの時間配分、CPUが複数あればその配分）などを行います。

Linuxカーネルを活用するソフトウェアを世界中の人々が作った

Linuxカーネルを使ってコンピューターを操作するには、つまり、OSとして使えるようにするには、画面への表示や入力をはじめとするさまざまなソフトウェアが必要です。そうい

注1　現在は「UNIX」という商標はThe Open Groupという国際的な標準化団体によって管理されています。The Open Groupが定めている規格はSUS（*Single UNIX Specification*）といい、SUSの認証を受けたら「UNIX」と名乗れるということになっています。認証を受けているOSはThe Open Groupのサイトに掲載されています。
URL https://www.opengroup.org/openbrand/register/

注2　現在のパーソナルなコンピューターが誕生する以前、研究室などで利用されていたコンピューターで、「ミニ」とは大型汎用機と比較しての「ミニ」であり、現在のパソコンと比べるとかなり大きな筐体でした。

ったソフトウェアは、Free Software FoundationのGNU（次ページのコラムを参照）をはじめ、世界中の多くの人々が開発したものが使われました。

ディストリビューション
LinuxをOSとして使うためのソフトウェアをまとめて配布

初期のLinuxは、公開されているソースコードを入手し、自分のPCで動くように構築し、必要なツール類と組み合わせて動くようにする作業が必要でした。しかし、この作業は簡単ではなく、必要なソフトウェアの数も膨大で、組み合わせも多岐にわたります。

この面倒な作業をせずにLinuxを使えるようにするために、「カーネルを中心に、OSとしてすぐに利用できるように組み合わせたソフトウェアのセット」が配布されるようになりました。こうしたセットは**ディストリビューション**（*distribution/distro*）と呼ばれ、あたかもOSそのものの名前のように理解されることもあります（**図B**）。

現在も多種多様なディストリビューションが開発されています。たとえば、Ubuntu《ウブントゥ》**注3**やCentOS《セントオーエス》**注4**は世界中で使われており、日本語の情報も豊富です。

図B　いろいろなLinux

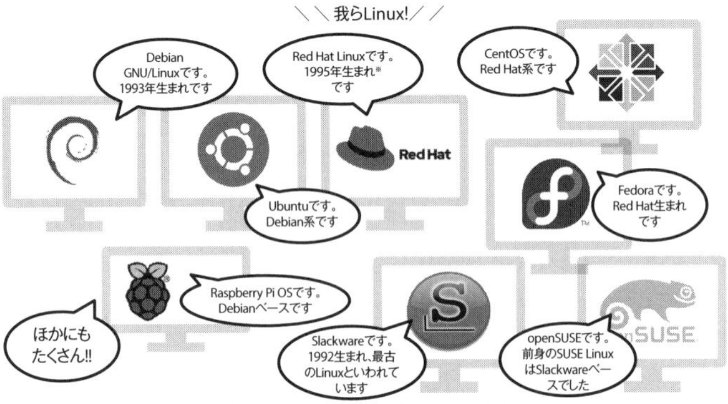

※Red Hat Linuxは発表当時の名前で、現行は「Red Hat Enterprise Linux」（RHEL）。CentOSはRHEL互換。

ディストリビューションにはそれぞれ特徴がありますが、とくに大きな違いはソフトウェアの管理方法です。たとえば、CentOSをはじめとするRed Hat系と呼ばれるディストリビューションでは「rpm」というパッケージ形式が使われています。DebianやUbuntuでは「deb」というパッケージ形式が使用されています。

このほか、サーバー用プログラムの起動方法や設定ファイルの配置が、ディストリビューションによって、あるいは同じディストリビューションでもバージョンによって異なることがあります。

注3　Ubuntuの発音は公式サイトで明記されており、音声ファイルはWikipediaでも確認できます。意味はズールー語で「humanity to others」です。ズールー語はUbuntuを開発しているCanonical（カノニカル）の創業者が生まれた国である南アフリカ共和国の公用語。 URL https://ubuntu.com/about

注4　CentOSは「The Community ENTerprise Operating System」という意味です。どのように発音するかはCentOSのフォーラムでもたびたび話題に上っており、概ね「セントオーエス」または「セントス」とされています。2021年現在は「CentOS Stream」中心に開発が進められています（p.7の脚注）。本書ではシリーズの総称としてCentOSという名称を使用しています。 URL https://forums.centos.org

Column

GNUプロジェクトと「フリーソフトウェア」

GNUとは、Free Software Foundation（フリーソフトウェア財団、FSF）が進めているUNIX互換OSおよびソフトウェア群の開発プロジェクトの総称です。GNUは「GNU's Not Unix!」の略で、再帰的頭字語（正式名称の中にそれ自身が含まれている略語）となっています。なお、動物のgnu《ヌー》と同じ綴りですが、こちらのGNUは「グヌー」または「グニュー」のように「G」も発音します。

FSFは、**リチャード・ストールマン**（*Richard M. Stallman*）氏が掲げるフリーソフトウェアの理念をもとに設立された団体です。

フリーソフトウェアというと、無償ということが注目されがちですが、ここでいう「フリー」（*free*）の第一の意味は「自由」です。FSFでは、フリーを「実行、複製、頒布、研究、変更、そして改良する自由」と定義しています。この理念に基づいて定められた使用許諾が**GNU GPL**（*GNU General Public License*）です。

GNU GPLは開発者と利用者の自由を守るためのライセンス

GNU GPLにはいくつかの種類がありますが、原則として、GNU GPLの下で配布されるソフトウェアは、開発者と利用者の自由が守られているという意味のフリーソフトウェアです。利用者はソフトウェアのソースコードを参照することができ、そのソースコードを改変して新たな開発ができます。さらに、GNU GPLのソフトウェアを改変したソフトウェアもまたGNU GPLを継承する（「自由」が引き継がれる）ことが必要とされます。したがって、GNU GPLのソフトウェアを元に新しいソフトウェアを開発して公開する場合、改変したソースコードを参照できるようにしておく必要があります。

一方、企業で開発し、ソースコードを公開せずに販売したい場合など、GNU GPLを守れないケースもあります。そうした場合は、ほかのライセンスで公開されているソースを元にしたり、まったく新規で開発（スクラッチ開発）することになります。

GNU版とBSD版

GNUソフトウェア群を使わずに開発され、無償で配布されているソフトウェアもたくさんあります。

たとえば、BSD系のシステムの多くで使われている**BSDライセンス**（*BSD License*）があります。UCB（カリフォルニア大学バークレー校）のコンピューター・システムズ・リサーチ・グループ（*Computer Systems Research Group*、CSRG）によって策定されたライセンスで、種類がいくつかありますが、概要としては、❶「無保証」であることの明記と、❷著作権およびライセンス条文自身の表示を再頒布の条件としています。

ライセンスや開発の経緯から、同じコマンド名でも、「GNU版」と「BSD版」が存在することがあります。もちろん主要機能は同じですが、新しい機能が追加されていたり、逆に開発が止まっているようなケースもあります。また、コマンドの動作を変えたいときにコマンドラインでオプションと呼ばれる文字列を指定しますが（p.15）、GNU版の場合、「`-`」（ハイフン1つ）とアルファベット1文字のオプション（ショートオプション）のほかに、「`--`」（ハイフン2つ）と文字列の組み合わせで指定するオプション（ロングオプション）が使えるようになっている傾向にあります。GNU版のコマンドの多くは`--version`というオプションでコマンドのバージョンと開発のクレジットを確認できるようになっています。

1.2 学習用の環境を作ろう

「仮想マシン」にLinuxをインストール

テスト環境や勉強用の環境を作りたいときには、VirtualBox[注5]やVMware[注6]のような「仮想化ソフトウェア」を利用するのが扱いやすく便利です。VirtualBoxやVMwareを使うことで、Windowsやmac OSが動作しているコンピューターの中で、別のコンピューターを仮想的に作り、その中にLinuxをインストールできます。仮想化ソフトウェアによって作られたコンピューターを仮想マシン(*Virtual Machine*、VM)といいます。

本書ではVirtualBoxを使用します。本書原稿執筆時点でVirtualBoxはWindows、macOS[注7]、Linux環境で利用でき、すべて無償版がダウンロード可能です。

仮想マシンを使用するメリット
確実にインストールでき気軽に試すことができる

Linuxは使用するハードウェアのスペックに合わせてかなり柔軟なセットアップが可能なことから、古いコンピューターの活用方法としても人気があります。しかし、「最初の学習環境としては」お勧めしません。ハードウェア固有の問題で、インストールそのものにつまずくことがあるためです。もちろん、ほとんどの場合はインターネットの情報などを手がかりに解決できますし、それらに対処するのも勉強のうちではありますが、最初の一歩としてはハードルが高くなります。仮想マシン、とくに、VMwareシリーズや本書で使用するVirtualBoxによる仮想マシンはLinuxのインストールが簡単で、かつ利用者も多いので情報も豊富です。

ディストリビューションの選択
最初の学習には情報の多いUbuntuかCentOSがお勧め

どのディストリビューションを使うかは好みで良いのですが、なるべく情報を入手しやすいもの、そして、本番環境で利用する可能性が高いもの、あるいは互換性があるものを選ぶのが良いでしょう。無償で使えて、かつ、インターネットや書籍の情報も豊富なのがUbuntuとCentOSです。

たとえば、学校や会社で使用するサーバーやレンタルサーバーがCentOS、あるいはRed Hat系のLinuxであれば、CentOSを選択しておくのが無難です。同様に、UbuntuやDebian系のLinuxであれば、Ubuntuを選択するのが良いでしょう。ちなみに、AWS(*Amazon Web Service*)で推奨されている「Amazon Linux」の場合、ソフトウェアの追加などにはRed Hat系と同じコマンドを使うので、CentOSで学習すると良いでしょう。

注5 Oracle VM VirtualBox URL https://www.virtualbox.org

注6 VMware Japan URL https://www.vmware.com/jp.html

注7 Apple M1チップ搭載のMacシリーズの場合、従来シリーズとはCPUの種類が異なるため、VirtualBox上でIntel互換CPU用のLinuxを動かすことはできません(2021年3月現在)。同様な目的で利用されている仮想化ソフトウェア(有償)であるVMware FusionやParallels Desktopでは今後対応される可能性があるほか、UTM(iOSおよびM1搭載のMacに仮想マシンを作成できるソフトウェア)では、ARM64版のLinuxがインストール可能です。

なお、同じUbuntuあるいはCentOSでも、バージョンやインストール時のオプションによって、インストールされるコマンドや設定ファイルは異なることがあります。ただし、本書で解説しているような基本的なコマンドは、Linuxであれば、あるいはUnix系OSであれば、ほとんど同じように使えます。設定についても、ファイルの構成などが若干異なることはあっても、基本的な考え方は共通です。したがって、それほど細かく考えず、「なんとなく」で選んでも差し支えありません。余力があれば、複数のディストリビューションを試すのも良いでしょう。

本書では、Ubuntu Desktop 20.04.2.0 LTSおよびCentOS Stream 8[注8]を使用しています。

インストールのポイント
仮想マシンの設定とLinuxインストール時の注意点

仮想化ソフトウェアはインストーラーの形で配布されているので、ダウンロードして実行するだけでインストールできます。ここでは、VirtualBoxで作った仮想マシンにUbuntuおよびCentOSをインストールする際のポイントを紹介します(具体的な手順はサポートページを参照)。

なお、VirtualBoxをインストールする側のOS(WindowsやmacOS)のことを「ホストOS」、VirtualBoxで作成した仮想マシンにインストールするOS(今回の場合はLinux)を「ゲストOS」と呼びます。

ネットワークは[NAT]または[NATネットワーク]を使用する

ソフトウェアの追加や更新を行う際に、インターネットへの接続が必要になります。そこで、Virtual Boxでは[ネットワークアダプタの有効化]をオンにして、デフォルト設定である[NAT]または[NATネットワーク]を利用すると良いでしょう。

ゲストOS用のネットワーク設定にはいくつかの選択肢がありますが、NATを使用した場合、ゲストOSからホストOSやインターネットへのアクセスは可能ですが、ホストOSやネットワーク内の別のコンピューターからはゲストOSにアクセスできません。

学習用に、仮想マシンで動作しているLinuxにSSHで接続してみたい、という場合は[ポートフォワーディング]を設定しておきます。ネットワークの設定は、仮想マシンをインストールした後でも変更可能です。ゲストOS同士のネットワーク通信を試してみたい場合は、[NATネットワーク]を使用します(次ページの**図C**)。

ほかのコンピューターと同じネットワーク上で使いたいのであれば、[ブリッジアダプター]という設定を使用します。この場合、ホストOS以外のコンピューターとも相互に通信できることになります。ブリッジ接続の場合は、仮想マシンであってもほかのコンピューターと同じレベルでのセキュリティが必要になる点に留意してください。たとえば、学習用途でゲストOSでサーバーを動かすような場合は無防備な状態にならないよう注意が必要です。本書の解説は、NATまたはNATネットワークでの利用を前提としています。

なお、ホストOSとゲストOS間のファイルのやりとりは、ネットワークの設定を問わず、行えるようになっています。

注8　CentOS 8は開発の終了が発表されており、CentOS Streamへの移行が推奨されています。CentOS Streamは RHEL (*Red Hat Enterprise Linux*) の開発版ベースのディストリビューションで、CentOS 8からCentOS Stream 8への移行方法はCentOSのサイトで公開されています。本書の範囲では、CentOS 8とCentOS Stream 8で使用するディレクトリ構成やコマンドは共通です。 URL https://centos.org/distro-faq/

図C ネットワークの設定(ゲストOS)※

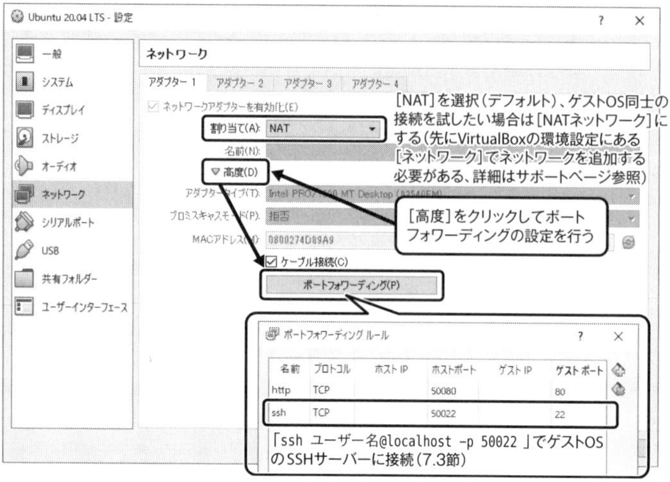

※ NATネットワークの場合はVirtualBoxの[環境設定]にある[ネットワーク]で設定。

USB3を使用したい場合は拡張パックを追加する

仮想マシンで外部ストレージへの接続が必要になることはあまりありませんが、外部メディアへのアクセスを試してみたい場合にUSBメモリー等を接続して使用することがあります。この場合、ホストOSのUSBポートに外部メディアを接続してゲストOSから使用することになりますが、USB 3.xの利用には拡張パックが必要です。VirtualBoxと同じ場所でダウンロードできる「Oracle VM VirtualBox Extension Pack」を、[ファイル]メニューの[環境設定]にある[拡張機能]で追加してください。

GUIもインストールしておく(CentOS)

CentOSは、インストール時に[ソフトウェアの選択]で大まかな目的に合わせたパッケージグループを選択できます。デフォルトは「サーバー(GUI使用)」で、最初の学習時にはこの選択をお勧めします。サーバー環境で実際に使用するのはCUI環境(コマンド入力のみで実行する環境)であることが多く、本書で扱うのもコマンドのみですが、学習時はファイルや環境設定などを確認する際にGUIがあった方が便利です。また、コマンドを入力する際に使用する「端末」というソフトウェアを複数同時に起動できるというメリットもあります。なお、個々のパッケージは簡単に追加できるので(第5章)、インストール時に選択しなくても問題ありません。Ubuntuの場合、標準環境としてGUI環境がインストールされます。

管理ユーザーを有効にしておく(CentOS)

Linux環境では、管理者用の権限が必要なコマンドを使用する際に**sudo**コマンドを使用します(p.176)。インストール時の[ユーザーの作成]画面で「このユーザーを管理者にする」にチェックマークを入れておくことで、インストール時に作成したユーザーで**sudo**コマンドが使用できるようになります。

Ubuntuの場合、インストール時に作成したユーザーは**sudo**コマンドが使用できるように設定されています。

Column

Windows Subsystem for Linux（WSL）

Windows 10には「Windows Subsystem for Linux」（WSL）というしくみがあり、Windows環境にそのままLinux環境を作ることができます。

ただし、一部のネットワークコマンドなど、ハードウェアに依存するコマンドが利用できない点、Windowsネイティブの環境へもアクセスできるため操作に不慣れなうちはWindows用のファイルを書き換えてしまう危険がある点などから「最初の学習用」にはお勧めしません。一方、Windows環境でそのままLinux系のコマンドが使用できるというのは、快適で便利なことも多いので、ある程度慣れてきたらぜひ試してみてください。[コントロールパネル]の[Windowsの機能の有効化または無効化]で[Linux用Windowsサブシステム]を有効化し、Microsoft StoreでLinuxを検索してインストールすれば使えます。

なお、WSLではMicrosoftのHyper-Vという仮想化システムが用いられていますが、このHyper-Vとほかの仮想化ソフトウェアが共存できないケースがあります。WSLには「WSL 1」と「WSL 2」という2つのバージョンがあり「WSL 2」はVirtualBoxと共存できないという問題がありました。この場合、VirtualBoxを動かすには、WSLを無効化する必要があります。

参考に、筆者の環境ではWindows 10 Pro（バージョン1709〜20H2）およびWindows 10 Home（20H2）で「WSL 1」とVirtual Boxの組み合わせで使用しています。

- Windows Subsystem for Linuxに関するドキュメント（Microsoft）
  URL https://docs.microsoft.com/ja-jp/windows/wsl/

1.3 Linuxを起動してみよう

電源を入れてからログインするまで

コンピューターが起動するときには、ごく小さなソフトウェアが次のソフトウェアを読み込む、という作業が繰り返されます。このような動作を、ブートストラップ（*bootstrap*）といいます。コンピューターの電源を入れてからログインできるようになるまでの大まかな流れを見てみましょう（次ページの図D）。

BIOS/UEFI

電源を入れるとマザーボードのBIOS/UEFIが実行される

コンピューターの電源を入れると、まず、ハードウェアのBIOSまたはUEFIの画面が表示されます。マザーボードのメーカー名やロゴマークが表示されるでしょう。

BIOSやUEFIでは、起動に使用するデバイスの優先順位などが設定できます。画面表示に従って F2 や F12 、 Delete などを押すと設定画面が表示されます。VirtualBoxの場合は F12 で起動デバイスの選択ができます[注9]。BIOS《バイオス》（*Basic Input/Output System*）は入出力を行う最も基本的

注9　仮想マシンの[設定]メニューにある[システム]-[起動順序]でも変更できます。

図D 電源を入れてからログインまでのおおまかな流れ(イメージ)

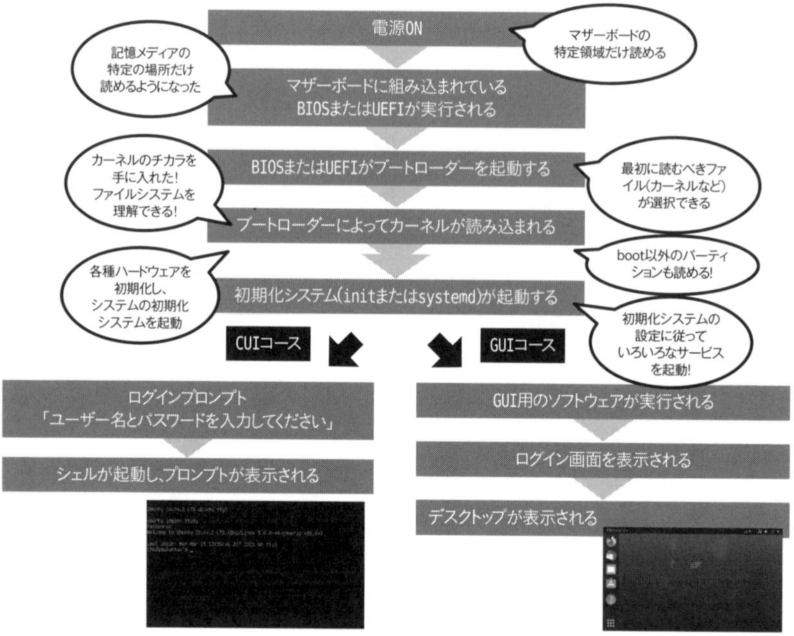

なシステムで、マザーボード(*motherboard*、CPUやメモリー等を装着し入出力装置を接続する基板)上の特別な領域に保存されています。UEFI(*Unified Extensible Firmware Interface*)はセキュリティなどにも対応した新しいインターフェースの名前で、UEFIを採用しているシステム(UEFI BIOS)も「UEFI」と呼ばれています。

ブートローダー
カーネルや設定を選択して読み込む

BIOS/UEFIが実行されると起動デバイスにアクセスできるようになります。

起動デバイスはそれぞれ最初に読み込むべき場所が決まっています。ここにインストールされているのが**ブートローダー**(*boot loader*)で、UbuntuやCentOSではGRUB(グラブまたはジーラブ)が使われています。GRUBはカーネルや設定をメニューで選択できるほか、キーボード入力による簡単な対話処理もできます。Ubuntuの場合、Ubuntuのロゴの画面が表示される前に Esc を押すとGRUBの画面が表示されます(次ページの**図E**)。

ブートローダーで設定されているカーネルの起動パラメータには、最初に使用するディスクや最初に実行するコマンド、あるいはinitrdで使用するファイル名などが書かれています。initrdはLinuxカーネルが起動時に初期RAMディスク(*initial ramdisk*)を使用するためのしくみで、各種実行ファイルや設定ファイルが保存されている場所(ルートファイルシステム、6.6節)を使用できるようになる前に必要なファイルを格納しておけます。

図E ブートローダーの画面（Ubuntu）※

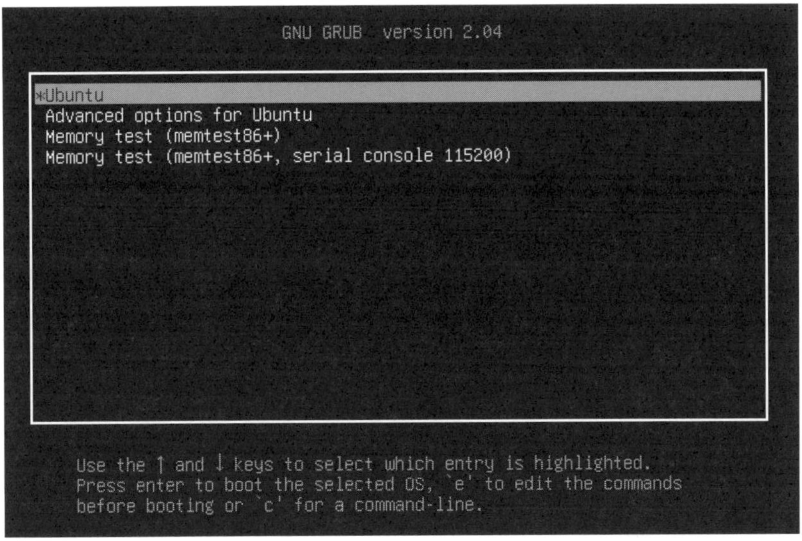

※Ubuntuのロゴが表示される前に[Esc]を押すと、ブートローダーに画面が表示される。
[Enter]で選択したメニューから起動、[e]でメニューの内容を確認できる（メニュー編集モード、編集モードから起動するには[Ctrl]+[X]）。

システムの初期化
initとsystemd

カーネルを読み込んでディスクへのアクセスなどが可能になった後、最初に実行されるのがシステム全体の初期化を行うコマンドです。Linuxでは**init**または**systemd**が使用されており、現在の主流は**systemd**です[注10]。

systemdから何が実行されるのかは、**systemctl**コマンドで設定、確認できます（p.196）。

ログイン
システムの初期化が終わるとログインを促す画面が表示される

システムの初期化が終わると、**ログイン**（*login*）を促す画面が表示されます。GUI環境では「サインイン」あるいは「ログオン」「サインオン」と表現されることもありますが、意味は同じで、要はユーザーの認証を行い、システムを利用できるようにするための操作です。

GUI環境が入っている場合はアカウントが表示されているので、ログインしたいアカウントをクリックしてパスワードを入力します。

GUI環境が入っていない、または無効になっている場合「**login:**」というログインプロンプトが表示されるので、ユーザー名を入力して[Enter]を押し、続いて、パスワードを入力して[Enter]を押します。パスワードは入力しても画面には表示されないようになっています。

注10 Ubuntu環境では「**ps 1**」（最初に起動したプロセスを表示、6.3節）で表示されるのは**/sbin/init**ですが、これは**/lib/systemd/systemd**へのシンボリックリンク（2.6節）です。

シェル
ログインするとシェルが起動し、ユーザーからの操作を受け付ける

ログインに成功すると、**シェル**（*shell*、殻《から》）と呼ばれるプログラムが起動します。コンピューターを使用するとき、私たちは、カーネルを直接操作するのではなく、シェルを通じてコマンドを実行します。カーネルを包み込むような存在であることからこのような呼び名になっています。

シェルには、ユーザーからの入力を受け付けて、コマンドを実行するという働きがあり、GUI環境の場合、たとえばUbuntuやCentOSの場合、「GNOME Shell」というグラフィカル環境を提供するシェルが動いています[注11]。

しかし、一般に「シェル」といった場合、とくにLinuxなどのUnix環境でシェルといった場合は、**コマンドラインシェル**（*command line shell*）を指します。コマンドラインシェルは利用者からのキー入力を受け取り、Enterを押すと入力された内容を実行し、実行結果を画面に表示します。UbuntuやCentOSでは、デフォルトのシェルとして**bash**というシェルがインストールされます（3.1節）。

1.4
コマンドを入力してみよう
基本的な書き方を把握しよう

それでは、さっそくコマンドを入力してみましょう。ここでは、コマンドラインのごくごく基本的な使い方と、コマンドの使い方を調べる方法を解説します。

端末エミュレーター
GUI環境では端末エミュレーターでコマンドを実行する

コマンドを入力するためには**端末エミュレーター/ターミナルエミュレーター**（*terminal emulator*、仮想端末、p.24）というソフトウェアを使用します。Ubuntuの場合はCtrl+Alt+T、または左上の[アクティビティ]や左下のアプリケーションボタンから[端末]を探してクリックします。CentOSの場合は[アクティビティ]に端末アイコンがあるのでクリック、メニューにアクティビティが表示されていない場合は[アプリケーション]メニューの[システムツール]にある[端末]をクリックします（次ページの**図F**、**図G**）。

「端末」にはコンピューター本体に信号を送る末端（*terminal*）にある装置、情報の出入口という意味があり、この端末装置の代わりになるソフトウェアを端末エミュレーター/ターミナルエミュレーターと呼びます。今回起動した「端末」のほか、xtermやkterm、rxvtなどさまざまな種類がありますが、役割はみな同じです。

注11　UbuntuのGUI環境では「Ubuntu Unity」というシェルが使用されていましたが、Ubuntu 17.10（LTS版はUbuntu 18.04）以降はGNOME Shellがデフォルトになりました。

図F 端末を開く(Ubuntu)※

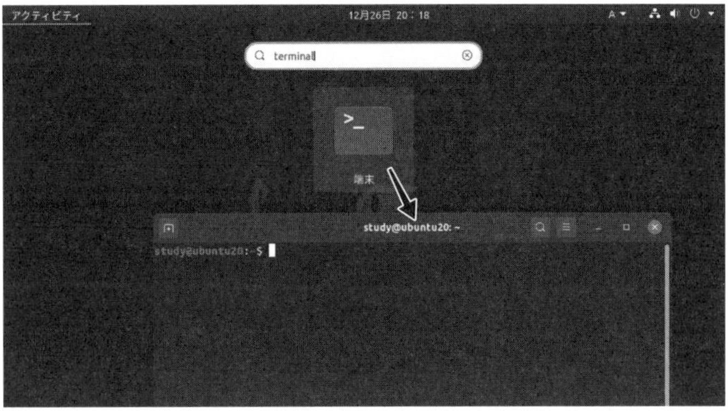

※デスクトップで[Ctrl]+[Alt]+[T]または[アクティビティ]で「terminal」を検索。

図G 端末を開く(CentOS)※

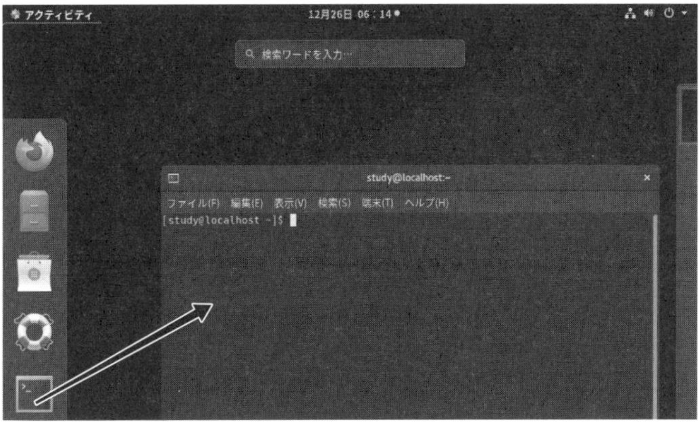

※ [アクティビティ]で[端末]のアイコンをクリック。

プロンプト
プロンプトでコマンドを入力し、[Enter]で実行する

[端末]を開くと[プロンプト]が表示されます。プロンプト(*prompt*)は「刺激する」「促す」という意味で、コマンドが入力可能な状態であることを示します。表示内容は設定によって変化しますが、最後は「**$**」や「**%**」になっているのが一般的です(p.78)。

ここで、試しに**uname**と入力して[Enter]を押してみましょう。「uname」というのはシステムの情報を表示するコマンドで、**uname**だけで実行すると、カーネルの名前が表示されます。

```
$ uname ………………………………… 「uname」と入力して[Enter]
Linux ………………………………… カーネルの名前が表示される
```

端末をクリアしたい場合

コマンドを試しているとき、画面をいったんクリアしたくなることがあるかもしれません。これにはCtrl＋Lまたは**clear**コマンドを使います。

プロンプトで「**clear**」と入力してEnterを押すと、現在端末で表示されている内容が消去され、端末の1行めにプロンプトが表示されます。

なお、端末ソフトウェアによっては、**clear**コマンドでは見えている部分が消去されるだけで、スクロール操作でこれまでの内容が表示されることがあります。その部分も含めて消去したい場合は**reset**コマンドを実行します。コマンドの影響などで端末の表示が乱れてしまった場合も**reset**コマンドで元に戻せます。

中断する
キー入力やコマンドの中断にはCtrl＋C

キー入力を間違えたり、入力を実行せずに取りやめにしたい場合はCtrlを押しながらCを押します（Ctrl＋Cのように表記する）。Ctrl＋Cは中断を意味するキーコンビネーションで、多くの場合、実行中のコマンドもCtrl＋Cで中断できます。「なかなか終わらないコマンド」や「終わらせ方がわからないコマンド」を実行してしまった場合も、まずはCtrl＋Cを押してみましょう。

端末が無反応になってしまったら?
画面が停止している場合はCtrl＋Qで再開

長いメッセージのスクロールを途中で止めたいような場合はCtrl＋Sで画面の動きを停止できます。一方で、Ctrl＋SはGUIソフトウェアの「保存」でよく使われる操作ということもあり、意図せずに画面を停止させてしまうこともあります。こうした場合、操作者は停止したつもりはないのに画面が停止状態になっているために、端末が無反応に見えることがあります。

画面の表示はCtrl＋Qで再開できるので、画面からの反応がなくなったときは、まずCtrl＋Qを試してみるのが良いでしょう。Ctrl＋QやCtrl＋Cで終了できない場合は、GUI操作で端末を閉じることで処理を強制終了します（p.189）。

コマンド名を間違えると、どうなる?

コマンド名を間違えた場合、「コマンドが見つからない」旨のメッセージや、ときには、似たような名前のコマンドが表示されます。表示内容をヒントに確認してみましょう。

存在しないコマンドを入力した例（Ubuntu）

```
$ name ･･･････････････････････････････････ 「name」と入力してEnter

コマンド 'name' が見つかりません。もしかして:

 command 'mame' from snap mame (mame0219)
 command 'nvme' from deb nvme-cli (1.9-1ubuntu0.1)
```

続く

```
 command 'mame' from deb mame (0.220+dfsg.1-1)
＜中略＞
 command 'uname' from deb coreutils (8.30-3ubuntu2)

他のバージョンについては 'snap info <snapname>' を確認してください。
```

```
存在しないコマンドを入力した例(CentOS)
$ name ································· 「name」と入力して[Enter]
bash: name: コマンドが見つかりませんでした...
$ uuname ······························ 「uuname」と入力して[Enter]
bash: uuname: コマンドが見つかりませんでした...
よく似たコマンドは: 'uname'
```

※ ネットワークに接続されていない場合「ファイルの探索に失敗しました」というメッセージが表示される。VirtualBoxのゲストOSの場合ネットワークは有線接続扱いとなるので、GUI画面右上の設定メニューで[有線オフ]を[接続]に変更するか、[有線設定]で設定画面を開き歯車アイコンで[自動接続する]を有効にすることで起動時からネットワークが有効になる。コマンドラインの場合、**sudo ifup enp0s3**で開始、自動接続にしたい場合は/etc/sysconfig/network-scripts/ifcfg-enp0s3の**ONBOOT**行を**NO**から**YES**に変更。

オプション
コマンドの動作を変えたいときはオプションを指定する

次に、**uname -a**と実行してみましょう。**uname**に続けて、「▒《空白》」「-《ハイフン》」「a《エー》」を入力します。この**-a**の部分を**オプション**(*option*)といい、コマンドの動作を変更したいときに指定します。**uname**の場合、**-a**オプションを指定すると「Linux」だけでなく、ホスト名やカーネルのバージョンなどいろいろな情報が表示されます。

オプションには大文字/小文字の区別があり、意味が違う場合があります。**uname**コマンドの場合、小文字の**-a**は使用できますが、大文字の**-A**は定義されておらず使用できません。

```
$ uname -a
Linux ubuntu 5.8.0-44-generic #50~20.04.1-Ubuntu SMP Wed Feb 10 21:07:30 UTC
2021 x86_64 x86_64 x86_64 GNU/Linux
```

ショートオプションとロングオプション

オプションには、「**-**」(ハイフン1つ)+1文字で指定するものと、「**--**」(ハイフン2つ)+文字列で指定するものがあります。たとえば**uname --all**と入力して実行すると、先ほどと同じ結果が表示されます。これは、**uname**コマンドでは**-a**と**--all**が同じ意味だからです。

```
$ uname --all
Linux ubuntu 5.8.0-44-generic #50~20.04.1-Ubuntu SMP Wed Feb 10 21:07:30 UTC
2021 x86_64 x86_64 x86_64 GNU/Linux
```

「**--**」で指定するオプションを**ロングオプション**(*long option*)、「**-**」で指定するオプションをロングオプションに対し**ショートオプション**(*short option*)と呼びます。

本書では、たとえば**-a**オプションと**--all**オプションがあるとき、2つをまとめて「**-a**オプション(**--all**)」のように表記します。また初出時は補足情報として「(**--all**、すべて)」のようにロングオプションに使われている単語の簡単な意味を書き添えていますので、オプションを覚えるためのヒントにしてください。使用例では原則として、ショートオプションがある場合はショートオプションの方を使用します。

複数のオプションを組み合わせるには

複数のオプションを指定したい場合、空白で区切って並べて指定します。ショートオプションの場合は下記のように一つにまとめて指定できます。原則として、どのような順番で使用しても動作は同じです。

```
$ uname -s ……………………………… -sオプションを指定
Linux
$ uname -r ……………………………… -rオプションを指定
5.8.0-44-generic
$ uname -s -r ………………………… -sオプションと-rオプションを指定
Linux 5.8.0-44-generic
$ uname -sr ……………………………… -sオプションと-rオプションを指定
Linux 5.8.0-44-generic
```

Column

「もしかして」を表示しているのは「command-not-found」

「もしかして」の表示(p.14)は、bash 4.0以降でサポートされている「command_not_found_handle」というしくみを活用した機能で、Ubuntuは**/usr/lib/command-not-found**コマンド、CentOSは**/usr/libexec/pk-command-not-found**コマンドが候補を探してメッセージを表示しています。

この表示は便利な場合もありますが、候補を探す分動作が遅くなったり、表示がわずらわしいと感じることもあります。「もしかして」の機能が不要な場合は、Ubuntuの場合はcommand-not-foundパッケージ、CentOSの場合はPackageKit-command-not-foundパッケージをアンインストールするか(パッケージ管理、第5章)、bashの設定ファイル(**~/.bashrc**、3.5節)に以下の内容を追加してcommand_not_found_handle関数を再定義します。

```
function command_not_found_handle {
 printf "%s: command not found\n" "$1" >&2
 return 127
}
```

引数
コマンドの操作対象を実行時に指定する

今度は**echo**を実行してみましょう。**echo**は文字列を表示するコマンドで、**echo**だけで実行しても何も表示されません。**echo Hello**のように表示したい文字列を続けて指定すると、その文字列が表示されます。また、**echo $LANG**と指定すると、LANGという変数(現在使用している言語がセットされている環境変数、p.79)の値が表示されます。

```
$ echo
(何も表示されない)
$ echo Hello
Hello ……………………………………… 「Hello」という文字がそのまま表示された
$ echo $LANG
ja_JP.UTF-8 ……………………………… 変数LANGの値が表示された
```

このように、コマンドを実行する際には動作を指定するオプションのほかに、処理の対象を指定する**引数**《ひきすう》(*parameter/argument*)を指定することがあります。なお、両者をまとめて引数と呼ぶ場合もありますが、本書では前者をオプション、後者を引数と区別しています。

コマンドによっては、オプションや引数が必須であったり、引数の個数が決まっている場合があります。

オプションや引数を間違えるとどうなる?

存在しないオプションを指定した場合など、コマンドの使い方が違っている場合はエラーメッセージが表示されます。使い方が表示されることもあるので参考にしましょう。

```
$ uname -h
uname: 無効なオプション -- 'h'
Try 'uname --help' for more information.
```

管理者権限が必要なコマンドを実行する

Linuxには、システム全体を管理する特別なユーザー、**rootユーザー**がいます。rootユーザーの権限を使うと、システムを動かす上で重要なファイルの書き換えや、ユーザーの追加や削除ほか、さまざまな重要なコマンドが実行できます。逆に、うっかりミスで重要なファイルを削除したり、システムに致命的な変更を加えてしまうことも可能です。そこで、rootユーザーを使える利用者であっても、普段は一般ユーザーの権限でLinuxを操作し、管理者権限が必要なときだけrootユーザーの権限でコマンドを操作する使い方が一般的です。

su/sudoコマンドで管理者権限を使う

一時的に管理者権限を使いたい場合は**su**コマンドまたは**sudo**コマンドを使用します(詳細は6.1節)。

suコマンドはユーザーを切り替える(*substitute user*)コマンドで、**su**だけで実行するとrootユーザーになることができますが、実行にはrootユーザーのパスワードが必要です。これに対し、**sudo**コマンドはあらかじめ実行が許可されたユーザーとコマンドの組み合わせが定められており、許可があれば自分のパスワードでコマンドを実行できます。システムにとって致命的なコマンドを実行する恐れが少ないという意味で、普段は**sudo**コマンドを使う方が安全です[注12]。

たとえば、**lastb**コマンドを使うとシステムのログインエラー履歴を確認できますが、実行にはroot権限が必要です。そこで、**sudo lastb**のように実行します。**sudo**を使うと最初にパスワードの入力を求められるので、自分自身(**sudo**コマンドを実行しているユーザー)のパスワードを入力します。

sudoコマンドは一度実行すると一定時間内はパスワードの入力を省略できます(p.176)。本書ではコマンド学習の過程で**sudo**コマンドを多用することもあり、パスワード入力が必須の

注12 CentOSの場合、インストール時の設定でユーザーを管理者にしておく必要があります(p.8)。管理者に設定していなかった場合は、**sudo gpasswd -a $USER wheel; su $USER**を実行することでsudoの実行が可能になります。Ubuntuの場合、インストール時に作成したユーザーは**sudo**コマンドが使用できるように設定されています。

場合を除き、実行例からパスワード入力行を省略しています。実際の画面に従って適宜パスワードを入力してください。

```
$ lastb
lastb: /var/log/btmp を open できません: 許可がありません
↑root権限がないため実行できない
$ sudo lastb ··························· sudoコマンドを使ってlastbコマンド実行
[sudo] study のパスワード: ·········· sudoコマンドを実行したユーザーのパスワードを入力
(unknown tty3 Mon Mar  8 03:48 - 03:48 (00:00)
root     tty3                        Mon Mar  8 12:33 - 12:33  (00:00)

btmp begins Thu Mar  4 03:24:56 2021
↑lastbコマンドが実行できた
```

※ 実行結果は使用環境によって異なる。ログインエラーがない場合、**unknown**〜の行は表示されない。

コマンドラインサンプルの見方

本書のコマンドラインのサンプルでは、一般ユーザーで実行できるコマンドはプロンプトを表す記号として**$**を使って「**$ uname**」のように示します[注13]。この場合、一般ユーザーで**uname**と入力して Enter を押せば実行できる、とわかります。また、「**# lastb**」のように先頭が**#**で示されている場合はrootユーザーで**lastb**を実行する必要があります。

```
$ uname ································· 一般ユーザーでunameコマンドを実行する
# lastb ································· rootユーザーでlastbコマンドを実行する※
```

※ 一般ユーザーの場合は「**sudo lastb**」で実行する必要がある。

コマンドの使い方を調べる❶
まずは--helpオプションで確認しよう

多くのコマンドは、**--help**オプションでコマンドの使い方を確認できます[注14]。

```
$ uname --help
使用法: uname [OPTION]...
システム情報を表示します。 OPTION が指定されていない場合は -s と同じです。

  -a, --all                以下の順番でシステム情報を全て表示する (ただし -p
                           と -i が unknown の場合は省略される):
  -s, --kernel-name        カーネル名を表示する
  -n, --nodename           ネットワークノードとしてのホスト名を表示する
  -r, --kernel-release     カーネルリリース番号を表示する
  -v, --kernel-version     print the kernel version
  -m, --machine            print the machine hardware name
```

続く

注13　csh系のシェル(csh/tcsh)やzshのサンプルでは%を使用することもあります。

注14　**--help**オプションに対応していない場合も、**--help**オプションを付けて実行することで「無効なオプションが指定された」ということを示すためにコマンドの使い方が表示されることがあります。

```
 -p, --processor          print the processor type (non-portable)
 -i, --hardware-platform  print the hardware platform (non-portable)
 -o, --operating-system   print the operating system
     --help               この使い方を表示して終了する
     --version            バージョン情報を表示して終了する

GNU coreutils online help: https://www.gnu.org/software/coreutils/
Report uname translation bugs to: https://translationproject.org/team/
Full documentation at: https://www.gnu.org/software/coreutils/uname
or available locally via: info '(coreutils) uname invocation'
```

コマンドの使い方を調べる❷
manコマンドでマニュアルを確認しよう

さらに詳しい使い方を知りたいときは、**man**コマンドを使います。**man**はマニュアルを表示するコマンドで、たとえば**uname**コマンドの使い方であれば**man uname**で調べられます。**man**で表示できないコマンドはシェルの組み込みマンド(ビルトインコマンド、p.80)で、bashの場合は**help** コマンド または**man builtins**で確認できます。

マニュアルは、多くの場合かなり長いので1画面では表示できません。[↑][↓](上下矢印キー)で読み進めることができるほか、[Enter]や[↓]で1行、[Space]で1画面分進めることができます。表示を終了したい場合は[Q]を押します[注15]。

```
$ man uname
UNAME(1) User Commands UNAME(1)

NAME
       uname - print system information

SYNOPSIS
       uname [OPTION]...

DESCRIPTION
       Print certain system information. With no OPTION, same as -s.

       -a, --all
              print all information, in the following order, except omit -p
              and -i if unknown:

       -s, --kernel-name
              print the kernel name
<中略>
Manual page uname(1) line 1 (press h for help or q to quit)
```

注15 **man**の表示にはデフォルトでは**less**コマンド(p.118)が使われており、[H]で使い方を確認できます。文字列の検索なども可能です。

manで表示されるマニュアルの構成

マニュアルを表示すると、1行めにコマンドと「章番号」が表示されます。一般コマンドは**(1)**、システム関連コマンドは**(8)**です。

次に**NAME**に続いてコマンド名と1行の説明が書かれており、**SYNOPSIS**に続いてコマンドの書式、そして**DESCRIPTION**に続いて詳しい説明が書かれています。

ディストリビューションやバージョンによっては日本語訳が収録されていることがあるほか、インターネットで検索すると日本語のマニュアルも参照できます[注16]。インターネットで検索したマニュアルの場合、自分が使用しているディストリビューションとバージョンが異なる場合がありますが、多くのコマンドは長きにわたって使われており、マニュアルの版(バージョン)が少々古くても十分参考になるでしょう。なお、コマンドのバージョンは、**--version**オプションやヘルプの表示などで確認できます。

マニュアルの章番号

章番号は、マニュアルのヘッダ部分に「**UNAME(1)**」「**SUDO(8)**」のように表示されます。章の構成はOSによって若干異なりますが、概ね**表A**のようになっています。

同じ名称のマニュアルが複数の章に収録されていることがあります。たとえば「**passwd**」の場合は、ユーザーのパスワードを変更する**passwd**コマンドについてはマニュアルの1章に、**passwd**コマンドが参照している**passwd**ファイル(/etc/passwd)については5章に収録されています。1章と5章では1章が優先されて表示されるので、**man passwd**は1章のコマンドマニュアルが表示されますが、もし/etc/passwdの書式を詳しく知りたい場合は**man 5 passwd**のように章番号を指定して表示します。

章番号の意味や**man**の使い方は**man man**で確認できます。

書式(SYNOPSIS)の読み方

SYNOPSISには、コマンドラインで使用できるオプションや引数の順番などが書かれています。**SYNOPSIS**で使われている記号は**表B**のとおりです。

表A マニュアルの章番号

章番号	意　味
1	実行プログラムまたはシェルコマンド
2	システムコール(カーネルが提供する関数)
3	ライブラリー呼び出し(プログラムライブラリーに含まれる関数)
4	システムファイル(*Special files*、/devなど、6.6節)
5	ファイルの書式(設定ファイルの書式など)
6	ゲーム
7	その他(*Miscellaneous*)
8	システム管理コマンド(通常はrootユーザー用)
9	カーネルルーチン(非標準)

表B SYNOPSIS内の記号

記号	意味
[]	省略可能
|	いずれかを選択
...	複数指定可能
{}	この中の一つが必須

注16 ディストリビューションに収録されているものも含め、ほとんどの場合、有志(ボランティア)による翻訳です。

たとえば、**passwd**コマンド（**man passwd**で表示）の場合、書式（**SYNOPSIS**）のところに使用できるオプションが列挙されていますが（**図H**）、それぞれが**[]**で囲まれているので省略可能であることがわかります。❶の使い方は**-f**オプションまたは**-s**オプションで、引数が1つ指定可能、どちらも省略可能です。オプションの意味や引数に何を指定すべきかはこの後の説明に書かれていますが、**name**とあるので何かの名前を指定するのだろうと推測できます。❷の使い方は**-g**オプションと、**-r**または**-R**の組み合わせで、この場合は引数が1つ必須、おそらくグループ名を指定するのだろうということがわかります。❸に書かれている**[-x max]**は、**-x**オプションを使う場合は引数が1つ必要という意味です。説明欄に書かれていますが、**-x**はパスワードの有効日数を設定するためのオプションで、**-x 30**のように有効日数を指定します。このように、コマンドによっては引数を使うオプションも存在します。❹の使い方では**{}**が指定されているので**-l**、**-u**、**-d**、**-S**、**-e**のいずれか1つが必須で、この場合は引数を1つ取ることがわかります。

図H　**man passwd**の表示例（Ubuntu環境）

```
PASSWD(1)                General Commands Manual                PASSWD(1)

名前
       passwd - ユーザパスワードを変更する

書式
       passwd [-f|-s] [name] ……… ❶-fまたは-sオプションの場合は引数を1つ指定、どちらも省略可能
       passwd [-g] [-r|-R] group ……… ❷-gオプションの場合は-rまたは-Rも使用できる、引数が1つ必須
       passwd [-x max] [-n min] [-w warn] [-i inact] login ……… ❸
       passwd {-l|-u|-d|-S|-e} login ……… ❹

説明
       passwd はユーザアカウント・グループアカウントのパスワードを変更する。
＜以下略＞
```

Column

マニュアルやヘルプのキー表記

マニュアルやヘルプでは、Ctrlとのキーコンビネーションは「**C-**」または「**^**」で表現されています。たとえばCtrl＋Hであれば「**C-h**」または「**H**」あるいは「**^h**」という表記になります。

このほか、「メタキー」（*Meta Key*）というキーが使われることがあり「**M-h**」のように表記します。ただし、WindowsやmacOS用のキーボードにはこのキーはないため、「**M-h**」と書かれている場合はEscを押した後にHを押してください。「**M-C-h**」であればEscを押した後にCtrl＋Hです。また、メタキーはAltに割り当てられていることもあり、この場合は「**M-h**」をAlt＋Hでも実行できます。なお、キーコンビネーションで表記されているアルファベットは、通常は大小文字の区別がありません。

lessコマンド（p.118）や**top**コマンド（p.192）のように、CtrlやEscなどを使用せずHやQなどのキー入力で画面操作ができるコマンドがありますが、この場合「**H**」のように大文字で書かれていたら大文字（Shift＋H）で、「**h**」のように小文字で書かれていたら小文字（Hのみ）で入力します。

1.5 コマンドラインの便利な操作

キーコンビネーションを活用しよう

ここでは、同じコマンドラインをもう一度入力したり、コマンドラインの内容を修正したりするためのキー操作を紹介します。

入力内容の修正
←→で入力内容を修正しよう

コマンドラインでは、←→（左右の矢印キー）またはCtrl＋BとCtrl＋Fでカーソルを移動できます。また、カーソル直前の文字はBack spaceまたはCtrl＋Hで、カーソル位置の文字はDeleteまたはCtrl＋Dで削除できます。

コマンドラインの再利用
↑↓で以前実行した内容を再利用しよう

同じコマンドをもう一度実行したい場合、↑↓（上下の矢印キー）またはCtrl＋PとCtrl＋Nで再利用できます。このほか、「直前のコマンドライン」であれば、「!!」で実行できます。これは、UbuntuやCentOSのデフォルトシェルであるbashの**ヒストリ機能**によるものです(p.84)。

コマンドライン入力の補完
Tabでコマンド名を補完してみよう

コマンドラインでは、TabまたはCtrl＋Iで入力内容を補完できます（**図1**）。

図1 コマンドラインの操作

```
$ uname
Linux
$ uname -a
```

↑上下の矢印キーまたはCtrl+Nで
↓前に実行したコマンドラインを表示（p.84のヒストリ機能を参照）

←→またはCtrl+BとCtrl+Fでカーソルを移動。
Back spaceまたはCtrl+Hでカーソルの前の文字、
DeleteまたはCtrl+Dでカーソル位置の文字を削除

```
$ his Tab
```

TabまたはCtrl+Iで「**his**」から始まるコマンドを表示（補完機能）

```
$ history
```

bashの場合、たとえば「**un**」まで入力してTabを2回押すと「**un**」で始まるコマンドが一覧表示されます。候補が一つしかない場合は、コマンドラインに最後まで表示されます[注17]。たとえば、「**his**」まで入力して[Tab]を押すと、「**history**」(コマンドラインの履歴を表示するコマンド)と補完されます。なお、具体的にどのように補完されるかはインストールされているコマンドによって異なります。

[Tab]による補完は、ファイル名やディレクトリ名を入力する時にも使用できます(p.84)。

[まとめ]コマンドラインで使えるキー操作

このほか、**表C**、**表D**のキー操作が可能です。

表C キーバインド(bash/zsh)

キーバインド	説明
[Ctrl]＋[C]	実行中のプログラムの強制終了(p.14)
[Ctrl]＋[Z]	実行中のプログラムの休止(p.193)
[Ctrl]＋[S]	画面への出力を停止
[Ctrl]＋[Q]	画面への出力を再開
[Ctrl]＋[L]	画面表示をクリアする(**clear**コマンド相当)
[Ctrl]＋[P]	1つ前に実行したコマンドラインを表示([↑]相当)
[Ctrl]＋[N]	1つ後に実行したコマンドラインを表示([↓]相当、[Ctrl]＋[P]を押した後に使用する)
[Ctrl]＋[R]	コマンド履歴の検索(p.85)
[Ctrl]＋[D]	ログアウト、端末を終了する※

※ EOF(*End Of File*)を意味するキーで、シェル変数IGNOREEOFFで[Ctrl]＋[D]を無視する回数を指定できる。たとえば**IGNOREEOFF=1**としておくと、2回めの[Ctrl]＋[D]でログアウトする。なお、コマンドライン入力中はカーソル位置の文字を削除という操作になる([Delete]相当)。

表D カーソルの移動関係(bash/zsh)

キーバインド	説明
[Ctrl]＋[B]	カーソルを一つ左へ([←]相当)
[Ctrl]＋[F]	カーソルを一つ右へ([→]相当)
[Ctrl]＋[A]	カーソルを行頭へ([Home]相当)
[Ctrl]＋[E]	カーソルを行末へ
[Esc]、[B]	カーソルを1単語分左へ※
[Esc]、[F]	カーソルを1単語分右へ※
[Ctrl]＋[H]	カーソルの左側にある文字を削除([Back space]相当)
[Ctrl]＋[D]	カーソルの位置にある文字を削除([Delete]相当)
[Ctrl]＋[W]	カーソル位置から単語の先頭までを削除
[Ctrl]＋[U]	カーソル位置から行頭までを削除
[Ctrl]＋[K]	カーソル位置から行末までを削除

続く

注17 zshの場合、複数の候補がある場合はすべて表示され、[Tab]を連続して押すことで候補から選択できます。シェルオプションの設定によってbash同様の操作にすることも可能です(p.108)。

Ctrl＋Y	直前のCtrl＋W、U、Kのいずれかで削除した内容の貼り付け
Ctrl＋T	カーソルの位置にある文字を左の文字と入れ替えて右に進む
Ctrl＋I	補完（Tab相当）
Ctrl＋J	実行（Enter相当）
Ctrl＋M	実行（Enter相当）

※ Escを押してから、BまたはFを押す。

Column

「端末」って何だろう?

コマンドを入力して実行する「端末」のようなソフトウェアは、仮想端末や疑似端末（*pseudo-terminal*）、あるいは端末エミュレーター/ターミナルエミュレーター（*terminal emulator*）と呼ばれます。エミュレーター（*emulator*）とはほかの機能を模倣するためのもの、という意味ですが、そもそも何をエミュレートしているのでしょうか。

コンピューターを操作するときは、ディスプレイを見て、キーボードから入力するのが一般的です。この入力装置（キーボード）と、出力装置（ディスプレイ）を持つ装置が端末です。入力にはキーボードのほかにマウスを使うこともあるし、出力にプリンターを使うこともありますが、基本はキーボードとディスプレイです。

PC（パソコン）はその名のとおり「パーソナル」なものなので、1台のコンピューターに対する入出力は基本的には1セットであり、端末＝PCという感覚になりがちです。しかし、汎用機やメインフレームと呼ばれる大型コンピューターの場合は、1台のコンピューターに複数の端末をつなげてたくさんの人が一度に使うようになっています。このときの、入出力をする側が「端末」です。とくに、文字だけを入出力する端末は「テキスト端末」とも呼ばれています。

Ctrl+Alt+ファンクションキーで仮想端末を切り替える

1台のコンピューターに1つの画面で使っている場合でも、時間がかかる処理をしている場合は別の画面を使ったり、作業ごとに違う画面を使うなど、複数の画面を使いたいことがあります。Linuxでは、CUIのみの環境でもAlt＋ファンクションキーで画面を切り替えて使えるように設定されているのが一般的です。UbuntuやCentOSのようなGUI環境では、Ctrl＋Alt＋ファンクションキーで切り替えることか可能で、Ctrl＋Alt＋F1がログイン画面、F2がログインしたユーザーのデスクトップ画面で、F3～F6はCUI環境になっています。

この（Ctrl＋）Alt＋ファンクションキーで切り替えて使用する端末だけを指して「仮想端末」と呼ぶこともあります。また、CUI環境の画面は「仮想コンソール」と呼ばれることもあります。これは何に対する「仮想」かというと、ミニコンやメインフレームに直結されている操作卓（*console*、コンソール）に対する呼び名です。それぞれの端末には番号が付けられており、**tty**コマンドで確認できます（p.185）。

第2章

ファイルとディレクトリ

どこに何がある? どう探す?

本章のテーマは「ファイル」と「ディレクトリ」です。Linux全体のディレクトリ構成、ドットファイル、ファイルやディレクトリの属性、シンボリックリンクなど、基本的かつ重要な内容を扱っています。できるだけ手を動かしながら、コマンドラインではどのように確認すれば良いか、どのような操作ができるのかを把握しましょう。

2.1 Linuxのディレクトリツリー

どこに何があるかを把握しよう

Linuxにはたくさんのファイルがあり、ファイルは「ディレクトリ」で整理整頓されています[注1]。まず、Linuxではどのようなディレクトリが使われているかをざっと確認しましょう。

ルートディレクトリ
Linuxのディレクトリはルート「/」から始まるツリー構造

ディレクトリは、ディレクトリの中にディレクトリ、その中にまたディレクトリ……という階層構造になっています。親ディレクトリに対し、子(サブディレクトリ)は複数ありますが、サブディレクトリに対する親は一つです。このような構造を**ツリー構造**といいます。最上位のディレクトリは**ルートディレクトリ**(*root directory*)と呼ばれます。

ツリー(樹木)はルート(根)から枝分かれしていきますが、図で表すときにはルートディレクトリを一番上または左に書くのが一般的です。

lsコマンド
ファイルを一覧表示してみよう

lsコマンドで、ルートディレクトリには何があるのかを表示してみましょう。

ディレクトリは/(スラッシュ)で表現します。ルートディレクトリは「/」1文字で表せるので、**ls /**でルートディレクトリにあるファイルやディレクトリが一覧表示されます[注2]。

ルートディレクトリにあるのはほとんどがディレクトリで、基本的なコマンド類を置く「bin」と、管理コマンド用の「sbin」、システムの設定ファイル用の「etc」、一時ファイルを置く「tmp」などがあります。

Ubuntuの場合

```
$ ls / ………………………… ルートにあるファイルやディレクトリを一覧表示
bin    dev   initrd.img      lib64       mnt   root  snap      sys  var
boot   etc   initrd.img.old  lost+found  opt   run   srv       tmp  vmlinuz
cdrom  home  lib             media       proc  sbin  swapfile  usr  vmlinuz.old
```

(参考)CentOSの場合

```
$ ls /
bin   dev  home  lib64  mnt  proc  run   srv  tmp  var
boot  etc  lib   media  opt  root  sbin  sys  usr
```

注1　ディレクトリはWindowsやmacOSなどでも利用されており、GUI環境ではフォルダーとして表示されます。

注2　最初のうちは、GUIでの表示と比較して見るのも良いでしょう。[アクティビティ]-[ファイル]では、[他の場所]-[このコンピューター]でルートディレクトリが表示できます。ディレクトリはフォルダーのアイコンで示されています(アイコンに付いている小さな矢印は、2.6節で解説する「シンボリックリンク」を表しています)。

「ルートディレクトリの直下にあるusr」は**/usr**と表現します。試しにコマンドラインで**ls /usr**を実行してみると、「bin」や「sbin」、「lib」などが表示されます。つまり、/usrはディレクトリで、その中に「bin」や「sbin」、「lib」などがある、とわかります。

Ubuntuの場合

```
$ ls /usr ·················· 「/usr」にあるファイルやディレクトリを一覧表示
bin  games  include  lib  local  sbin  share  src
```

(参考)CentOSの場合

```
$ ls /usr
bin  games  include  lib  lib64  libexec  local  sbin  share  src  tmp
```

ディレクトリを補完すると末尾に「/」が付く

ls /usrの**/usr**部分は補完機能を使い、**ls /u** [Tab]または**ls /u** [Ctrl]+[I]で簡単に入力できます。補完した結果がディレクトリだった場合は末尾に「/」が付きます[注3]。**ls /usr**と**ls /usr/**では、どちらの場合も「ディレクトリ内を一覧表示」という意味になり、実行結果は同じです。

```
$ ls /u[Tab] ·················· ls /uまで入力して[Tab]
$ ls /usr/ ·················· 補完されて/usr/になった([Enter]で実行)
```

/binと/usr/bin
同じようなディレクトリがあるのは「マウント」の手順が影響している

ところで、ルートディレクトリにも/usrディレクトリにも「bin」や「sbin」がありました。これには歴史的な理由があります。

記憶媒体をOSからアクセスできるようにする操作を**マウント**(*mount*)といいます。HDD(*Hard Disk Drive*、ハードディスク)やSSD(*Solid State Drive*)の場合、**パーティション**(*partition*)という区画を作り、パーティション単位でマウントして使用します(6.6節)。システムの起動時には、まず、カーネルが保存されているパーティションを読み込み、カーネルはシステムの起動に必要なファイルが格納されているパーティションを最初にマウントして必要なファイルを読み込んで実行し、その後で、システムの起動には直接必要ないファイルが格納されているパーティションをマウントします(ブートストラップ、1.3節)。

現在のような大容量のHDDが使えなかった時代は、複数のHDDに分散させてファイルを保存する必要がありました。トラブルでハードウェアを差し替えるときやバックアップをする場合にも扱いやすいというメリットもあります。

現在はパーティションをそこまで細かく分ける必要がなくなり、物理的に同じ場所にコマンドを格納していますが、互換性のため、シンボリックリンクというしくみ(2.6節)を使って、同じ場所を/binと/usr/binの2つの名前で利用できるようになっています[注4]。

注3　zshの場合、**ls /u** [Tab]で**ls /usr/**と補完され、[Enter]で実行すると末尾の/が削除されてコマンドラインの内容が**ls /usr**になります。実行結果は同じで/usrディレクトリにあるファイルやディレクトリが一覧表示されます。この動作はシェルオプションの設定(**setopt noautoremoveslash**)で変更できます(p.108)。

注4　Ubuntuの場合、Ubuntu 18.04 LTSでは/binと/usr/bin、/sbinと/usr/sbinは異なる内容のディレクトリですが、20.04 LTSではシンボリックリンクになりました。

おもなディレクトリ
基本的な配置は共通

Linuxのディレクトリ構成はディストリビューションによって異なりますが、概ね**FHS**(*Filesystem Hierarchy Standard*)という標準仕様に従っています。とくに重要なディレクトリは、以下のとおりです。詳細は**man hier**でも確認できます。

/boot

/bootにはLinuxカーネルやブートローダー(GRUB)など、最初の起動に必要なファイルが格納されています。CentOSの場合、インストール時のデフォルト設定では/boot専用のパーティションが作成されています。

/etc

システム全体の設定ファイルを格納するディレクトリです。一部のディレクトリは一般ユーザーの権限では参照できません。

/bin /sbin /lib

/binと/sbinはコマンド用のディレクトリで、/binには一般ユーザーとシステム管理者が使用するコマンドが、/sbinにはシステム管理者用のコマンドが格納されています。また、/libにはコマンドの実行に必要になるライブラリが格納されています。

/bin、/sbin、/libはブートローダーが最初に読み込むパーティションに配置されている必要があります。

/usr /usr/local

/usrには、システムを利用するユーザーが共有するコマンドやマニュアルなどのデータファイルを格納します。/usr/binや/usr/sbinにはシステム起動時には使用しないコマンドを格納しますが、現在は/binは/usr/binへの、/sbinは/usr/sbinへのシンボリックリンクとなっており、実質同じディレクトリとなっています。

/usr/localには、「ディストリビューションの標準ではないがシステム利用者で共有するコマンド」などを格納します。/usr/local/binや/usr/local/sbin、/usr/local/etcなどのディレクトリが用意されていますが、OSインストール直後はディレクトリのみでファイルは保存されていません。

/home /root

/homeには、ユーザーのホームディレクトリを配置します。たとえば「study」というユーザーであれば、/home/studyというディレクトリが割り当てられます。なお、rootユーザーだけは特別に/home/rootではなく/rootディレクトリを使用します。

/homeはユーザーのデータを保存するので、日々のバックアップや、とくに利用者が多い環境では/home用パーティションの使用量の管理が重要になります。

/mnt

DVDやUSBメモリーなど、システム起動後に手動でマウントする際のマウントポイント(6.6節)として利用するディレクトリです。Ubuntuではマウントポイントとして/cdromも用意されています。

/var

頻繁に変更されるファイルを格納するためのディレクトリです。たとえば、システムのログファイルは/var/logに作成されます。また、Webサーバー(Apache、A.1節)で公開するファイルはデフォルトで/var/www/htmlに保存するよう設定されています。

/tmp

システム用の作業ファイルなど、一時的に利用されるファイルを格納するディレクトリです。メモリー内の仮想ファイル(tmpfs)として作成されている場合もあり、この場合は再起動時に削除されます。一定間隔で削除するように設定されていることもあります。

/dev /proc /sys

システムの情報を取得したり、ハードウェアにアクセスするのに使用する疑似ファイルシステムで、記憶媒体には保存されていません。通常は専用のコマンドを経由して参照し、直接操作することはほとんどありませんが、**ls**コマンドや**cat**コマンドで参照することも可能です。

/devはデバイスファイル用のディレクトリで、たとえば**mount**コマンドでDVDなどをマウントする際にはこのディレクトリを使ってデバイスを指定します。

/procはプロセス(6.3節)用のディレクトリで、/proc/プロセスIDというディレクトリを通じて、さまざまな情報を取得できます。カーネルの情報も提供されており、たとえば**cat /proc/version**でカーネルのバージョンが表示できます。

```
$ cat /proc/version ………………… /proc/versionの内容を表示する※
Linux version 5.8.0-44-generic (buildd@lgw01-amd64-054) (gcc (Ubuntu
9.3.0-17ubuntu1~20.04) 9.3.0, GNU ld (GNU Binutils for Ubuntu) 2.34)
#50~20.04.1-Ubuntu SMP Wed Feb 10 21:07:30 UTC 2021
(カーネルのバージョンが表示された)
```

※ **cat**はテキストファイルの内容を表示する際に使用するコマンド(p.116)。

/sysはカーネルの情報を提供しているディレクトリで、/procよりも歴史が新しく、プログラムから利用しやすいように構造化されています。

/srv /opt /snapなど

/srvはWebサーバーやFTPサーバーなど、ネットワークサービス用のデータを配置するディレクトリ、/optは任意(オプショナル)で追加したパッケージ用のディレクトリですが、具体的にどのように使うかはディストリビューションやパッケージ開発者の管理ポリシーによって異なります。

/snapはSnapというパッケージ管理システム用のディレクトリで、Ubuntuに導入されています(p.153)。Linuxディストリビューションの種類を問わずに利用できることを目指して開発されており、ほかのパッケージ管理システムとも共存可能です。

Column

日本語のディレクトリ名をアルファベットに変更するには

日本語のGUI環境用にインストールしたUbuntuやCentOSでは、「デスクトップ」や「ドキュメント」という名前のフォルダーを使用しますが、これらのフォルダーに対応するディレクトリはユーザーのホームディレクトリ下にフォルダーと同じ「デスクトップ」や「ドキュメント」などの名前で作成されます。日本語による名前は、わかりやすい反面コマンドラインでは入力しにくいという問題があります。

GUI環境で利用するディレクトリ名は、**xdg-user-dirs-gtk-update**コマンドを使うと、「Desktop」や「Documents」のようなアルファベット表記に変更できます。

なお、各フォルダーにファイルがある場合は、元のディレクトリがそのまま残るので注意してください。たとえば、「ピクチャ」フォルダー（CentOSの場合は「画像」フォルダー）にスクリーンショットの画像などが保存されている場合、ホームディレクトリ下にはPicturesディレクトリが作成されて標準フォルダーもPicturesに設定されますが、「ピクチャ」フォルダーもそのまま残った状態となります。これを避けるには、「ピクチャ」フォルダー内のファイルをどこか適当な場所に移動してから実行するか、実行後に「ピクチャ」フォルダー内のファイルを「Pictures」フォルダーに移動し、「ピクチャ」フォルダーを削除してください。

「ピクチャ」フォルダーや「ドキュメント」フォルダー等にファイルがある場合は、どこかに移動してから行う

```
$ LANG=C xdg-user-dirs-gtk-update ……… 標準フォルダーの名前を英語名にする
```

これは、「言語として**LANG=C**を指定して、**xdg-user-dirs-gtk-update**を実行する」という意味のコマンドラインです（環境変数、p.79）。**LANG=C**部分はすべて大文字で、空白を入れずに入力してください。コマンド名はかなり長いのですが、**xdg-u**[Tab]**s**[Tab]**g**[Tab]のように補完機能を利用することであまり手間をかけずに、かつ正確に入力できます。

実行すると確認画面が表示されるので、[Update Names]（名前を更新する）をクリックします（**図a**）。なお、再起動すると改めて同じメッセージが、今度は英語名から日本語名へ変更する旨で表示されます。[Don't ask me this again]（次回から表示しない）にチェックマークを入れて[Keep Old Names]（古い名前のままにする）をクリックすると、英語名のままにしておくことができます。

図a xdg-user-dirs-gtk-updateの確認画面

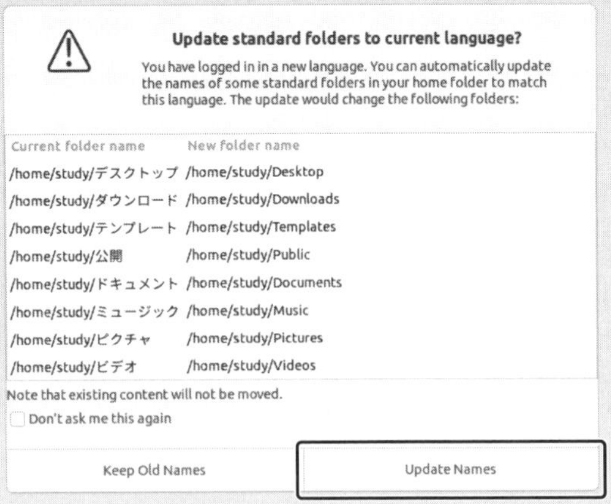

2.2 ディレクトリと「パス」の表し方

/ . .. ~を使えるようになろう

pwdコマンドとcdコマンド、lsコマンドを使ってファイルやディレクトリを指定する方法を把握しましょう。

pwdコマンド
「自分がどのディレクトリで作業しているか」を確認しよう

lsだけで実行すると、「現在作業しているディレクトリ」にあるファイルやディレクトリが一覧表示されます。このディレクトリを**カレントディレクトリ**(*current directory*、*current working directory*)といい、「端末」では自分のホームディレクトリがカレントディレクトリとなります。

カレントディレクトリの名前は**pwd**コマンドで確認できます。

```
$ pwd
/home/study ······························ カレントディレクトリが表示された
```

※ 結果は実行環境によって異なる。通常、ログイン直後や端末を開いた直後のカレントディレクトリはユーザーのホームディレクトリ(/home/ユーザー名)になる。

cdコマンド
カレントディレクトリを変更しよう

カレントディレクトリは**cd**コマンドで変更できます。たとえば、**cd /usr/**を実行してから**ls**を実行してみましょう。**ls /usr/**と同じ内容が表示されるはずです。**cd -**で1つ前のカレントディレクトリへ、**cd**のみで実行するとホームディレクトリに戻ります。

```
$ cd /usr/ ··················· /usrへ移動
$ pwd ························ カレントディレクトリを確認
/usr ························· カレントディレクトリは/usr
$ cd ························· 自分のホームディレクトリへ移動
$ pwd
/home/study ·················· カレントディレクトリは/home/ユーザー名
$ cd - ······················· 1つ前のカレントディレクトリへ移動
/usr ························· (/usrへ移動している旨表示されている)
$ pwd
/usr ························· カレントディレクトリは/usr
$ cd ························· ホームディレクトリに戻る
```

ホームディレクトリ
「~」はホームディレクトリを表す

自分のホームディレクトリは「~」(チルダ)1文字で表せます。

たとえば、**ls ~**で、自分のホームディレクトリにあるファイルが一覧表示されます。

```
$ ls ~
Desktop  Documents  Downloads  Music  Pictures  Public  Templates  Videos
```
自分のホームディレクトリの中※が一覧表示された

※ ディレクトリ名(GUI環境で使用する標準フォルダーの名前)が日本語の場合、**LANG=C xdg-user-dirs-gtk-update**で英語名に変更可能(p.30のコラムを参照)。

「.」と「..」
「.」はカレントディレクトリ、「..」は親ディレクトリを表す

/homeディレクトリの中には各ユーザー用のディレクトリがありますが、たとえばユーザー「study」のホームディレクトリ**/home/study**に対する**/home**ディレクトリを**/home/study**の**親ディレクトリ**(*parent directory*)といいます。**/home**ディレクトリの親ディレクトリは「/」で、ルートディレクトリを表す/にだけは親ディレクトリがありません。

カレントディレクトリは「**.**」(ドット)で、親ディレクトリは「**..**」(ドット2つ)で表せます。

```
$ pwd ··························· カレントディレクトリを確認
/home/study ····················· カレントディレクトリはホームディレクトリ
$ ls .. ························· 親ディレクトリにあるファイルを一覧表示
study
$ ls ../.. ······················ 親の親ディレクトリにあるファイルを一覧表示
bin    dev   lib    libx32      mnt   root  snap      sys  var
boot   etc   lib32  lost+found  opt   run   srv       tmp
cdrom  home  lib64  media       proc  sbin  swapfile  usr
$ cd .. ························· 親ディレクトリへ移動
$ pwd ··························· カレントディレクトリを表示
/home
```

絶対パス
「/」から場所を指定する

ファイルやディレクトリの場所をルートディレクトリから、つまり「/」から表現したものを**絶対パス**(*absolute pathname*)といいます。たとえば、ユーザー「study」のホームディレクトリにある**Desktop**ディレクトリ(デスクトップ)の絶対パスは**/home/study/Desktop/**となります。そのデスクトップに**file.txt**というファイルがある場合、その絶対パスは**/home/study/Desktop/file.txt**です。

相対パス
「/」以外から場所を指定する

カレントディレクトリがホームディレクトリの場合、ホームディレクトリにあるDesktopディレクトリは**Desktop/**で、「デスクトップにあるfile.txt」は**Desktop/file.txt**と表現できます。これを、**相対パス**(*relative pathname*)といいます。

カレントディレクトリがホームディレクトリ下のDesktopディレクトリである場合、「デスクトップのfile.txt」は**file.txt**、ホームディレクトリは「**..**」となります。このように、相対

パスは基準の位置によって表し方が変化します(**図A**)。

図A 絶対パスと相対パス

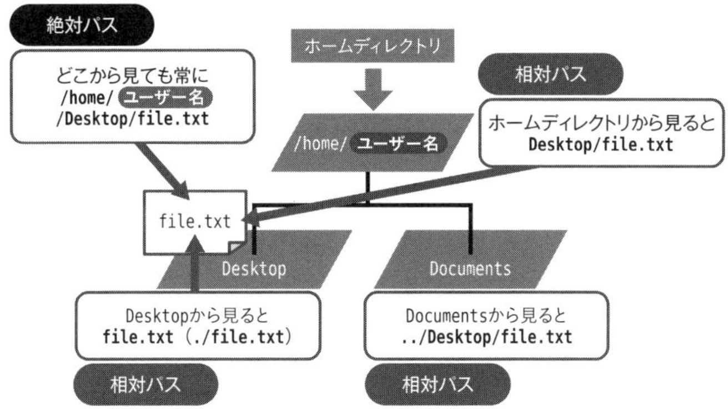

[まとめ]ディレクトリを表す記号

ディレクトリを表す際に使う記号は**表A**のとおりです。

表A ディレクトリ関連の記号

記号	意味
/	ルートディレクトリ
.	カレントディレクトリ
..	親ディレクトリ
~	ホームディレクトリ※

※ **ls**、**~study/** のように指定すると、「~」(チルダ)から「/」までの部分(「/」がない場合は末尾まで)をユーザー名とみなされ、そのユーザーのホームディレクトリのパスと置き換えられる(チルダ展開、p.90)。

Column

「~」(チルダ)を使ったパス指定

自分のホームディレクトリにある**Desktop**の中の**file.txt**は、カレントディレクトリがどこであっても、常に**~/Desktop/file.txt**で表せます。したがって、チルダを使ったパスも絶対パスといえます。ただし、設定ファイルなどでファイルやディレクトリを指定する場合、「~」を使った設定ができないことがあり、この場合は「/」から始まる絶対パスで指定します。カレントユーザーのホームディレクトリは環境変数**HOME**に保存されているため、**$HOME**を使って設定されていることもあります。

zshの場合、bashと同じチルダ展開のほかに、チルダを使った**名前付きディレクトリ**(*named directory*)という展開があります。これはシェル変数を使った展開で、変数の値が「/」から始まっている場合、「~変数名」が変数の値に置き換わります(**logdir=/var/log**と設定されている場合、**cd ~logdir**で**cd /var/log**が実行される)。

2.3 ファイル操作の基本コマンド❶

ファイルやディレクトリの作成/削除

コマンドラインで、ファイルやディレクトリの作成と削除を試してみましょう。
ここでは、ホームディレクトリの下にtmpディレクトリを作成し、ファイルやディレクトリの作成と削除を試します。このディレクトリは練習後に削除してかまいません。

mkdirコマンド ディレクトリを作成してみよう

mkdir 名前でディレクトリを作成します。たとえばカレントディレクトリにtmpディレクトリを作るのであれば**mkdir tmp**、「ホームディレクトリの直下」と明示するのであれば**mkdir ~/tmp**のように指定します。

なお、**~/tmp**はこの後のコマンド入力を試す際に使いますが、試した後は削除してかまいません。ディレクトリの削除はこの後に解説する**rmdir**または**rm**コマンド、GUIで操作する場合は「ファイル」でホームにあるtmpフォルダーを削除してください。

```
$ mkdir ~/tmp ………………………… ホームディレクトリの直下にtmpディレクトリを作る
$ cd ~/tmp ……………………………… 作成したディレクトリへ移動
$ pwd ………………………………………… カレントディレクトリを確認
/home/study/tmp
```

複数のディレクトリを同時に作る❶

mkdir 名前1 名前2 名前3のように複数のディレクトリをまとめて作成できます。

```
先ほど作成した~/tmpの中で実行
$ mkdir dir1 dir2 dir3 …………… dir1、dir2、dir3というディレクトリを作る
$ ls ……………………………………………… カレントディレクトリの中を一覧表示
dir1  dir2  dir3
```

dir1とdir2とdir3のように、名前の一部だけ異なるディレクトリをまとめて作成したい場合は、**mkdir dir{1..3}**あるいは**mkdir dir{a,10}**のような指定が可能です。これは、シェルの**ブレース展開**(*brace expansion*、p.89)という機能によるもので、**mkdir dir{1..3}**はシェルによって展開されて**mkdir dir1 dir2 dir3**が実行されることになります。

複数のディレクトリを同時に作る❷

「dir1の中にsubdir、subdirの中にsubsubdir」のように階層を作りたい場合、各ディレクトリを個別に作成するのが基本ですが、**-p**オプション(**--parents**、親)で一度に作れます。

```
(続き)~/tmpの中で実行
$ mkdir dir1/subdir/subsubdir …… (失敗例) dir1の中にsubdir、subdirの中に
                                  subsubdirを作る
```

続く

```
mkdir: ディレクトリ `dir1/subdir/subsubdir' を作成できません: そのようなファイル
やディレクトリはありません
$ mkdir dir1/subdir ………………………… 先にdir1の中にsubdirを作る
$ mkdir dir1/subdir/subsubdir ……… dir1/subdirの中にsubsubdirを作る
(作成できている)
$ mkdir -p dir2/subdir/subsubdir …… -pを付けると途中のディレクトリも同時に作成される
```

lsコマンドに**-R**オプション(**--recursive**、再帰)を付けることで、サブディレクトリの中も含めて表示できます。ファイル操作の実行確認に便利なオプションです。

また、**-F**オプション(**--classify**、分類)を付けると、ディレクトリの場合は末尾に「/」が付くので、実行結果がわかりやすくなります。

```
(続き)~/tmpの中で実行
$ ls -RF ………………………………………… カレントディレクトリの中を再帰的に記号付きで表示
.: ……………………………………………………… 「.」(カレントディレクトリ)の中
dir1/  dir2/  dir3/ ……………………… dir1、dir2、dir3があり、すべてディレクトリ

./dir1: ……………………………………………… dir1ディレクトリの中
subdir/ ……………………………………………… subdirディレクトリがある

./dir1/subdir: …………………………………… dir1/subdirディレクトリの中
subsubdir/ ………………………………………… subsubdirがある

./dir1/subdir/subsubdir: ………………… dir1/subdir/subsubdirディレクトリの中
……………………………………………………………… ここには何もない
./dir2: ……………………………………………… dir2ディレクトリの中
＜以下略＞
```

このほか、ディレクトリとファイルをツリー状に表示する**tree**というコマンドがあります。標準ではインストールされていないため、パッケージの追加が必要です(第5章)。

```
(続き)~/tmpの中で実行
$ tree …………………………………………… (参考) treeコマンドを実行※
.
├── dir1
│   └── subdir
│       └── subsubdir
├── dir2
│   └── subdir
│       └── subsubdir
└── dir3

7 directories, 0 files
```

※ Ubuntu環境では**sudo apt install tree**、CentOS Stream 8にはデフォルトでインストールされているが、それ以外のCentOSの場合は**sudo dnf install tree**でインストールできる。**tree**でカレントディレクトリ、**tree** ディレクトリ で指定したディレクトリをツリー形式で表示する。

rmdirコマンド
空のディレクトリを削除してみよう

rmdir 名前 で空《から》のディレクトリを削除します。mkdir同様、**rmdir** 名前1 名前2 名前3 のようにまとめて削除できます。また、すべてのディレクトリが空である場合に限り、**-p**オプション（**--parents**、親）でサブディレクトリごと削除できます。

```
（続き）~/tmpの中で実行
$ rmdir dir3/ ························· dir3を削除する
$ rmdir dir1/subdir/subsubdir/ ········ dir1/subdir/subsubdir/を削除する
$ rmdir -p dir2/subdir/subsubdir/ ····· dir2/subdir/subsubdir/をまとめて削除する
$ ls -RF ······························ カレントディレクトリの中を再帰的に記号付きで表示
.:
dir1/ ································· dir2とdir3が削除されてdir1だけが残っている

./dir1:
subdir/ ······························· dir1にはsubdirディレクトリがある

./dir1/subdir:
······································· subsubdirは削除されたため、存在しない
（dir2、dir3は削除されたため、存在しない）
```

ディレクトリの中身ごと削除したい場合は、この後に取り上げる**rm**コマンドの**-r**オプション（**--recursive**、再帰）を使用します。

touchコマンド
空のファイルを作成してみよう

touch 名前 で空のファイルを作成できます。**touch**はファイルやディレクトリのタイムスタンプ（更新日時と最終アクセス日時）を変更するコマンドですが、「指定した名前のファイルやディレクトリが存在しない場合はサイズ**0**《ゼロ》のファイルを作る」という機能があります。

```
（続き）~/tmpの中で実行
$ touch file1 ························· file1を作成する
$ touch dir1/file1 ···················· dir1の中にfile1を作成する
$ ls -RF ······························ カレントディレクトリの中を再帰的に記号付きで表示
dir1/ file1 ··························· dir1ディレクトリとfile1がある

./dir1:
file1  subdir/ ························ dir1にはfile1とsubdirがある

./dir1/subdir:
```

複数のファイルをまとめて作る

touch 名前1 名前2 名前3 のように名前を空白で区切って指定することで、複数のファイ

ルをまとめて作成できます。

```
(続き)~/tmpの中で実行
$ touch file2 file3 file4 ·············· file2、file3、file4を作成する
$ touch file{a,b,10} ··········· filea、fileb、file10を作成する(ブレース展開、p.89)
```

catコマンド
ファイルを作成/表示してみよう

cat > 名前でファイルを作成できます。この場合、**cat >** 名前を実行した後に、ファイルに書き込みたい内容をキーボードから入力し、最後にCtrl+Dを押して入力を終了します。

catコマンドは標準入力やファイルからの入力をそのまま標準出力へ出力するという働きがあり、**cat >** 名前は「キーボード(標準入力、p.92)から受け取った内容をリダイレクトでファイルに保存する」という意味の操作で、Ctrl+Dは「ファイルの終了」(EOF、*End Of File*)という意味のキー操作です。

```
(続き)~/tmpの中で実行
$ cat > newfile
aaa ································ newfileに書き込みたい内容を入力する
bbb ································ (同上)
ccc ································ (同上)
···································· Ctrl+Dで入力を終了
$ cat newfile ·············· newfileの内容を確認
aaa
bbb
ccc
```

リダイレクトを使用しているので、newfileがすでに存在している場合は**上書きされる**点に注意してください。newfileが存在している場合は上書きではなく追加したい、という場合は**>>**を使い、**cat >> newfile**のようにします(p.95)。

rmコマンド
ファイルとディレクトリを削除しよう

rm 名前で指定した名前のファイルを削除します。確認メッセージなどは表示されない点に注意してください。

```
(続き)~/tmpの中で実行
$ rm newfile ······································· newfileを削除する
```

複数のファイルをまとめて削除する❶

rm 名前1 名前2 名前3のように複数のファイルをまとめて削除できます。

```
(続き)~/tmpの中で実行
$ rm file2 file3 file4 ···················· file2、file3、file4を削除する
```

複数のファイルをまとめて削除する❷

file1とfile2とfile3のように、名前の一部だけ異なるファイルを削除したい場合は、**rm file?** あるいは**rm file***のような指定が可能です。これは、シェルの**パス名展開**（*pathname expansion*、p.87）という機能によるものです。**?**は任意の1文字という意味で、**file?**と指定した場合は「名前がfile＋何か1文字であるものすべて」に置き換えられます。*****は任意の文字列という意味で、**file***は「名前がfileで始まるものすべて」に置き換えられます。*****はゼロ文字の文字列にも当てはまるので**file**という名前のファイルにも当てはまる点に注意してください。

ワイルドカードを使って指定する場合、先に**ls**コマンドでパス名展開の結果を確認しておくと安心です。

```
（続き）~/tmpの中で実行
$ ls file1* ………………… file1*に該当するファイルを確認
file1 file10
$ rm file1* ………………… file1*を削除（file1、file10が削除される）
```

確認メッセージを出しながら削除する　-i

-iオプション（**--interactive**、対話式）を使うと、削除前に確認メッセージが表示されます。

```
（続き）~/tmpの中で実行
rm -i file* ………………… file*を確認しながら削除する
rm: 通常の空ファイル 'filea' を削除しますか? y … 「y」を入力（fileaが削除される）
rm: 通常の空ファイル 'fileb' を削除しますか? n … 「n」を入力（filebは削除されない）
```

実行結果を表示する　-v

実行結果を表示したい場合は**-v**オプション（**--verbose**、饒舌《じょうぜつ》）を使用します。

```
（続き）~/tmpの中で実行
$ rm -v file* ………………… file*を削除して、その結果を表示する
'fileb' を削除しました ……… （結果が表示された）
```

Linuxで使用されているコマンドは、ほとんどが「寡黙《かもく》」で、エラー以外の実行結果が表示されません。多くの場合、**-v**オプション（**--verbose**）を付けることで、実行結果や通常よりも詳しいメッセージが表示されます。

ディレクトリを中身ごと削除する　-r

ファイルではなくディレクトリを削除したい場合は、**-r**オプション（**--recursive**、再帰）を使い、**rm -r** 名前 のように指定します。**-r**とは再帰（*recursive*）を意味するオプションで、指定したディレクトリの中にディレクトリがあれば、その中身も削除、その中にディレクトリがあれば、その中身も削除……のように繰り返しの処理を行うようになっています。多くのコマンドで、**-r**や**-R**オプションで再帰処理が行われます。**rm**コマンドの場合、大文字の**-R**でも意味は同じです。

```
（続き）~/tmpの中で実行
rm -r dir1/ ………………… dir1ディレクトリを中身ごと削除する
```

Column

コマンドの確認メッセージは常に表示するべき?

CentOSでは、rootユーザーの場合は`rm`コマンド、`cp`コマンド、`mv`コマンドは、確認メッセージを表示するという`-i`オプション付きで実行されるようにエイリアスが設定されています。これは、`su`コマンドでrootユーザーになってから実行する場合のみ有効で、`sudo`コマンドで`sudo rm` ファイル のように実行した場合には確認メッセージは表示されません。

このように、常に確認メッセージを表示するのも一つの安全策ですが、それに頼り切るのも危険です。ファイルの削除や上書きなどの危険な処理は、事前に確認してから行うようにしましょう。

cpコマンド
ファイルやディレクトリをコピーしよう

`cp` コピー元 コピー先 でファイルをコピーします。コピー先に既存のファイルを指定した場合、ファイルは上書きされます。`rm`コマンド同様、処理が成功した場合はメッセージが表示されません。実行結果を表示する`-v`オプション(`--verbose`)、確認しながら実行できる`-i`オプション(`--interactive`)が使用できます。

以下は2.3節で作成した`~/tmp`ディレクトリで実行しています。実行前の段階では`~/tmp`の中は空でファイルもディレクトリもない状態から始めています。

最初に実行している`echo hello > file1`は、helloという文字列をfile1に保存する、という操作です(リダイレクト、3.3節)。

/tmpの中で実行。/tmpの中には何もない状態から開始

```
$ echo hello > file1 ·························· (準備) file1を作成
$ ls ··········································· カレントディレクトリの中を一覧表示
file1
$ cat file1 ···································· file1の内容を確認
hello
$ cp file1 file2 ······························· file1をfile2にコピー
$ cat file2 ···································· file2の内容を表示
hello
```

ファイルをディレクトリにコピーする

コピー先としてディレクトリを指定した場合、ファイルをそのディレクトリの中にコピーします。この場合、2つ以上のファイルを指定することも可能で、最後に指定した引数がコピー先のディレクトリ名として扱われます。

(続き)~/tmpの中で実行

```
$ mkdir dir1 ··································· (準備) dir1ディレクトリを作成
$ cp file1 dir1/ ······························· file1をdir1の中にコピー
$ cp file1 file2 dir1/ ························· file1とfile2をdir2の中にコピー (dir1の中にある
                                                 file1は上書きされる)
$ ls dir1/ ····································· dir1ディレクトリの中を表示
file1  file2 ··································· dir1にはfile1とfile2がある
```

ディレクトリをコピーする -r

ディレクトリをコピーしたい場合は**-r**オプション（**--recursive**、再帰）を指定します。この場合、ディレクトリの中にあるファイルも含めてコピーされます。

```
(続き)~/tmpの中で実行
$ cp -r dir1/ dir2 ························ dir1ディレクトリをdir2（まだ存在しない）にコピー
$ ls dir2/ ································ dir2ディレクトリの中を表示
file1  file2
```

コピー先のディレクトリがすでに存在していた場合、ディレクトリの中へのコピーという意味になります。

```
(続き)~/tmpの中で実行
$ cp -r dir1/ dir2/ ······················· dir1ディレクトリをdir2（既存ディレクトリ）にコピー
$ ls dir2/ ································ dir2ディレクトリの中を表示
dir1  file1  file2 ························ dir2の中にdir1がコピーされている
```

属性をなるべく維持したままコピーする -a

-aオプション（**--archive**、保管）を使うことでもディレクトリのコピーが可能です。

-aオプションは、ファイルのタイムスタンプやパーミッション（許可属性、2.5節）、所有ユーザーなどを、なるべく維持したままコピーする、というオプションです[注5]。これらの情報を**属性**（*attribute*）といいます。

コピー元としてディレクトリを指定した場合はそのディレクトリの内容も含めてコピーされます。

mvコマンド
ファイルやディレクトリの移動や名前の変更をしてみよう

mvコマンドはファイルやディレクトリを移動するというコマンドですが、名前の変更をするコマンドとしても使用します。いくつかの場合に分けて動作を説明します。

慣れないうちは、**-i**オプション（**--interactive**）を付けて、ファイルを上書きする場合には確認メッセージを表示させると良いでしょう。あるいは、**-n**オプション（**--no-clobber**、上書きしない）を付けて、ファイルを上書きするような場合は実行を中止するようにしておくと安全です。実行結果を表示したい場合は**-v**オプション（**--verbose**）を使用します。

引数としてディレクトリを2つ指定した場合

mv ディレクトリ1 ディレクトリ2 と指定したケースです。

❶ディレクトリ2が存在しない場合、❶′ディレクトリ1の名前をディレクトリ2に変更するという動作になります。❷ディレクトリ2が存在する場合、❷′❷″ディレクトリ1をディレクトリ2の中に移動するという動作になります。

注5　一般ユーザーの場合はファイルの所有ユーザーとして自分自身しか設定できないため、「別のユーザーが所有するファイルを、ファイルの所有ユーザーの情報を維持したままコピーする」という操作はできません。この場合は管理者権限が必要になります。

```
(続き)~/tmpの中で実行
$ ls -F ……………………………… カレントディレクトリの内容を確認（-Fは「/」などの
                               記号を付けて表示するオプション）
dir1/  dir2/  file1  file2
$ mv dir2/ dir3 ………………… ❶dir2をdir3に移動（dir2の名前がdir3になる）
$ ls -F
dir1/  dir3/  file1  file2dir3 … ❶'dir2の名前がdir3になった
$ mv dir3/ dir1/ ………………… ❷dir3をdir1に移動（dir3がdir1の中に移動する）
$ ls -F
dir1/  file1  file2 ……………… ❷'元の場所にはない
$ ls -F dir1/
dir3/  file1  file2 ……………… ❷"dir1の中にdir3が移動した
```

❶は、説明の便宜上「ディレクトリ２が存在しない場合」としましたが、正確には「２つめの引数として指定した名前のファイルやディレクトリが存在しない場合」です。２つめの引数として指定した名前のファイルが存在した場合、「ディレクトリをファイルへ移動」という意味になり、実行できないためエラーになります。

引数としてファイルを2つ指定した場合

mv ファイル1 ファイル2 と指定した場合は、「ファイル１」が「ファイル２」に移動します。つまり、「ファイル１」の名前が「ファイル２」に変更されるという動作になります。「ファイル２」が存在した場合は上書きされます。

```
(続き)~/tmpの中で実行
$ ls -F ……………………………… カレントディレクトリの内容を確認
dir1/ file1 file2
$ mv file1 file2 ………………… file1をfile2に移動（file1の名前がfile2になる。
                               file2は上書きされる）
$ ls -F
dir1/ file2 ……………………… file1がfile2になった（元のfile2は上書きされた）
$ mv file2 file1 ………………… file2をfile1に移動（file2の名前がfile1になる）
$ ls -F
dir1/ file1 ……………………… file2がfile1になった
```

最後の引数に既存のディレクトリを指定した場合

mv 名前1 名前2 名前3 ディレクトリ名 のように指定したケースです。「名前1 〜 名前3」まではファイルでもディレクトリでも良く、指定は1つ以上あればいくつでもかまいません。

この場合、「名前1 名前2 名前3 ……」で指定したファイルやディレクトリがすべて最後に指定したディレクトリの中に移動されます。先ほどの例として挙げた「引数としてディレクトリを２つ指定した場合」の❷もこの動作です。

```
$ mkdir newdir ………………………… (準備)移動先用にnewdirディレクトリを作成する
$ mv dir1/ file1 newdir/ ……………… dir1とfile1をnewdirに移動
$ ls -F …………………………………… カレントディレクトリの内容を確認
newdir/
$ ls -F newdir/ ……………………… newdirディレクトリの内容を確認
dir1/  file1 ………………………… newdirの中にdir1とfile1が移動した
```

~/tmpディレクトリに残ったファイルは不要ですので、操作を試したら**rm -r newdir**でnewdirディレクトリを削除してください。

Column

カレントディレクトリとプロンプト

p.32で絶対パスと相対パスについて解説しましたが、日常的なファイル操作ではパス名を省略できる相対パスが便利です。しかし、相対パスを正しく使うには常にカレントディレクトリを把握していなくてはなりません。

そこで、UbuntuやCentOSではプロンプトにカレントディレクトリの名前が表示されるように設定されています。Ubuntuの場合は ユーザー名 **@** ホスト名 **:** 絶対パス、CentOSは **[** ユーザー名 **@** ホスト名 ディレクトリ名 **]** です。プロンプトの表示内容はシェル変数**PS1**で変更できます(p.78)。

2.4 ドットファイル

普通のファイルなのに「見えない」ファイル

Linuxには「ドットファイル」呼ばれるファイルがあります。通常は表示されないファイルで、おもに設定ファイルとして用いられています。

ドットファイルとは

「**.**」で始まるファイルは特別扱いされている

名前が「**.**」(ドット)で始まるファイルやディレクトリは、「明示しない限り、表示や操作の対象にならない」という、少々特別な扱いを受けます。たとえば、**ls**コマンドでファイルを一覧表示しても、名前が「**.**」で始まるファイルやディレクトリは表示されません。

lsコマンドで**-a**オプション(**--all**、すべて)または**-A**オプション(**--almost-all**、ほぼすべて)を付けると、ドットファイルも含めて表示されます。たとえば、ホームディレクトリで**ls -a**を実行すると、**ls**では表示されなかったファイルが表示されるでしょう。

```
$ cd
$ ls
Desktop  Documents  Downloads  Music  Pictures  Public  Templates  Videos  tmp
$ ls -a
```

続く

```
.               .config   .ssh                          Desktop    Templates
..              .gnupg    .sudo_as_admin_successful     Documents  Videos
.bash_history   .lesshst  .vboxclient-clipboard.pid     Downloads  tmp
.bash_logout    .local    .vboxclient-display.pid       Music
.bashrc         .mozc     .vboxclient-draganddrop.pid   Pictures
.cache          .profile  .vboxclient-seamless.pid      Public
```

「**ls -a**」と「**ls -A**」の違い

ls -aはすべてのドットファイルおよびドットディレクトリが表示されるのに対し、**ls -A**はカレントディレクトリである「**.**」と、親ディレクトリである「**..**」は表示されません。

名前を指定して操作する

ドットファイルは「隠れている」だけなので、名前を明示すれば、ほかのファイルやディレクトリと同じように操作できます。

以下は2.3節で作成した**~/tmp**ディレクトリで実行しています。実行前の段階では**~/tmp**の中は空でファイルもディレクトリもない状態から始めています。

```
/tmpの中で実行。/tmpの中には何もない状態から開始
$ cd ~/tmp
$ touch .file ································ 「.file」というファイルを作成する
$ ls
(何も表示されない)
$ ls .file ··································· 「ls .f Tab」でファイル名を補完して実行
.file
```

ドットファイルとワイルドカード

コマンドの引数として「すべてのファイル」を指定する際に使う「*」ですが、「**ls ***」や「**rm ***」のように指定した場合、ドットファイルは対象になりません。

ドットファイルを含めたい場合はドットを明示する必要があります。

```
$ touch afile ································ (準備)比較用にafileというファイルを作成
$ ls *
afile ········································ 「*」に該当するのはafileのみ
$ ls ?file
afile ········································ 「?file」に該当するのもafileのみ
$ rm *
$ ls
(何も表示されない)
$ ls -a
.  ..  .file ································ .fileはrm * に対象にならずそのまま残っている
$ rm .f* ····································· 「.f」部分を明示して削除
$ ls -a
.  .. ········································ .fileが削除された
```

ドットディレクトリ

ディレクトリも同様に「.」から始まる名前の場合は明示しない限りは操作対象になりません。

```
$ mkdir .dir ………………………… 「.dir」というディレクトリを作成する
$ ls
(何も表示されない)
$ ls -a
.  ..  .dir ………………………… lsの-aや-Aオプションを使えば一覧表示の対象になる
$ touch .dir/file1 ………………… 「.dir」の中にfile1を作成する
$ ls .dir/
file1 ………………… ディレクトリ名を明示すれば、通常のディレクトリと同じように操作できる
$ rm -r .dir/ ………………………… 「.dir」を中身ごと削除する
(通常のディレクトリと同じように削除された)
```

ドットファイルがあるディレクトリは削除できない

一見ファイルがないように見えるディレクトリでも、ドットファイルが残っているかもしれません。このような場合、**rmdir**コマンドでは「ディレクトリは空ではありません」というメッセージが表示されて削除できません。要は「空ではないから」削除できないということなので、**rm**コマンドでドットファイルを明示して削除しておけば**rmdir**コマンドで削除できます。また、**rm -r**で中身ごと削除することも可能です。

2.5 ファイルの属性とパーミッション

許可の種類と対象を把握しよう

ファイルやディレクトリには、さまざまな属性があります。中でも重要なのは「パーミッション」(*permission*)です。本節では、パーミッションの意味と確認方法、パーミッションを変更する方法を説明します。

「ls -l」コマンド
ファイルの詳しい情報を表示してみよう

ファイルには、名前と内容のほかに、所有ユーザーや更新日時などの情報が付属しています。このような情報を**属性**(*attribute*)といいます。属性は、**ls**コマンドに**-l**オプション[注6]を付けると表示できます。コマンドラインでとても良く使われるオプションです。

ls -lでは、ファイルの情報が先に表示されて、最後に名前が表示されます。ここでは、どんな事項が表示されているかを簡単に説明しますので、まずはざっと眺めてみましょう。次ページの**図B**では、**ls -l /**と**ls -l /var/log/**を実行しています。それぞれたくさんの内容が表示されるので、適宜スクロールして確認してください。コマンドの実行結果を1画面ずつ停止させたり、部分的に表示したりする方法については第4章で取り上げます。

注6　**-l**は詳細リスト形式(*long listing format*)で出力するオプションで、該当するロングオプションはありません。

図B　ls -lの実行イメージ

```
$ ls -l /
合計 2097232
lrwxrwxrwx   1 root root     7 3月  4 03:23 bin -> usr/bin
drwxr-xr-x   4 root root  4096 3月  4 03:43 boot
drwxrwxr-x   2 root root  4096 3月  4 03:25 cdrom
drwxr-xr-x  19 root root  4060 3月  7 12:59 dev
drwxr-xr-x 130 root root 12288 3月  7 12:58 etc
drwxr-xr-x   3 root root  4096 3月  4 03:25 home
lrwxrwxrwx   1 root root     7 3月  4 03:23 lib -> usr/lib
<以下略>
    ❶        ❷    ❸        ❹        ❺          ❻
```

```
$ ls -l /var/log/
合計 2372
-rw-r--r-- 1 root   root   24751 3月  4 03:41 alternatives.log
drwxr-xr-x 2 root   root    4096 3月  7 12:58 apt
-rw-r----- 1 syslog adm    18440 3月  7 14:30 auth.log
-rw------- 1 root   root   28476 3月  7 12:59 boot.log
-rw-r--r-- 1 root   root  104003 2月 10 03:47 bootstrap.log
-rw-rw---- 1 root   utmp       0 2月 10 03:47 btmp
drwxr-xr-x 2 root   root    4096 3月  4 03:30 cups
<以下略>
    ❶      ❷    ❸            ❹        ❺            ❻
```

❶ファイルの種類とパーミッション

1文字めがファイルの種類で、その後に続く9文字が読み書きなどの許可を表すパーミッション（本項で解説）。SELinux（Linuxカーネルのセキュリティ機能）が有効になっている場合、その後に「**.**」が表示されることがあります。

❷リンク数（ハードリンク数）

リンク数（ハードリンク数）。通常のファイルは「1」となります。ディレクトリは、原則として「**サブディレクトリの数**＋2」です。

❸所有ユーザーと所有グループ

所有ユーザーの名前とグループの名前。所有ユーザーとグループはおもにパーミッション（許可属性）の管理に使われます。

❹ファイルサイズ

ファイルサイズ。ディレクトリの場合はディレクトリ自身のブロックサイズが表示されているため、ディレクトリに含まれているファイルやディレクトリの合計サイズが知りたい場合は、**du**コマンド[注7]を使用すると良いでしょう。

❺ファイルの更新日（タイムスタンプ）

ファイルの更新日。ファイルの日付にはこのほか「アクセス日」と「属性変更日」があり、**stat**

注7　**du**はディスク使用量（*disk usage*）を表示するコマンドで、**du -sh** **ディレクトリ**でディレクトリの合計サイズが表示されます。**-s**は合計のみを表示するオプション、**-h**は読みやすい単位で表示するオプションで、サブディレクトリの中もすべて集計するのでディレクトリ内すべてに対するアクセス権限が必要です。

コマンドや**ls -lu**や**ls -lc**で確認できます(p.65)。

❻ファイル名とリンク先

最後にファイル名が表示されます。シンボリックリンク(実体が別の場所にあるファイルで、1文字めが**l**と表示されている)の場合は**->**が表示され、後ろにリンク先(ファイルの実体)が表示されます(p.58)。

パーミッションの表示
「読み/書き/実行」の3種類×3組が表示されている

図Bの最初のブロック❶はファイルの種類とパーミッションです。ファイルの種類は1文字で**d**(ディレクトリ)、**l**(シンボリックリンク、次の節で解説)、**-**(通常ファイル)を表しています注8。

続く3種類×3組の9文字が**パーミッション**(*permission*、許可属性)です。3文字ずつ「所有ユーザーへの許可」「所有グループへの許可」「それ以外の人(他人)への許可」が表示されており、それぞれ**r**が表示されていれば読める(*readable*)、**w**が表示されていれば書き込める(*writable*)、**x**が表示されていれば実行できる(*executable*)ことを表しています。特殊な属性が設定されている場合、**s**や**t**が表示されます(p.53)。許可がない場合は**-**が表示されます。

パーミッションを表す数字

パーミッションのアルファベット表示は読み取りやすくするためのもので、実際のパーミッションは数値で設定されています。

具体的には、読み出し可能(r)は**4**、書き込み可能(w)は**2**、実行可能(x)は**1**で、読み出しと書き込みが可能な場合は4+2で**6**、すべてが可能ならば4+2+1で**7**、いずれの許可もない場合は**0**となります。たとえばすべて許可されている**rwxrwxrwx**なら**777**、一般的なファイルの設定である**rw-rw-r--**は**664**、**rw-r--r--**は**644**となります(**表B**)。

表B パーミッションと数値の対応

記号	数値	意味
r	4	読み出し可能(ディレクトリの場合はファイル一覧の表示の許可)
w	2	書き込み可能(ディレクトリの場合はファイルの追加/削除の許可)
x	1	実行可能(ディレクトリの場合は**cd**コマンドでそのディレクトリに入れるか)
-	0	許可がない

※ 読み出しと書き込みの許可がある場合は4+2で6、すべての許可がある場合は4+2+1で7になる。

statコマンド
ファイルやディレクトリの属性を表示する

stat 対象 では、**ls -l**よりも詳しい情報が表示されるほか、ファイルのパーミッションを数値で確認できます。ディレクトリを指定した場合、ディレクトリそのものの情報が表示さ

注8 このほかに特別な種類として**b**(ブロックデバイス)、**c**(キャラクタデバイス)、**s**(ソケット)、**p**(FIFO、*First In, First Out*)があります。

れます。

```
$ stat /
  File: /
  Size: 4096            Blocks: 8          IO Block: 4096   ディレクトリ
Device: 805h/2053d      Inode: 2           Links: 20
Access: (0755/drwxr-xr-x)  Uid: (    0/    root)   Gid: (    0/    root)
Access: 2021-03-07 12:57:30.901212300 +0900
Modify: 2021-03-04 03:25:17.175692403 +0900
Change: 2021-03-04 03:25:17.175692403 +0900
 Birth: -
```

※ macOSの場合、**stat -x**で実行すると同じようなレイアウトになる(GNU版**stat**には**-x**オプションはない)。

chmodコマンド
パーミッションを変更する

パーミッションは**chmod**コマンドで変更できます。たとえば、「所有ユーザー(user)の読み出しの許可を追加する」のであれば**chmod u+r** ファイル、「読み出し許可を取り除く」ならば**chmod u-r** ファイル、「読み出しのみにする」ならば**chmod u=r**のように、「対象 + パーミッション」、「対象 - パーミッション」、「対象 = パーミッション」で指定します。

対象は、所有ユーザーは**u**、所有グループは**g**、その他(*others*)は**o**で指定します。それぞれ複数を指定でき、全員を指定したい場合は**ugo**または**a**を使用します。

対象を指定しなかった場合は、**umask**(パーミッションの初期値を設定するための値、p.51)の指定に従います。

以下は2.3節で作成した**~/tmp**ディレクトリで実行しています。

```
~/tmpの中で実行
$ touch file1 ·················· (準備) file1を作成する
$ ls -l file1 ·················· file1の情報を表示する
-rw-rw-r-- 1 study study 0  3月  7 00:17 file1
$ chmod u+x file1 ·············· 所有ユーザーにxを追加する (rwxrw-r--になる)
$ chmod u-x file1 ·············· 所有ユーザーからxを取り除く (rw-rw-r--になる)
$ chmod u=r file1 ·············· 所有ユーザーについてrのみにする (r--rw-r--になる)
$ chmod ug=rw file1 ············ 所有ユーザーとグループについてrwにする (rw-rw-r--になる)
$ chmod o= file1 ··············· その他からすべての権限を取り除く (rw-rw----になる)
$ chmod =r file1 ··············· rのみにする (r--r--r--になる)
$ chmod +w file1 ··············· wを追加する (rw-rw-r--になる※)
$ chmod ugo+w file1 ············ 全員にwを追加する (rw-rw-rw-になる)
$ chmod a-w file1 ·············· 全員からwを取り除く (r--r--r--になる)
```

※ UbuntuやCentOSのデフォルト**umask**は**002**なので、その他の**w**(**2**)がマスクされている。

パーミッションを数値で指定する

chmod 777 ファイルのように、パーミッションを数値で指定することもできます。

```
(続き)~/tmpの中で実行
$ chmod 777 file1 ……………… パーミッションを777にする (rwxrwxrwxになる)
$ chmod 600 file1 ……………… パーミッションを600にする (rw-------になる)
$ chmod 664 file1 ……………… パーミッションを664にする (rw-rw-r--になる)
```

ファイルのパーミッション
ファイルの内容へのアクセスや実行が制御される

パーミッションの意味について、ファイルとディレクトリに分けて確認していきましょう。まず概要を解説し、その後、テスト用のファイルとディレクトリを作って実際に試します。

「読み出し」(r)の許可がないファイルは内容を表示できない

「読み出し」(**r**)の許可がないファイルは内容を表示できません。たとえば、**/etc/sudoers**は**sudo**コマンド用の設定ファイルですが、パーミッションは**r--r-----**で所有ユーザー(root)、所有グループ(root)以外のユーザーは内容を表示できません。

「書き込み」(w)の許可がないファイルは内容を変更できない

「書き込み」(**w**)の許可がないファイルは内容を変更できません。ただし、ファイルの削除やファイル名の変更は可能です。これはファイルの内容ではなく、ディレクトリの内容(ディレクトリエントリ、次項で解説)として制御されているためです。

「実行」(x)の許可がないファイルは実行できない

パーミッションにはもう一つ「実行許可」というものがあります。シェルスクリプト(p.113)にしてもコマンドにしても、コマンドラインで実行するには「OSで実行可能な形式であること」だけではなく「実行許可」が必要です[注9]。**ls -l**で確認した場合に「**x**」という属性が付いているファイルが実行可能で、**ls -l /usr/bin/**で/usr/binにあるファイルを見てみると「**x**」が付いているのがわかります。

ディレクトリのパーミッション
「ディレクトリエントリ」に対する制御とは

次に、ディレクトリのパーミッションです。ディレクトリのパーミッションは**ls -ld** ディレクトリ のように**ls**コマンドの**-d**オプション(**--directory**、ディレクトリ)を使うか、**stat**コマンド(p.46)で表示できます。この後の解説では**ls -ld**を使用します。

ディレクトリには、そのディレクトリにあるファイルやディレクトリの名前が書かれています。これをディレクトリエントリといいます。電話帳(*directory*)をイメージしても良いかもしれません。ファイルのパーミッションはファイルの内容を表示したり書き換えたりできるかどうかに作用しましたが、ディレクトリのパーミッションは、このディレクトリエントリを読み書きできるか、という形で作用します。

まず、読み書きの両方に影響を及ぼす「**x**」パーミッションから見ていきましょう。「**x**」は「ア

注9　実際にコマンドを実行するにはもう一つ「パスの指定」が必要で、たとえばカレントディレクトリにある「myscript」というコマンドを実行するなら「**./myscript**」のようにする必要があります。**PATH**(コマンドサーチパス)に登録されているディレクトリにあるコマンドは、パスの指定を省略できます(p.80)

クセス権」として作用します。

「アクセス」(x)の許可がないディレクトリにはアクセスできない

「**x**」はアクセス権がない、という意味になり、cdでそのディレクトリをカレントディレクトリにしたり、**ls**で中のファイルやディレクトリの情報を取得したり、ファイルやディレクトリの追加や削除を行えないという意味になります。

したがって、ディレクトリのパーミッションとしては「**---**」(すべて許可しない)、「**rwx**」(すべて許可)、「**r-x**」(一覧の取得ができる)や「**-wx**」(内容の追加や削除ができる)のように設定するのが一般的です。

以下はnewdirというディレクトリを作り、ディレクトリの中にファイルを作成してからディレクトリのアクセス許可(**x**)を取り除いた状態での動作を試しています。

```
~/tmpの中で実行
$ mkdir newdir ………………………………… (準備) newdirディレクトリを作成する
$ echo hello > newdir/file1 ………… (準備) newdirの中にfile1を作成する
$ ls -ld newdir/ …………………………… newdirディレクトリの情報を確認
drwxrwxr-x 2 study study 4096  3月  7 00:32 newdir/
$ ls newdir/ ………………………………… newdirディレクトリの中を一覧表示
file1
$ cat newdir/file1 ……………………… newdirディレクトリのfile1の内容を表示
hello
newdirから「x」を取り除いて実験
$ chmod -x newdir/ ……………………… newdirから「x」を取り除く
$ ls -ld newdir/
drw-rw-r-- 2 study study 4096  3月  7 00:32 newdir/
↑「r」や「w」の権限があるが「x」がない(通常は使用しない設定)
$ ls newdir/
ls: 'newdir/file1' にアクセスできません: 許可がありません
file1
$ ls -l newdir/
ls: 'newdir/file1' にアクセスできません: 許可がありません
合計 0
-????????? ? ? ? ?            ? file1
↑「r」があるので一覧は取得できるが「x」がないので、属性は取得できないため「?」が表示されている
$ cat newdir/file1
cat: newdir/file1: 許可がありません
$ rm newdir/file1
rm: 'newdir/file1' を削除できません: 許可がありません
↑ディレクトリエントリにアクセスできないため、中のファイルに対する操作はできない
$ touch newdir/newfile
touch: 'newdir/newfile' に touch できません: 許可がありません
↑「w」があってもディレクトリエントリにアクセスできないため、ファイルの追加ができない
$ rm -r newdir
rm: 'newdir/file1' を削除できません: 許可がありません
rm: 'newdir' を削除できません: ディレクトリは空ではありません
↑中のファイルが削除できないので、rm -rによるディレクトリの削除もできない
```

続く

```
$ chmod +x newdir/
$ rm -r newdir/
(「x」があれば、削除できる)
```

※ root権限があれば、削除可能(**sudo rm -r newdir/**で実行)。

「読み出し」(r)の許可がないディレクトリは一覧を取得できない

「読み出し許可」(r)がないディレクトリは、**ls**コマンドなどで中にあるファイルの一覧を取得できません。ただし、「一覧が取れない」というだけなので、ディレクトリの中にあるファイルの名前がわかっており、ファイル側にアクセス許可があればファイルの中身は表示できるし、ディレクトリへの書き込み許可があればファイルの削除も可能です。

```
~/tmpの中で実行
$ mkdir newdir ………………………… (準備) newdirディレクトリを作成する
$ echo hello > newdir/file1 ……… (準備) newdirの中にfile1を作成する
$ chmod -r newdir/ ……………………… newdirから「r」を取り除く
$ ls newdir/
ls: ディレクトリ 'newdir/' を開くことが出来ません: 許可がありません
↑「r」がないので一覧は取得できない
$ ls newdir/file1 …………… ファイルを指定すれば操作は可能 ([Tab]による補完はできない)
newdir/file1
$ cat newdir/file1
hello
$ rm -r newdir/
rm: 'newdir/' を削除できません: 許可がありません
↑中にあるファイル名がわからないので、rm -rによるディレクトリ削除はできない
$ rm newdir/file1 ……………………… ファイルを指定すれば削除できる
$ rm -r newdir ……………………………… ディレクトリが空になればrm -rやrmdirで削除できる
```

「書き込み」(w)の許可がないディレクトリにあるファイルやディレクトリは削除できない

「書き込み許可」(w)があれば、ディレクトリにあるファイルやサブディレクトリの追加や削除、名前の変更を行えます。ディレクトリのパーミッションが、ディレクトリの中にあるファイルやディレクトリの名前を変更できるかどうかに影響している点に注意しましょう。ディレクトリ自身の名前の変更には、親ディレクトリの書き込み許可が必要です。

```
~/tmpの中で実行
$ mkdir newdir ………………………… (準備) newdirディレクトリを作成する
$ echo hello > newdir/file1 ……… (準備) newdirの中にfile1を作成する
$ chmod -w newdir/ ……………………… newdirから「w」を取り除く
$ cd newdir/ ………………………………… newdirの中に移動
$ ls ……………………………………………… newdir内でファイル一覧を表示
file1
$ cat file1 ……………………………… newdirにあるファイルの内容を表示
hello
$ mv file1 file2 ……………………… newdirにあるファイル名の変更
mv: 'file1' から 'file2' へ移動できません: 許可がありません
↑ディレクトリに「w」がないので、中にあるファイルの名前は変更できない
```

続く

```
$ rm file1 ······························ newdirにあるファイルの削除
rm: 'file1' を削除できません: 許可がありません
⬆ディレクトリに「w」がないので、中のファイルは削除できない
$ echo mytext > file1
$ cat file1
mytext ····· ディレクトリエントリには影響しないので、ファイルの内容を変更することはできる
$ cd ..
$ rm newdir/file1
rm: 'newdir/file1' を削除できません: 許可がありません
⬆中のファイルは削除できない
$ sudo rm newdir/* ························· root権限を使ってnewdirの中のファイルを削除
[sudo] study のパスワード: ·········· (パスワードを入力)
(newdir内のファイルが削除できた)
$ rmdir newdir/
(中にファイルがなければ、ディレクトリの削除は可能)
```

umask
パーミッションの初期値を決める値

ファイルやディレクトリを作るときのデフォルトのパーミッションや、**chmod +x** 対象のようにパーミッションを与える相手を指定しなかった場合の設定内容はシステムで定めている「マスク値」によって決まります。マスク値は**umask**コマンドで確認できます。

```
$ umask
0002
```

マスク値はどのように機能するか

CentOSおよびUbuntuのデフォルトのマスク値は、一般ユーザーの場合「**0002**」です注10。これは8進数×4桁の組み合わせで、1桁めは特殊な意味を持つため「**0**」で固定、残りの3桁がそれぞれ所有ユーザー、グループ、その他の利用者に作用します。したがって、**umask**で表示されるのは「**0002**」ですが「マスク値は**002**」のように1桁めを除いた3桁で表現されることが多いでしょう。

マスク値は、パーミッション設定時のビット演算で使われます。たとえば、マスク値の「**2**」は2進数で「**010**」です。この「**010**」によって2進数の「**111**」(10進数で7)という値をマスクすると「**101**」となります(次ページの**図C❶**)。このように、マスクする値が「**1**」の場合にそのビットが取り去られた(マスクされた)値となるように働きます。したがって、「**100**」に対し同じ「**010**」でマスクしても「**100**」のままとなります(次ページの**図C❷**)。この値によって、次項の「デフォルトのパーミッション」が決められます。

注10 Ubuntu 18.04 LTSのデフォルトマスクは「**0022**」です。

図C　マスク値の働き

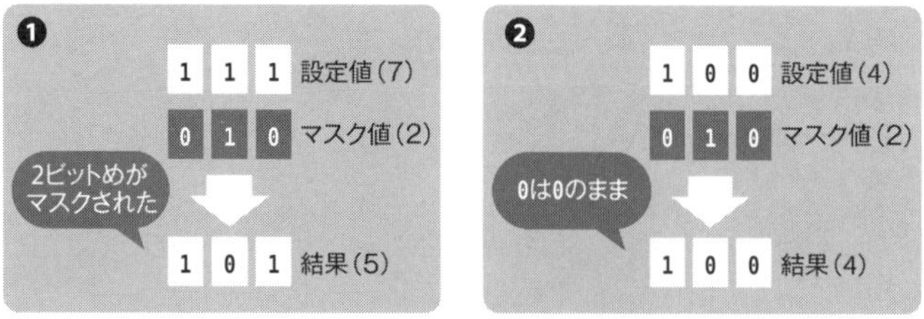

デフォルトのパーミッション

ファイルを作成するとき基本のパーミッションは**666**（読み書きを許可）、ディレクトリは**777**（すべて許可）です。これに対し「**002**」というマスク値が設定されていると、ファイルのデフォルトのパーミッションは**666**を**002**でマスクした「**664**」（**rw-rw-r--**）、ディレクトリは「**775**」（**rwxrwxr-x**）となります（**図D**）。

図D　デフォルトのパーミッション

マスク値が**002**のとき（ls -lの表示）

ファイル			2進数表記
初期値	666	rw-rw-rw-	011 011 011
マスク	002	-------w-	000 000 010
結果	664	rw-rw-r--	011 011 001
ディレクトリ			
初期値	777	rwxrwxrwx	111 111 111
マスク	002	-------w-	000 000 010
結果	775	rwxrwxr-x	111 111 101

所有者とグループは読み書き可能、他人は読むだけで変更はできない

所有者とグループは一覧表示(r)、ファイルの追加や削除(w)、cdで中に入る(x)ことが可能、他人は一覧表示とcdはできるがファイルの追加や削除はできない

chmodとマスク値

chmod +x 対象 のように、パーミッションの対象を指定しなかった場合もマスク値の影響を受けます。**+x**（**111**を追加）ならば**002**ではマスクされないため全員に実行許可（**x**）が付加されるのに対し、**+w**（**222**を追加）の場合は**002**でマスクされた結果の**220**が追加されることになり、所有ユーザーとグループに書き込み許可（**w**）が追加されます。

g+w（グループに書き込み許可を追加）や**a+w**（全員に書き込み許可を追加）のように対象を指定した場合は、マスクとは関係なくパーミッションを追加できます。

chown/chgrpコマンド
ファイルの所有ユーザーとグループを変更する

ファイルの所有ユーザーとグループは**chown**コマンドで変更できます。グループのみを変更する場合は**chgrp**コマンドも使用できます。

変更前と変更後の両方に権限が必要な操作なので、所有ユーザーを変更するにはroot権限を使い**sudo chown** 新しい所有ユーザー 対象 のように実行します。対象の部分には複数のファイルやディレクトリを指定できます。所有ユーザーとグループを同時に変更したい場合は**sudo chown** 新しい所有ユーザー**.**新しいグループ 対象 のようにします。

```
$ sudo chown root file1 ………………… file1の所有ユーザーをrootにする
$ sudo chown study.users file1 …… file1の所有ユーザーをstudy、所有グループをusersにする
```

Column

特別なパーミッション

パーミッションの設定は**rwx**を3組分表す3桁に加えて先頭にもう1桁あり、合計4桁で設定されます。最初の1桁も**rwx**同様ビットの位置で設定が決まっており、**0**以外が設定されている場合、**ls -l**の表示では**x**の位置が**s**または**t**に変わります。値の意味は**表a**のとおりです。

表a 特別なパーミッションと値

数値	パーミッション	説明
4	SUID (*Set User ID*)	実行時にファイルの所有者の権限を引き継ぐ。SUIDが設定されている場合、所有者の「**x**」の位置に「**s**」が表示される(実行ファイルではない場合「**S**」と表示)
2	SGID (*Set Group ID*)	実行時にファイルのグループの権限を引き継ぐ。SGIDが設定されている場合、グループの「**x**」の位置に「**s**」が表示される(実行ファイルではない場合「**S**」と表示)
1	sticky属性	コマンドファイルまたはディレクトリに使用し、コマンドの場合は読み込んだファイルをメモリーに保持する、ディレクトリの場合は中のファイルの削除やリネームを所有者にだけ許可するという働きがある。設定されている場合はその他の「**x**」の位置に「**t**」が表示される(実行ファイルではないファイルや読み書きできないディレクトリの場合は「**T**」が表示される)

所有者の**x**の位置が**s**になっているファイルには**su**コマンドや**sudo**コマンド、**passwd**コマンドなどがあります。これらは、実行した人ではなく、ファイルの所有者(root)の権限で実行されるコマンドです。**stat**コマンドではパーミッションの1桁めが**0**ではなく**4**になります。

その他のユーザーの**x**の位置が**t**になるディレクトリには/tmpがあり、これは「/tmp下のファイルはそのファイルの所有者にしか削除やリネームができない」という意味です(p.182のコラム「共有ディレクトリでSGIDの設定を試してみよう」を参照)。

```
$ ls -l /usr/bin/su ············· /usr/bin/suのパーミッションを確認
-rwsr-xr-x 1 root root 67816  7月 21 16:49 /usr/bin/su
$ ls -ld /tmp/ ···················· /tmpのパーミッションを確認(-dはディレクトリそのもの
                                    を対象とするオプション)
drwxrwxrwt 20 root root 4096  3月  7 08:52 /tmp/
$ stat /usr/bin/su ··············· パーミッションの数値を確認
  File: /usr/bin/su
  Size: 50448      Blocks: 104        IO Block: 4096 ········· 通常ファイル
Device: fd00h/64768d      Inode: 574023      Links: 1
Access: (4755/-rwsr-xr-x)  Uid: (    0/    root)   Gid: (    0/    root)
<中略>
$ stat /tmp/ ·························· パーミッションの数値を確認
  File: /tmp/
  Size: 4096       Blocks: 8          IO Block: 4096 ········· ディレクトリ
Device: fd00h/64768d      Inode: 33555379    Links: 15
Access: (1777/drwxrwxrwt)  Uid: (    0/    root)   Gid: (    0/    root)
<以下略>
```

グループだけを変更する

グループのみの変更であれば**chgrp**コマンドも使用できます。この場合、自分が所属しているグループであれば**sudo**コマンドは不要ですが、所属していないグループに変更する場合には**sudo**コマンドを使います。なお、自分が所属しているグループは**groups**コマンドまたは**id**コマンドで確認できます(6.1節)。

```
$ sudo chgrp users file1 ………………… file1の所有グループをusersにする
$ sudo chown .users file1 ……………… （参考）file1の所有グループをusersにする
```

ユーザープライベートグループ

ユーザーは複数のグループに所属することが可能で、ログイン時のグループをプライマリーグループ(*primary group*)、それ以外のグループをセカンダリーグループ(*secondary group*)といいます。ファイルを作成したときは、所有ユーザーは自分、所有グループは自分のプライマリーグループとなります。

CentOSやUbuntuでは、ユーザーのプライマリーグループとして、ユーザー名と同じ名前のグループが設定されるようになっています。つまり、ユーザーstudyのプライマリーグループはstudyで、studyグループにはユーザーstudyが一人だけ所属している、という状態です。この場合、ユーザーstudyが作成したファイルのパーミッションは、所有ユーザーがstudy、所有グループがstudyとなります。

この管理方式はユーザープライベートグループ(*user private group*、UPG)と呼ばれています。

ユーザーとグループについては6.1節で改めて取り上げます。

~/tmpディレクトリに残ったファイルは不要なので、操作を試したら**rm file***で削除してください。

2.6 ハードリンクとシンボリックリンク

ファイルを示す2つの名前

Linuxを利用する上でとても重要なしくみが「ハードリンク」と「シンボリックリンク」です。どちらもファイルやディレクトリを示す方法として使われています。

iノード
Linuxのファイルはiノードで管理されている

Linuxでは、ファイルやディレクトリは**iノード**(*inode*)というしくみで管理されています。iノードでは、ファイルやディレクトリに固有の番号が付いており、それぞれの番号ごとに名前やパーミッション、所有ユーザーやグループのIDが管理されています。この番号は**iノード番号**(*inode number*)といい、単に「iノード」でiノード番号を指すこともあります。

「ls -i」でinodeを表示する

iノード番号(以下、**inode**)は**stat**コマンドや**ls -i**で確認できます。**ls**コマンドで、inode

をパーミッションなどと一緒に表示したい場合は**ls -il**のようにします。

```
$ ls -i /
     13 bin          15 lib32           1 proc          1 sys
1048577 boot         16 lib64     3145729 root     786433 tmp
1703937 cdrom        17 libx32          2 run     3014657 usr
<中略>
$ ls -il /
合計 2097232
     13 lrwxrwxrwx   1 root root        7  3月  4 03:23 bin -> usr/bin
1048577 drwxr-xr-x   4 root root     4096  3月  4 03:43 boot
1703937 drwxrwxr-x   2 root root     4096  3月  4 03:25 cdrom
<以下略>
```

ハードリンク
iノードに結び付けられている名前がハードリンク

inodeには名前を結び付けることができます。これが**ハードリンク**(*hard link*)で、いわゆるファイル名やディレクトリ名がハードリンクです。

ハードリンクには、アクセスや管理をしやすくするために**シンボリックリンク**(*symbolic link*)を作ることができます。WindowsのファイルシステムのショートカットやmacOSのエイリアスと似ていますが、働きが若干異なります。まず、ハードリンクについて簡単なコマンドで試しながら確認していきましょう。

「ハードリンク数」の意味
1つのiノードには複数の名前を付けられる

ls -lでは、ファイルのパーミッションと所有ユーザーの間にハードリンクの数が表示されています。通常のファイルは、1つのiノードに対して1つの名前、つまり1つのハードリンクが付いているため、「1」と表示されています。

ディレクトリの場合、ディレクトリ名のほかに「**.**」という名前が付いているため、ハードリンク数は「2」となります。サブディレクトリがある場合、そのサブディレクトリから見た「**..**」という名前が付くため、最終的なハードリンク数は「サブディレクトリの個数+2」となります[注11]。

ハードリンク数の変化を見てみよう

ディレクトリを作り、ハードリンクの数がどう変化するか試してみましょう。

以下は2.3節で作成した**~/tmp**ディレクトリで実行しています。実行前の段階では**~/tmp**の中は空でファイルもディレクトリもない状態から始めています。

```
/tmpの中で実行。/tmpの中には何もない状態から開始
$ mkdir dir1 ………………………… dir1ディレクトリを作成
$ ls -l
                                                    続く
```

注11 macOSではTimeMachineというバックアップのしくみでディレクトリへのハードリンクが使われることがあり、ディレクトリのハードリンク数と「サブディレクトリ数+2」は必ずしも一致しません。

```
合計 4
drwxrwxr-x 2 study study 4096  3月  7 09:22 dir1
           ↑ハードリンク数は2
$ mkdir dir1/sub1 ……………………… dir1の中にsub1ディレクトリを作成
$ ls -l
合計 4
drwxrwxr-x 3 study study 4096  3月  7 09:22 dir1
           ↑ハードリンク数が3になった
$ mkdir dir1/sub2 ……………………… dir1の中にデsub2ィレクトリを作成
$ ls -l
合計 4
drwxrwxr-x 4 study study 4096  3月  7 09:22 dir1
           ↑ハードリンク数が4になった
```

ハードリンクの作成と削除
ファイルのハードリンクを作ってみる

ファイルのハードリンクは**ln**コマンドで作れます。**cp**コマンドと同じ順番で、**ln** 元のファイル名 新しく作るファイル名のように指定します。

lnコマンドは、おもに**ln -s**で後述するシンボリックリンクを作成するのに使用しますが、オプションを指定しなかった場合はハードリンクとなります。

-lオプションと**-i**オプション(**--inode**オプション)を使い、**ls -il**で表示すると、同じinodeを持つ2つのファイルが作成されていることがわかります。

```
$ touch file1 ……………………………… (準備) 空のfile1を作成する
$ ls -il file* ……………………………… file*の詳細情報をinode付きで表示
656994 -rw-rw-r-- 1 study study 0  3月  7 09:25 file1
                  ↑ハードリンク数は1
$ ln file1 file2 …………………………… file1のハードリンクfile2を作る
$ ls -il file*
656994 -rw-rw-r-- 2 study study 0  3月  7 09:25 file1
656994 -rw-rw-r-- 2 study study 0  3月  7 09:25 file2
                  ↑同じinodeのファイルが2つあり、ハードリンク数が2になっている
$ ln file2 file3 …………………………… file2のハードリンクfile3を作る
$ ls -il file*
656994 -rw-rw-r-- 3 study study 0  3月  7 09:25 file1
656994 -rw-rw-r-- 3 study study 0  3月  7 09:25 file2
656994 -rw-rw-r-- 3 study study 0  3月  7 09:25 file3
                  ↑同じinodeのファイルが3つになり、ハードリンク数は3になっている
```

同じinodeを持つハードリンクへの操作は、どのファイルに対して行っても結果は同じになります。

```
$ echo hello >file1 ………………………… file1に「hello」と書き込む
$ ls -il file*
656994 -rw-rw-r-- 3 study study 6  3月  7 09:29 file1
```

続く

```
656994 -rw-rw-r-- 3 study study 6  3月  7 09:29 file2
656994 -rw-rw-r-- 3 study study 6  3月  7 09:29 file3
                                   ↑すべてのファイルサイズとタイムスタンプが更新された
$ cat file2 ························· file2の内容を表示する
hello
$ cat file3 ························· file3の内容を表示する
hello
```

ファイルのハードリンクを削除してみよう

ファイルのハードリンクを削除すると、inode数が1つ減ります。inode数が**0**になるとファイルがファイルシステムから削除されることになります。また、ハードリンク同士はすべて同格です。先ほどは**file1**を先に作成し、**ln**コマンドで**file2**と**file3**を作成しましたが、**file1**や**file2**を削除しても**file3**はそのまま残ります。

```
$ ls -il file*
656994 -rw-rw-r-- 3 study study 6  3月  7 09:29 file1
656994 -rw-rw-r-- 3 study study 6  3月  7 09:29 file2
656994 -rw-rw-r-- 3 study study 6  3月  7 09:29 file3
                   ↑現在のハードリンク数は3
$ rm file2 ························· file2を削除
$ ls -il file*
656994 -rw-rw-r-- 2 study study 6  3月  7 09:29 file1
656994 -rw-rw-r-- 2 study study 6  3月  7 09:29 file3
                   ↑現在のハードリンク数は2
$ rm file3 ························· file3を削除
$ ls -il file*
656994 -rw-rw-r-- 1 study study 6  3月  7 09:29 file1
                   ↑現在のハードリンク数は1
```

ハードリンクの制限

今回は動作結果を見やすくするために同じディレクトリにハードリンクを作っていますが、ほかのディレクトリに作成することも可能です。ただし、inodeはファイルシステムごとに固有なので、異なるパーティションにあるファイルのハードリンクを作成することはできません。

また、ディレクトリのハードリンクを作る際には**-F**オプション（**-d**、または**--directory**）を使いますが、通常、ディレクトリのハードリンク作成はファイルシステム側で禁止されています。

次項で解説するシンボリックリンクにはこのような制限はありません。

ファイルのハードリンクはどのようなときに使うのか

本節では理解を深めるためにファイルのハードリンクを作成しましたが、通常は、ユーザーのコマンド操作でハードリンクを作ることはないでしょう。ファイルを操作しやすくするために別の名前を付けたい場合は、シンボリックリンクを使用します。

シンボリックリンクはファイルやディレクトリの制限なく作成できるし、元のファイルとは別に付けた名前であることがわかりやすいため、扱いやすいでしょう。

シンボリックリンク
ファイルやディレクトリを操作しやすくする「別名」

inodeと結び付けられた名前がハードリンクであるのに対し、ハードリンク（ファイルやディレクトリの名前）に結び付けられた名前がシンボリックリンクです。いわば「別名」あるいは「あだ名」を付けるような使い方ができます。

たとえば、ファイル名が長かったり、ディレクトリの指定が複雑で指定しにくい場合にシンボリックリンクを使うと便利です。

ln -sコマンド
シンボリックリンクを作成してみよう

シンボリックリンクは**ln**コマンドの**-s**オプション（**--symbolic**）で作れます。ハードリンク同様、**cp**コマンドと同じ順番で、**ln -s** 元のファイル名 新しく作るファイル名 のように指定します[注12]。

（続き）~/tmpの中で実行

```
$ ln -s file1 file2 ……………… file1のシンボリックリンクfile2を作成する
$ ls -l file* ……………………… file*の情報を確認
-rw-rw-r-- 1 study study 6  3月  7 09:29 file1
lrwxrwxrwx 1 study study 5  3月  7 09:39 file2 -> file1
                              ↑file2はfile1へのシンボリックリンク
$ cat file2 ……………………………… file2の内容を表示する
hello ……………………………………… file1の内容が表示された
$ echo test > file2 ………………… file2の内容をtestに書き換える
$ ls -l file*
-rw-rw-r-- 1 study study 5  3月  7 09:40 file1
lrwxrwxrwx 1 study study 5  3月  7 09:39 file2 -> file1
                  ↑file1のファイルサイズとタイムスタンプが更新されている※
$ cat file1 ……………………………… file1の内容を表示する
test
```

（file2への書き換えがfile1に反映されている）

※ シンボリックリンクにはリンク先のパス名（ここではfile1）が記録されており、サイズは5バイトで変化しない。

シンボリックリンクの削除
リンクを削除してもリンク先には無関係

シンボリックリンクを削除しても、リンク先には影響しません。

（続き）~/tmpの中で実行

```
$ ls -l file* ……………………… file*の情報を確認
-rw-rw-r-- 1 study study 5  3月  7 09:40 file1
lrwxrwxrwx 1 study study 5  3月  7 09:39 file2 -> file1
```

続く

注12 **cp**コマンドも**-s**オプション（**--symbolic-link**）でシンボリックリンクを作成できます。

```
$ rm file2 …………………… file2を削除
$ ls -l file*
-rw-rw-r-- 1 study study 5  3月  7 09:40 file1 …… file2が削除され、file1はその
                                                  まま残っている
```

リンク先を削除する

リンク先を削除した場合は、シンボリックリンクはそのまま残ります。しかし、ファイルを参照しようとすると、「ファイルがない」という意味のエラーとなります。いわば「リンク切れ」の状態です。

```
(続き)~/tmpの中で実行
$ ln -s file1 file2 …………………… 再びfile1のシンボリックリンクfile2を作成する
$ ls -l file*
-rw-rw-r-- 1 study study 5  3月  7 09:40 file1
lrwxrwxrwx 1 study study 5  3月  7 09:52 file2 -> file1
$ rm file1 …………………… リンク先であるfile1を削除
$ ls -l file*
lrwxrwxrwx 1 study study 5  3月  7 09:52 file2 -> file1
                                    ⬆file2はそのまま残っている
$ cat file2 …………………… file2の内容を表示
cat: file2: そのようなファイルやディレクトリはありません …… リンク先が存在しない
                                                          ためエラーになる
$ echo message > file1 …………………… file1を作成(内容は「message」)
$ cat file2 …………………… file2の内容を表示
message …………………… file1(リンク先)の内容が表示される
```

リンク先の名前を変更する

リンク先の名前を変更したり、別のディレクトリに移動したりした場合も、シンボリックリンクはそのまま残りますが、リンク先の削除時同様に「リンク切れ」となります。

```
(続き)~/tmpの中で実行
$ mv file1 file0 …………………… file1の名前をfile0に変更する
$ ls -l file*
-rw-rw-r-- 1 study study 8  3月  7 09:52 file0
lrwxrwxrwx 1 study study 5  3月  7 09:52 file2 -> file1
$ cat file2 …………………… file2の内容を表示
cat: file2: そのようなファイルやディレクトリはありません …… リンク先が存在しない
                                                          ためエラーになる
$ mv file0 file1 …………………… file0の名前をfile1に変更する
$ cat file2 …………………… file2の内容を表示
message …………………… file1の内容が表示される
```

シンボリックリンクのコピー
リンク先のコピーと同じ扱いになる

cpコマンドでシンボリックリンクをコピーした場合も、リンク先のファイルをコピーした

のと同じ動作、つまり、リンク先のファイルをコピーするという動作になります。

```
$ ls -l file* ……………… file*の情報を確認
-rw-rw-r-- 1 study study 8  3月 7 09:52 file1
lrwxrwxrwx 1 study study 5  3月 7 09:52 file2 -> file1
$ cp file1 file3 ……………… (比較用) file1をfile3にコピー
$ cp file2 file4 ……………… file2をfile4にコピー
$ ls -l file* ……………… file*の情報を確認
-rw-rw-r-- 1 study study 8  3月  7 09:52 file1
lrwxrwxrwx 1 study study 5  3月  7 09:52 file2 -> file1
-rw-rw-r-- 1 study study 8  3月  7 09:59 file3 ……… file1のコピー
-rw-rw-r-- 1 study study 8  3月  7 09:59 file4 ……… file1 (リンク先) のコピー
```

シンボリックリンクそのものをコピーしたい場合

シンボリックリンクそのものをコピーしたい場合は、**-d**オプション(**--no-dereference**、参照しない)を使用します。

```
$ cp -d file2 file5 ……………… file2をシンボリックリンクとしてfile5にコピー
$ ls -l file*
-rw-rw-r-- 1 study study 8  3月  7 09:52 file1
lrwxrwxrwx 1 study study 5  3月  7 09:52 file2 -> file1
-rw-rw-r-- 1 study study 8  3月  7 09:59 file3
-rw-rw-r-- 1 study study 8  3月  7 09:59 file4
lrwxrwxrwx 1 study study 5  3月  7 10:01 file5 -> file1 ……… file2のコピー
```

ディレクトリのシンボリックリンク
作成と削除を試してみよう

ln -s 元のディレクトリ名 新しい名前のように、1つめの引数にディレクトリを指定した場合は、ディレクトリへのシンボリックリンクとなります。

```
(続き)~/tmpの中で実行
$ ln -s dir1/ dir2 ……………… dir1ディレクトリのシンボリックリンクdir2を作成
$ ls -ld dir* ……………… dir*を表示 (-dはディレクトリの情報を表示するオプション)
drwxrwxr-x 4 study study 4096  3月  7 09:49 dir1
lrwxrwxrwx 1 study study    5  3月  7 10:04 dir2 -> dir1/
$ ls dir1/ ……………… dir1の内容を表示
sub1  sub2
$ ls dir2/ ……………… dir2の内容を表示
sub1  sub2 ……………… dir1の内容が表示されている
$ touch dir2/subfile ……………… dir2の中にsubfileを作成
$ ls dir1/ ……………… dir1の内容を確認
sub1  sub2  subfile ……………… subfileが作成されている
$ ls dir2/ ……………… dir2の内容を確認
sub1  sub2  subfile
$ rm dir1/subfile ……………… dir1の中のsubfileを削除
$ ls dir1/ ……………… dir1の内容を確認
続く
```

```
sub1  sub2
$ ls dir2/ ······························ dir2の内容を確認
sub1  sub2
```

シンボリックリンクの表示

シンボリックリンクの場合、「**ls -l** リンク名」と「**ls -l** リンク名/」では動作が異なる点に注意が必要です。リンク名の末尾に「/」を付けた場合はディレクトリの内容が、**ls -l** リンク名の場合、シンボリックリンクそのものの情報が表示されることになります。

なお、**-l**オプションを付けていない場合は、両者の動作は同じです。

```
(続き)~/tmpの中で実行
$ ls -l dir1 ······························ dir1（ディレクトリ名）を表示
合計 8
drwxrwxr-x 2 study study 4096  3月  7 09:22 sub1
drwxrwxr-x 2 study study 4096  3月  7 09:22 sub2
$ ls -l dir1/ ····························· dir1/ を表示
合計 8
drwxrwxr-x 2 study study 4096  3月  7 09:22 sub1
drwxrwxr-x 2 study study 4096  3月  7 09:22 sub2
$ ls -l dir2 ······························ dir2（シンボリックリンク）を表示
lrwxrwxrwx 1 study study 5  3月  7 10:04 dir2 -> dir1/
                        ↑シンボリックリンクの情報が表示された(リンク先の末
                        尾が「/」なのでディレクトリへのリンクであることがわかる)
$ ls -l dir2/ ····························· dir2/ を表示
合計 8
drwxrwxr-x 2 study study 4096  3月  7 09:22 sub1
drwxrwxr-x 2 study study 4096  3月  7 09:22 sub2
-lを付けない場合(同じ動作になる)
$ ls dir2 ································· dir2（シンボリックリンク）を表示
sub1  sub2
$ ls dir2/ ································ dir2/ を表示
sub1  sub2
```

シンボリックリンクの削除

ディレクトリへのシンボリックリンクは**rm**コマンドで削除できます。リンクを削除するという操作なので**-r**オプションは不要です。

ファイルへのシンボリックリンク同様、リンク先には影響しません。

```
(続き)~/tmpの中で実行
$ rm dir2 ································· dir2（シンボリックリンク）を削除する※
(シンボリックリンクが削除された。リンク先には影響しない)
```

※ **rm dir2/** のように末尾に「/」を付けるとディレクトリを削除するという意味になるため、エラーになる。

カレントディレクトリの中にシンボリックリンクを作成する

ln -s 対象 ディレクトリ名のように、最後の引数がディレクトリだった場合、ファイルやディレクトリと同じ名前のシンボリックリンクが指定したディレクトリの中に作成されます。しかし、シンボリックリンクのリンク先は「**ln**コマンドを実行した際のコマンドラインで指定したパス名」となるため、うまく機能しません。この場合、対象を絶対パスで指定するか、シンボリックリンクを作りたいディレクトリに移動してから、「**ln -s** 対象 **.**」のように指定することで、利用しやすくなります。

```
(続き)~/tmpの中で実行
$ ln -s file1 dir1/ ……………… (失敗例) file1のシンボリックリンクをdir1の中に作る
$ ls -l dir1/file*
lrwxrwxrwx 1 study study 5  3月  7 10:58 dir1/file1 -> file1
         dir1/file1と同じ場所にあるfile1へのシンボリックリンクになってしまった↑
$ cd dir1/ ……………………………… dir1に移動する
$ ln -s ../file3 . ……………… file3のシンボリックリンクをカレントディレクトリに作る
$ cd .. ……………………………………… 親のディレクトリに戻る
$ ls -l dir1/file*
lrwxrwxrwx 1 study study 5  3月  7 10:58 dir1/file1 -> file1
lrwxrwxrwx 1 study study 8  3月  7 10:58 dir1/file3 -> ../file3
                          ↑dir1のfile3は親ディレクトリのfile3へのリンクになっている
```

~/tmpディレクトリに残ったファイルは不要なので、操作を試したら**rm -r dir1**と**rm file***で**~/tmp**ディレクトリの中を削除してください。

2.7 ファイル操作の基本コマンド❷

ファイルを調べる/探す/圧縮する

lsコマンド
ファイルを一覧表示する❷

lsコマンドには、**-l**オプション(詳細情報を表示、p.44)や**-a**オプション、**-A**オプション(ドットファイルを表示、p.42)のほかにも、たくさんのオプションがあります。

マルチカラム表示の調整 -1 -C -w

-lオプションを使っていない場合、**ls**コマンドは複数の列に並べてファイルを表示します。全体の幅は画面に従い、各列の幅は表示対象となるファイルの最大文字数に合わせて調整されます。

このマルチカラム表示は出力先が画面(端末)の場合の方法で、**ls**コマンドの実行結果をリダイレクトで保存したり、ほかのコマンドで処理するような際は、1件1行で出力されます。

画面(端末)でも1件1行で表示したい場合は**-1**(数字のイチ)オプション、端末以外の場合もマルチカラムで出力したい場合は**-C**オプションを使います。画面の幅を指定したい場合は**-w** 桁数(**--width=**桁数、widthは幅)で指定します。

ファイルの種類がわかるように表示する　-F

-Fオプション（**--classify**）を使うと、ディレクトリは名前の末尾に「**/**」、シンボリックリンクは「**@**」、実行許可がある場合は「*****」を付けて表示されます。

なお、「区別は**/**か**@**のみで良く、*****は不要」という場合は**--file-type**オプションを使用します[注13]。

```
$ ls -F / ·························· ルートディレクトリを記号付きで表示
bin@    dev/   lib@    libx32@      mnt/   root/  snap/     sys/  var/
boot/   etc/   lib32@  lost+found/  opt/   run/   srv/      tmp/
cdrom/  home/  lib64@  media/       proc/  sbin@  swapfile  usr/
$ ls -F /usr/bin/ls* ··············· /usr/binのlsから始まるファイルを記号付きで表示
/usr/bin/ls*          /usr/bin/lsinitramfs*  /usr/bin/lsns*
/usr/bin/lsattr*      /usr/bin/lsipc*        /usr/bin/lsof*
＜中略＞
/usr/bin/lshw*        /usr/bin/lsmod@
$ ls --file-type /usr/bin/ls* ······ 上と同じだが「*」は表示しない
/usr/bin/ls          /usr/bin/lsinitramfs  /usr/bin/lsns
/usr/bin/lsattr      /usr/bin/lsipc        /usr/bin/lsof
＜中略＞
/usr/bin/lshw        /usr/bin/lsmod@
```

色付きで表示する　--color

--colorオプションを使うと、ファイルの種類やパーミッションによって異なる色が付いた状態で表示されます。UbuntuやCentOSでは、エイリアス（p.86）設定により常に使用するように設定されています[注14]。なお、**--color**オプションで使用する色は環境変数**LS_COLORS**で定義されています。**LS_COLORS**を設定するためのコマンド列は、**dircolors**コマンドで生成します（環境変数、p.79）。現在の設定は**dircolors -p**で確認できます。色と数値の対応は、プロンプトの設定で使用する値（p.104）と同じです。

ディレクトリの中を再帰的に表示する　-R

-Rオプション（**--recursive**）を使うと、ディレクトリがある場合はそのディレクトリの中、さらにその中にディレクトリがあればその中……のように、すべてのファイルを表示します。このような繰り返しの処理を再帰（*recursive*）といいます。

```
ホームディレクトリで実行
$ ls -R
.:
Desktop  Documents  Downloads  Music  Pictures  Public  Templates  Videos  tmp

./Desktop: ························· 「デスクトップ」にあるファイルが表示される
```
続く

注13　**--file-type**オプションに該当するショートオプションはありません。

注14　UbuntuやCentOSともに**alias ls='ls --color=auto'**が設定されています。**--color=auto**は、出力先がカラー表示可能かどうかを自動で判定した上でカラー表示をするという指定です。なお、**--color**に該当するショートオプションはありません。

```
./Documents: ………………………… 「ドキュメント」にあるファイルが表示される
<以下略>
```

ディレクトリそのものを表示する -d

ls ディレクトリと指定した場合、ディレクトリの中にあるファイルが一覧表示されますが、**-d**オプション(**--directory**)を指定するとディレクトリそのものが表示対象となります。

```
$ ls -d ………………………………………… カレントディレクトリの情報が表示される
.
$ ls -d / ………………………………………… ルートディレクトリの情報が表示される
/
$ ls -dl / ………………………………………… ルートディレクトリの詳細情報が表示される
drwxr-xr-x 20 root root 4096  3月  4 03:25 /
```

ファイルサイズを見やすく表示する -h -S

ls -lでは所有ユーザーとグループに続いてファイルのサイズが表示されますが、**-h**オプション(**--human-readable**、読みやすい)を付けると**M**や**K**などを使った単位(人間にとって読みやすい単位)で表示します。この際の数値は1024の倍数なので、1000の倍数(SI/*Le Système International d'Unités*、国際単位系)に変更したい場合はさらに**--si**オプションを追加します。

-Sオプション[注15]を使うとファイルサイズの大きい順、**-r**オプション(**--reverse**)を加えると小さい順で表示されます。

```
$ ls -lh /usr/bin/
合計 175M
<中略>
-rwxr-xr-x 1 root root     1.8K 12月 14  2019 zmore
-rwxr-xr-x 1 root root     4.5K 12月 14  2019 znew
                ⬆サイズが読みやすい単位で表示される(1024の倍数)
$ ls -lh --si /usr/bin/
合計 184M
<中略>
-rwxr-xr-x 1 root root    1.9k 12月 14  2019 zmore
-rwxr-xr-x 1 root root    4.6k 12月 14  2019 znew
                ⬆サイズが読みやすい単位で表示される(SI単位系、1000の倍数)
$ ls -lhS /usr/bin/
<中略>
lrwxrwxrwx 1 root root        2  3月   4 03:23  xzcat -> xz
lrwxrwxrwx 1 root root        1  3月   4 03:23  X11 -> .
                ⬆大きい順に表示されている(最後に小さいファイルが表示される※)
$ ls -lhSr /usr/bin/
<中略>
-rwxr-xr-x 1 root root     8.1M  8月   4 19:59  gdb
```

続く

注15 **-S**オプションは**--sort=size**に相当します。ロングオプションではこのほか**--sort=none**(並べ替えない、**-U**相当)や**--sort=time**(更新時間順、**-t**相当)が指定可能です。

```
-rwxr-xr-x 1 root root      23M  2月   2 17:21  snap
                         ↑小さい順に表示されている
```

※ シンボリックリンクのサイズはリンク先を示す文字数、リンク先のファイルサイズを使って表示したい場合は**-L**オプション(**--dereference**、参照先の値を取得する)を使用する。

タイムスタンプ順に表示する -lt -lc -lu

ls -lではファイル名の1つ前の列にファイルの更新日時が表示されますが、**-l**に加えて**-t**オプションを指定すると新しい順に、さらに**-r**(**--reverse**)を加えて指定すると逆順になり古い順に表示されます。

-tの代わりに**-u**オプションを指定すると最終アクセス時刻、**-c**オプションで属性変更時刻を使って表示と並べ替えを行います。

すべての時刻を同時に確認したい場合は**stat**コマンド(p.46)を使うと良いでしょう。

```
$ ls -lt ·························· 更新日時の新しい順に表示する
$ ls -ltr ························· 更新日時の古い順に表示する
$ ls -lu ·························· 最終アクセス時刻の新しい順に表示する
$ ls -lur ························· 最終アクセス時刻の古い順に表示する
$ ls -lc ·························· 属性変更時刻の新しい順に表示する
$ ls -lcr ························· 属性変更時刻の古い順に表示する
```

fileコマンド
ファイルの形式を調べる

file ファイル でファイルの形式を調べることができます。

```
$ file /etc/shells ··················· /etc/shellsのファイル形式を調べる
/etc/shells: ASCII text ·············· /etc/shellsはテキストファイル
$ file /usr/bin/grep
/usr/bin/grep: ELF 64-bit LSB shared object, x86-64, version 1 (SYSV),
dynamically linked, interpreter /lib64/ld-linux-x86-64.so.2, BuildID[sha1]=f4564
437ed282494b69a191fcb07a56235cce8ff, for GNU/Linux 3.2.0, stripped
              ↑「ELF」(grepは実行形式のバイナリファイル)
$ file /usr/bin/egrep
/usr/bin/egrep: POSIX shell script, ASCII text executable
              ↑「POSIX shell script」(egrepはテキストファイルでシェルスクリプト)
$ file /usr/share/backgrounds/warty-final-ubuntu.png
/usr/share/backgrounds/warty-final-ubuntu.png: PNG image data, 4096 x 2304,
8-bit colormap, non-interlaced    ↑「PNG image data」(warty-final-ubuntu.png
                                  はPNGイメージ)
```

画像ファイルや動画ファイルのようなファイルは、拡張子と呼ばれるファイルの末尾部分である程度判断できることもありますが、名付けのルールはいわば慣例であり、ファイル名からファイル形式がわかるとは限りません。

fileコマンドは、**マジックナンバー**(*magic number*)と呼ばれる識別情報からファイルの形式を判断しています。マジックナンバーは、/usr/share/misc/magic.mgcというファイルに保存されています[注16]。

findコマンド
さまざまな条件でファイルを探す

find 場所 **-name** 名前で指定した名前と一致するファイルやディレクトリを検索できます。検索条件を指定する「**-name** 名前」の部分は**検索式**(*expression*)と呼ばれることがあり、オプションに単語を使用していますが、「**-**」(ハイフン)は1つである点に注意してください。

システム全体から検索したい場合は場所としてルートディレクトリ「**/**」を指定しますが、この場合、アクセス権がない場所も含まれるためエラーメッセージがたくさん表示される可能性があります。エラーメッセージは不要という場合は**2>/dev/null**を最後に付けることで、エラーメッセージの表示を抑制できます(p.94)。

```
システム全体から.bashrcというファイルを探す。「2>/dev/null」でエラーメッセージを抑制
$ find / -name .bashrc 2>/dev/null
/snap/core18/1988/etc/skel/.bashrc
/home/study/.bashrc
/etc/skel/.bashrc
(ホームディレクトリや/etc/skel下に見つかった※)
```

※ /etc/skelは新規ユーザー用のデフォルト設定ファイルが保存されているディレクトリ、/snapはパッケージ管理システムSnap(p.153のコラムを参照)が使用するディレクトリでCentOSには存在しない。

「**-name** 名前」部分の指定は検索式や単に**式**(*expression*)ともいいます。式にはさまざまな指定が可能で、見つけたファイルに対してコマンドを実行するような処理も可能です。**man find**に詳しい説明とサンプルがあるので、試してみるとよりわかりやすいでしょう。ここでは比較的試しやすく実際に利用する機会も多い検索式をいくつか紹介します。

名前の一部から探す

名前の部分には*****や**?**および**[]**が使用できます。

これらの記号を使う場合、名前全体を引用符で囲む必要があります。これは、コマンドラインのパス名展開で使う記号でもあるためです。たとえば、カレントディレクトリに**file1**というファイルがある場合、**-name file***と指定するとシェルによるパス名展開が先に行われて、**-name file1**が指定された扱いとなります。**file1**と**file2**があった場合は**-name file1 file2**となるため誤った指定となり、**find**コマンドが実行できません[注17]。

```
$ find /etc/ -name "*bash*" 2>/dev/null
/etc/skel/.bashrc
/etc/skel/.bash_logout
<中略>
/etc/apparmor.d/abstractions/bash
/etc/bash_completion.d
```

続く

注16 Ubuntuの場合、/usr/share/misc/magic.mgcは/usr/lib/file/magic.mgcへのシンボリックリンクです。

注17 bashの場合、パス名展開ができなかった場合は**-name file***のまま実行されることになりますが、zshの場合はパス名展開ができないというエラーになり**find**コマンドは実行されません(シェルオプション**NOMATCH**を無効にすることでbashと同じ動作になる)。

```
/etc/bash_completion
```
⬆/etcディレクトリ下にある名前にbashを含むファイルが表示された※

※ 表示内容や表示される順番は、環境によって異なる。

ディレクトリやシンボリックリンクを指定する/除外する

-typeで検索対象の種類を指定できます。指定できるのは**d**(ディレクトリ)、**l**(シンボリックリンク)、**f**(通常ファイル)のいずれかです。たとえば、ディレクトリだけを探したいという場合は**-type d**を指定します。

シンボリックリンクを除外してディレクトリと通常ファイルのみとしたい場合は**-not -type l**または**\! -type l**のように「**!**」を付けて指定します。「**!**」はシェルで使用する特殊記号なので「****」を付けています。

ttyという名前のディレクトリを探す

```
$ find / -name tty -type d 2>/dev/null
/sys/class/tty
/sys/devices/platform/serial8250/tty
<中略>
```

ttyという名前のシンボリックリンクを探す

```
$ find / -name tty -type l 2>/dev/null
/sys/class/tty/tty
```

ttyという名前の通常ファイルを探す

```
$ find / -name tty -type f 2>/dev/null
/snap/core18/1988/usr/bin/tty
/usr/bin/tty
```

ttyという名前のディレクトリか通常ファイル(=シンボリックリンク以外)を探す

```
$ find / -name tty -not -type l 2>/dev/null
/snap/core18/1988/usr/bin/tty
/dev/tty
/sys/class/tty
/sys/devices/platform/serial8250/tty
<以下略>
```

条件を組み合わせて指定する

先ほどの例では、それぞれ**-name**と**-type**を指定して検索しました。この場合、両方の条件を満たすものが対象となります。両方を満たすこと(ANDの関係)を明示したい場合は条件の間に**-and**または**-a**を、どちらかで良い場合(ORの関係)は**-or**または**-o**を指定します。

「名前がbinで、ディレクトリまたは通常ファイル」のように組み合わせたい場合、**-a**は**-o**より優先されることから「ディレクトリまたは通常ファイル」の部分を**()**で囲む必要があります。**()**はシェルで使用する特殊記号なので****を付けるか、**'('**のように引用符で囲む必要があります。

logまたはbinという名前のシンボリックリンクを探す

```
$ find / -type l \( -name log -o -name bin \) 2>/dev/null
/dev/log
/bin
```

除外したい場所を指定する

特定のディレクトリを除外したい場合は、**-not -path**または**-prune**を使用します。

-pathはパス名を指定するオプションで、**/tmp**ディレクトリを除外するのであれば**-not -path "/tmp/*"**、ルートに限らず**tmp**という名前のディレクトリを除外したいのであれば**-not -path "*/tmp/*"**のように指定します。

-pruneは「指定したディレクトリに降りない」という動作（アクション）を指定するもので、検索したくないディレクトリを指定したい場合は、「パス名がパターンに該当したら（**-path**等）処理しない（**-prune**）、それ以外のときは（**-or**）、条件と一致したら（**-name**等）出力する（**-print**）」という形で指定します。

```
❶(比較用).logに該当するファイルを探す
$ find / -name "*.log" 2>/dev/null
/home/study/.local/share/gvfs-metadata/home-8e2297d6.log
/home/study/.local/share/xorg/Xorg.0.log
<中略>
/var/log/auth.log
/var/log/installer/casper.log
❷上記❶のうち、ドットで始まるディレクトリを除く
$ find / -name "*.log" -not -path "*/.*" 2>/dev/null
/var/log/vboxadd-install.log
/var/log/ubuntu-advantage.log
<中略>
/var/log/auth.log
/var/log/installer/casper.log
❸上記❶のうち、ドットで始まるディレクトリを除く
$ find / -path "*/.*" -prune -or -name "*.log" -print 2>/dev/null
/var/log/vboxadd-install.log
/var/log/ubuntu-advantage.log
<中略>
/var/log/auth.log
/var/log/installer/casper.log
```

所有ユーザーやパーミッションを指定する

所有ユーザーは**-user**、グループは**-group**、パーミッションは**-perm**で指定できます。

```
/etc下でパーミッションが664のファイルを探す
$ find /etc -perm 664 2>/dev/null
/etc/papersize
/etc/fstab
/etc/popularity-contest.conf
<中略>
/etc下で所有グループがrootではないファイルを探す
$ find /etc -not -group root 2>/dev/null
/etc/shadow-
/etc/cups
/etc/cups/ppd
<以下略>
```

inodeやハードリンク数を指定する

inode(iノード番号)は**-inum**、ハードリンクの数は**-links**で指定できます。

```
ハードリンクが複数(1以外)の通常ファイルを探す(CentOSでの実行例)
$ find /usr/bin -not -links 1 -type f
<中略>
/usr/bin/perl
/usr/bin/perl5.26.3
<中略>
❶perlのinodeを調べる
$ ls -i /usr/bin/perl
3014848 /usr/bin/perl
❷❶で調べたinodeのファイルを探す※
$ find / -inum 3014848 2>/dev/null
/usr/bin/perl
/usr/bin/perl5.26.3
```

※ コマンド置換(p.99)を使うと**find / -inum `stat -c %i /usr/bin/perl` 2>/dev/null**のように書ける。**stat**の**-c**は出力内容を指定するオプションで**%i**はinode(**man stat**参照)。

タイムスタンプを指定する

タイムスタンプは**-mtime**、**-atime**、**-ctime**で日数を、**-mmin**、**-amin**、**-cmin**で分数を指定できます。それぞれ更新日時、アクセス日時、属性変更日時という意味で、**-mtime -1**で1日以内の更新、**-mtime +1**で1日より前の更新が対象となります。

```
/var/logにある10分以内に変更された通常ファイルを探す
$ find /var/log -mmin -10 -type f 2>/dev/null
/var/log/journal/8be51c33b9f34795b9dee04907007f4b/system.journal
/var/log/journal/8be51c33b9f34795b9dee04907007f4b/user-1000.journal
/var/log/auth.log
/var/log/syslog
/var/logにある30日以上変更されていない通常ファイルを探す
$ find /var/log -mtime +30 -type f 2>/dev/null
/var/log/ubuntu-advantage.log
/var/log/vboxadd-setup.log.4
<以下略>
```

見つけたファイルに対してコマンドを実行する

見つけたファイルに対してコマンドを実行したい場合は**-exec**を使い、**-exec** コマンド **{} \;**のように指定します。**{}**の部分にfindで見つけたファイルが入り、**;**でコマンドの記述が終了します。**;**はシェルが使用する特殊文字なので、「\」を付けています。**{}**と**\;**の間に空白が必要な点に注意してください。

以下は見つけたファイルに対して**ls -dF --color**を実行しています[注18]。**-d**はディレクトリの場合にディレクトリの情報を表示するオプション、**-F**はファイル名の後に**/**(ディレクト

注18 手軽に詳細情報を表示したい場合は**-ls**を使用し、**find / -name tty -ls**のように実行します。**ls -dils**相当の表示となります。

リ）、**@**（シンボリックリンク）、*****（実行許可あり）のマークを付けて表示するオプション、**--color**はカラーで表示するオプションです。

-exec部分を**-ok**にすると、コマンドを実行する前に確認メッセージが表示されます。

名前がttyのファイルを探して、ls -dF --colorを実施

```
$ find / -name tty -exec ls -dF --color {} \; 2>/dev/null
/snap/core18/1754/usr/bin/tty*
/snap/core18/1932/usr/bin/tty*
/dev/tty
/sys/class/tty/
/sys/class/tty/tty@
<以下略>
```

2.8 ファイルの圧縮と伸張

複数のファイルを一つにまとめる/圧縮する

ファイルの圧縮というと、Windows環境やmacOS環境ではZIP形式がポピュラーで、GUI操作でファイルを圧縮したり圧縮ファイルからファイルを取り出したりできます。Linuxでも ZIP形式のファイルを使うことはできますが、より一般的に使用されているのはtar形式の「アーカイブ」ファイルです。

圧縮ファイルとアーカイブの違い
アーカイブは複数のファイルを一つにしたファイル

圧縮ファイルというのは何らかの方法でファイルサイズを小さくしたファイルです。これに対し、複数のファイルを一つにまとめたファイルを**アーカイブファイル**（*archive file*）といいます。

Windows環境やmacOS環境などで使われているZIPファイルはいわば「アーカイブ兼圧縮ファイル」ですが、Linuxでは、アーカイブは**tar**コマンド、圧縮は**gzip**コマンドや**bzip2**コマンドなどの圧縮専用コマンドで、それぞれ別々に行うようになっています。ただし、現在はアーカイブと圧縮は同時に行うことが多く、**tar**コマンドのオプション指定で圧縮も同時に行えるようになっています。

gzipコマンド
ファイルを個別に圧縮する

gzip 対象 で、対象を**圧縮**（*compress*）します。**gzip myfile.txt**と指定した場合、**myfile.txt**を圧縮して**myfile.txt.gz**というファイルにします。以下の実行例のように、複数のファイルも指定できます。

なお、元のファイルも残したい場合は**-k**オプション（**--keep**、保持）を指定します。

以下は2.3節で作成した**~/tmp**ディレクトリで実行しています。

```
/tmpの中で実行。/tmpの中には何もない状態から開始
$ ls -l / > list1 ………………………… （準備）圧縮を試すためのファイルを作成する
$ ls -l /usr/bin/ > list2 ……………… （準備）圧縮を試すためのファイルを作成する
$ ls list*
list1  list2 ………………………………… list1とlist2がある
$ gzip list* ………………………………… list*（list1とlist2）を圧縮する
圧縮が実行された（メッセージは表示されない）
$ ls list*
list1.gz  list2.gz ……………………… list1がlist1.gzに、list2がlist2.gzに圧縮されている
```

圧縮されたテキストファイルを表示する

gzipコマンドで圧縮されたテキストファイルは、**zcat**コマンドで内容を表示できます。同様に、**zless**コマンド（**less**コマンド相当、p.118）や**zgrep**コマンド（**grep**コマンド相当、p.121）などが使用できます。

```
$ zcat list1.gz ………………………… gzipで圧縮されたテキストファイルを表示する
合計 2097232
lrwxrwxrwx   1 root root          7  3月   4 03:23 bin -> usr/bin
drwxr-xr-x   4 root root       4096  3月   4 03:43 boot
drwxrwxr-x   2 root root       4096  3月   4 03:43 cdrom
<以下略>
```

圧縮されたファイルを伸張する

圧縮されたファイルを圧縮前の状態に戻すことを**伸張**（*expand*）といいます。**gzip**で圧縮したファイルは**gzip**コマンドの**-d**オプション（**--decompress**、圧縮を戻す）または**gunzip**コマンドで行います。

```
（続き）~/tmpの中で実行
$ ls list*
list1.gz  list2.gz ……………………… list1.gzとlist2.gzがある
$ gunzip *.gz ……………………………… *.gzを伸張する（gzip -d .gz相当）
伸張が実行された（メッセージは表示されない）
$ ls list*
list1  list2 ………………………………… list1.gzがlist1に、list2.gzがlist2に伸張されている
```

このほかの圧縮コマンド

gzipと同じように使える圧縮コマンドに、**bzip2**コマンド（伸張は**bunzip2**コマンド）や**xz**コマンド（**unxz**コマンド）などがあります。**gzip**よりも**bzip2**コマンド、**bzip2**よりも**xz**コマンドが新しく、圧縮率もより高くなっています。

使い方は**gzip**コマンドと共通です（コマンド名と拡張子は、p.73の**表C**を参照）。

tar -cコマンド
アーカイブを作成する

tarは複数のファイルを一つにまとめた**アーカイブ**（*archive*）と呼ばれるファイルを操作するコマンドです。

tar -cf アーカイブファイル名 対象でアーカイブを作成します。**-c**オプション（**--create**、作成）がアーカイブを作成するというオプション、**-f**オプション（**--file**、ファイル）がファイル名を指定するオプションです（ロングオプションの場合は**--file=**ファイル名のように指定）。アーカイブのファイル名は名前**.tar**のように、拡張子として**.tar**を使用する習慣があります。

実際にはアーカイブを作るのと同時に圧縮することが多く、この場合は**-z**オプション（**--gzip**、gzip形式）も併用し**tar -czf**のように指定します。この場合、拡張子は**.tar.gz**または**.tgz**を使います。

対象の部分には複数のファイルやディレクトリを指定できます。実行中のメッセージは表示されないので、どのファイルを処理しているのかを表示させるために**-v**オプション（**--verbose**）も付けて**tar -cvzf**のように指定することも多いでしょう。

オプションは**-c -v -z -f**のように、個別に指定してもかまいません。ただし、個別にする場合もまとめる場合も、**-f arc.tgz**のように**-f**がアーカイブファイル名の直前に来ている必要があります。

```
$ ls
list1  list2 ………………………… list1とlist2がある
$ tar -cvzf arc.tgz list* …… arc.tgzというアーカイブ(gzipで圧縮)を作りlist*を格納する
list1 ………………………………… 処理中のメッセージ（-vオプションで表示されている)
list2 ………………………………… （同上)
$ ls
arc.tgz  list1  list2 ………… arc.tgzが作成された（list1、list2はそのまま残っている)
```

アーカイブを圧縮する際のオプションと拡張子

tarによるアーカイブはファイル名の拡張子として**.tar**を、**gzip**コマンドで圧縮されたアーカイブは拡張子として**.tar.gz**または**.tgz**を使用するのが一般的です。tarで使用できる圧縮用のオプションと拡張子は次ページの**表C**のとおりです。

tar -tコマンド
アーカイブファイルの内容を確認する

アーカイブの内容を確認したい場合は**-t**オプション（**--list**、一覧）を使います。

tar -tf アーカイブファイルでアーカイブに含まれているファイルが一覧表示されます。ファイルサイズやタイムスタンプも確認したい場合は**-v**オプション（**--verbose**）も付けて**-tvf**のように指定します。圧縮されている場合は自動判定されますが、圧縮形式を指定したい場合は**-z**オプションなどを指定します（次ページの**表C**）。

```
$ tar -tf arc.tgz …… アーカイブ（arc.tgz）に含まれているファイルを表示
list1
```

続く

```
list2
$ tar -tvf arc.tgz ····· アーカイブ（arc.tgz）に含まれているファイルの詳細な情報を表示
-rw-rw-r-- study/study     1493 2020-03-08 00:15 list1
-rw-rw-r-- study/study    94385 2020-03-08 00:15 list2
```

表C tarオプションと圧縮形式

tarオプション	形式	拡張子※1	拡張子	コマンド
-z	gzip	**.gz**	**.tar.gz**、**.taz**、**.tgz**	**gzip**、**unzip**
-Z	compress	**.Z**	**.tar.Z**	**compress**
-j、**--bzip2**	bzip2	**.bz2**	**.tar.bz2**、**.tbz**、**.tbz2**	**bzip2**、**bunzip**
-J、**--xz**	XZ	**.xz**	**.tar.xz**、**.txz**	**xz**、**unxz**
--lzma	LZMA（7z）	**.lzma**	**.tar.lzma**	**xz**、**unxz** （**--format=lzma**オプション）
--lzop	lzop	**.lzo**	**.tar.lzo**、**.tzo**	**lzop**
--lzip	lzip	**.lz**	**.tar.lz**	**lzip**※2
-a、**--auto-compress**	自動※3	-	-	-

※1 アーカイブではなく、圧縮だけを行った場合に使われる拡張子。
※2 追加でインストールする必要がある。
※3 アーカイブ名から自動で判断して圧縮する。

tar -xコマンド
アーカイブからファイルを取り出す

アーカイブからファイルを取り出すことを**展開**（*extract*）といいます。展開は**-x**オプション（**--extract**、展開）を使用します。

tar -xf アーカイブファイル でアーカイブ全体を展開します。**-c**と同様、実行中のメッセージは表示されないので、何が展開されているかを表示したい場合は**-v**オプション（**--verbose**）も付けて**-xvf**のように指定します。圧縮されている場合は自動判定されますが、圧縮形式を指定したい場合は**-z**オプションなどを指定します（前出の**表C**）。

アーカイブファイルだけを指定した場合、アーカイブ内のファイルがすべて展開されます。取り出したファイル名と同じ名前のファイルがあった場合は上書きされます。上書きしたくない場合は**-k**オプション（**--keep-old-files**、既存ファイルを保持）を使用します。

特定のファイルだけを取り出したい場合は**tar -xf** アーカイブファイル ファイル のように、アーカイブファイル名の後に取り出したいファイルの名前を指定します。複数のファイルを指定できるほか、**'*.txt'**のようにワイルドカードで指定することもできます。

```
$ tar -xvf arc.tgz ·············· アーカイブ（arc.tgz）に含まれているファイルをすべて展開
list1 ························· 処理中のメッセージ（-vオプションで表示されている）
list2 ························· （同上）
list1とlist2が展開、既存ファイルがある場合は上書きされる
```

続く

```
$ tar -k -xvf arc.tgz list1 …… アーカイブからlist1を展開、上書きはしない※
list1 …………………………………… 処理中のメッセージ（-vオプションで表示されている）
tar: list1: open 不能: ファイルが存在します
tar: 前のエラーにより失敗ステータスで終了します
list1は存在しているため、展開せずに終了
```

※**-kxvf**のようにまとめることもできる。ただし、**-f**は常にアーカイブファイル名の直前になるようにすること。

~/tmpディレクトリに残ったファイルは不要なので、操作を試したら**rm arc* list***で**~/tmp**ディレクトリの中を削除してください。

zip/unzipコマンド
ZIP形式による圧縮と展開

Windows環境などでも広く使用されているZIP形式のファイルは、複数のファイルを一つにまとめた状態で圧縮されています。ファイルの拡張子は「.zip」で、圧縮およびアーカイブは**zip**コマンド、展開は**unzip**コマンドで行います。

zip ZIPファイル名 対象 で対象を圧縮してZIPファイルにします。拡張子の指定は省略可能で、省略した場合は「.zip」になります。ZIPファイルがすでに存在している場合は、ZIPファイルにファイルが追加されます。ZIPファイル内に同名のファイルがある場合は更新されます。

unzip ZIPファイル名 でZIPファイル内のすべてのファイルが展開されます。一部のファイルだけを取り出したい場合は**unzip** ZIPファイル名 対象 のように、ZIPファイル名の後に指定します。**unzip**コマンドでもZIPファイル名の拡張子は省略可能で、省略した場合は「.zip」として扱われます

展開する際に同名のファイルがあると、上書きするかどうか確認メッセージが表示されます。**-n**で上書き禁止、**-o**で確認なしで上書きするように指定できます。

```
(続き)~/tmpの中で実行
$ ls list*
list1  list2 ………………………………… p.71で作成したlist1とlist2がある
$ zip list list? ……………………… 「list.zip」に「list*」というファイルを格納
  adding: list1 (deflated 75%)
  adding: list2 (deflated 82%)
$ ls list*
list.zip  list1  list2 ………………… list.zipが作成された
$ rm list1 ………………………………………… 展開前にlist1を削除（動作確認用）
$ unzip list.zip ……………………… list.zipを展開する
Archive:  list.zip
  inflating: list1 …………………… list1が展開された
replace list2? [y]es, [n]o, [A]ll, [N]one, [r]ename: …… 確認（「y」で上書き）
```

サブディレクトリも含めて圧縮する

-rオプションを付けると、対象がディレクトリの場合はディレクトリ内のファイルやサブディレクトリも含めて圧縮されます。たとえば、**zip -r zipfile1 ***でカレントディレクトリの全ファイルを、サブディレクトリ下のファイルも含めて圧縮してzipfile1.zipにします。

第3章

シェル&コマンドライン

コマンドを自在に実行する

本章のテーマは「シェル」です。Linuxが使えるようになるための最初の一歩であり、今後もずっと使うことになるのが「コマンドライン」ですが、このコマンドラインを支えているのが「シェル」と呼ばれるソフトウェアです。

シェルの役割やさまざまな機能、そしてコマンドラインを使っていく上で必要となる、あるいは使えると便利なテクニックを紹介します。

3.1 シェルの役割

コマンド入力を受け取っているのは誰!?

Linuxの操作は「コマンド」で行います。コマンド(*command*)とは命令という意味ですが、コンピューターの操作でコマンドというと文字による命令を指すのが一般的です。そして、コマンドを入力する場所や、入力する内容のことをコマンドライン(*command line*)といいます。このコマンドラインを提供しているのがシェル(*shell*)と呼ばれるソフトウェアです[注1]。

シェルの種類
シェルによって使える機能が異なる

シェルにはいくつかの種類があります(**表A**)。CentOSおよびUbuntuのコマンドラインでは、標準のシェルとして**bash**が採用されており、本書もbashを使って解説していますが、好みに応じてほかのシェルを追加することもできます。とくに人気があるのはzshで、システムに追加してzshをメインで利用しているユーザーも多いでしょう(3.6節)。

表A Linux環境で使用されているおもなシェル

名前	説明
sh	Bourne Shell(通称Bシェル)[※1]。このリストでは最も古くからあるシェル
bash	shを元に機能を強化したシェル(*Bourne Again SHell*)
ash	高速かつ小型のシェルで、shの代用としても使用されている(*Almquist Shell*[※1])
csh	BSD標準のシェルでC言語と同じような文法のシェルスクリプトが書ける
tcsh	FreeBSD標準のシェルで、cshと完全互換かつ機能が強化されている
ksh	AT&Tが開発した/bin/shと完全上位互換でcshの機能も取り入れられている
zsh	Bシェル系だがtcshの機能も取り入れられている多機能シェル
dash	POSIX互換を重視した小型軽量シェルで、Debian系の環境ではshの代わりに使用されている(*Debian Almquist shell*)
rbash	制限付きシェル。決められた場所にあるコマンドしか実行できないなどの制限が加えられている(*Restricted shell*)[※2]

※1 BourneおよびAlmquistはそれぞれ開発者スティーブン・R・ボーン(*Stephen R. Bourne*)、ケニス・アルムクィスト(*Kenneth Almquist*)の名前。

※2 **bash -r**相当の制限で、**cd**コマンドによるディレクトリの変更(p.31)、環境変数の変更(p.79)、環境変数**PATH**に登録されていない場所にあるコマンドの実行(p.80)、「**<**」および「**>**」によるリダイレクト(p.93)、**exec**コマンドによるシェルの置き換え(p.107)が禁止される。

ユーザーが入力したコマンド、あるいは、ファイルに書かれているコマンドを順次実行していくという役割は、すべてのシェルで共通です。一方、以前入力した内容を再利用できるヒストリ機能や、コマンドを別名で実行できるエイリアス機能、ファイルを「*」などでまとめて指定できるパス名展開などの機能が少しずつ異なります。ただし、新しいシェルは古くか

注1 本書では「シェル」を狭義の、コマンドラインシェルという意味で使用しています(p.12)。

らあるシェルの機能を取り入れていたり、互換性に考慮していたりするので、使い方が極端に異なるということはありません。最初はデフォルトのシェルを使い、ある程度慣れてきたら、興味に応じてほかのシェルを試してみるのが良いでしょう(zsh、3.6節)。

psコマンド
現在使用しているシェルの名前を確認してみよう

それでは、**ps**コマンドで現在自分が使っているシェルの名前を確認してみましょう。**ps**コマンドは現在端末で実行されている**プロセス**を表示するコマンドで(6.3節)、CentOSやUbuntuであれば**bash**という行が表示されるでしょう。また、**ps**コマンド自身もその瞬間に実行中だったので、**ps**という行も実行結果に表示されているかもしれません。

```
$ ps ······························ 現在端末で実行中のプロセスを表示する
    PID TTY          TIME CMD
   2525 pts/0    00:00:00 bash ····· bashが実行中
 879795 pts/0    00:00:00 ps
```

※ **PID**の数値および**TIME**の値は、実行のタイミングによって異なる。

ログインシェル
ログインしたときに起動するシェルは「ログインシェル」

ログインシェル(*login shell*)とはコンピューターにログインした際に実行されるシェルで、ユーザーごとに設定されます。端末ウィンドウを開いたときに実行されているシェルはログインシェルです。

ログインシェルは、ユーザーがログインすると自動で起動するため安全面が考慮されており、「**/etc/shells**に書かれているものだけがログインシェルになることができる」というルールがあります。/etc/shellsはテキストファイルで、テキストファイルは**cat**コマンドを使って**cat** ファイル名 と実行することで、内容を表示できます[注2]。

表示される内容は、ディストリビューションの種類やバージョン、インストール状況によって異なります(zshの追加例、3.6節)。

```
$ cat /etc/shells ························ /etc/shellsの内容を表示する
# /etc/shells: valid login shells ········ 表示結果の#で始まる行はコメント
/bin/sh
/bin/bash
/usr/bin/bash
/bin/rbash
/usr/bin/rbash
/bin/dash
/usr/bin/dash
(ここに書かれているコマンドがログインシェルとして使用可能※)
```

※ /etc/shellsの内容は、システムのバージョン等によって異なる。

注2　ログインシェルの変更は**chsh**コマンドで行います(p.180)。CentOSに収録されている**chsh**コマンドの場合、**chsh -l**でシステムで使用できるログインシェルを一覧表示できます。

環境変数SHELLでログインシェルを確認してみよう

ログインシェルは環境変数**SHELL**に保存されています[注3]。環境変数**SHELL**は**echo $SHELL**で表示できます（環境変数、p.79）。

```
$ echo $SHELL
/bin/bash
```

/etc/passwdでログインシェルの設定を確認してみよう

ユーザーのIDやホームディレクトリ、ログインシェルは/etc/passwdファイルで管理されています。/etc/passwdはテキストファイルなので**cat**コマンドなどで参照できますが、件数が多いので**grep**コマンド（p.121）を使い**grep** ユーザー名 **/etc/passwd**のように指定して絞り込んでみましょう。

ユーザーの情報が表示され、最後にログインシェルが書かれています。

```
$ grep study /etc/passwd ……… /etc/passwdからstudy（ユーザー名）が書かれている行を
                              抽出して表示
study:x:1000:1000:study,,,:/home/study:/bin/bash
                         ⬆ユーザーstudyのログインシェルは/bin/bash
```

プロンプト
プロンプトにはいろいろな情報が表示されている

端末を実行するとシェルが起動し、シェルはユーザーからの入力を促すための**プロンプト**（*prompt*）を表示します。Ubuntuの場合「ユーザー名@ホスト名:カレントディレクトリ$」、CentOSの場合は「[ユーザー名@ホスト名 カレントディレクトリ]$」で、システムの種類やバージョンによってデフォルトの設定はさまざまですが、ユーザー名とカレントディレクトリを表示するようになっていることが多いでしょう。

プロンプトの設定を確認してみよう

bashのプロンプトは、シェル変数**PS1**で設定します。シェル変数とはシェル用の設定などが保存されている変数で、環境変数と同じように**echo $PS1**で表示できます。

```
$ echo $PS1 ………………………… シェル変数PS1の内容を表示（Ubuntu）
\[\e]0;\u@\h: \w\a\]${debian_chroot:+($debian_chroot)}\[\033[01;32m\]\u@\h\
[\033[00m\]:\[\033[01;34m\]\w\[\033[00m\]\$
```

※ **${debian_chroot:+($debian_chroot)}**の部分は、**chroot**コマンドでルートディレクトリを変更している際に使われる。**chroot**はユーザーからアクセスできる場所を限定したい場合などに用いられる。

```
$ echo $PS1 ………………………… シェル変数PS1の内容を表示（CentOS）
[\u@\h \W]\$
```

\uがユーザー名、**\h**がホスト名で、**\W**がカレントディレクトリ（カレントワーキングディ

注3　環境変数**SHELL**に保存されるのはログインシェルなので、コマンドラインで別途シェルを実行した場合も元々のログインシェルの値が保持されます。したがって、現在使用しているシェルとは限りません。

レクトリ）です。大文字の`\W`の場合、カレントディレクトリの最後のディレクトリ名だけが表示されるのに対し、小文字の`\w`を指定するとカレントディレクトリがフルパスで表示されます。Ubuntuのデフォルト設定で使用されている`\e`や数字の部分はプロンプトに色を付けるのに使用されています（p.104）。

最後の`\$`は、一般ユーザーの場合は「`$`」、ルートユーザーの場合は「`#`」で表示されます。

プロンプトを変更したい場合は`PS1`の値を変更します。常に使用したい設定は、シェルの設定ファイルで指定します（シェルの設定、3.5節）。

環境変数とシェル変数
システム全体で利用する共通の値

シェルやコマンドの動作は「環境変数」と「シェル変数」によって変えることができます。

「変数」とは何か

ここで、「変数」という言葉について確認しておきましょう。

「何らかの値」に名前を付けて、その名前を使って値を参照できるようにしたもの、かつ、値を変更できるようになっているものを**変数**（*variable*）といいます。

たとえば、「言語と地域を示す値」には`LANG`という名前が付いています。`LANG`を見ればどんな言語を使うべきかがわかる、多言語に対応しているコマンドであれば、`LANG`の値に従った言語で実行結果を表示する、端末で使用する言語を変更したければ`LANG`の値を変える、というように使用されています。

シェル変数は環境変数とどう違うのか

シェル専用の変数を**シェル変数**（*shell variables*）、シェル以外のコマンドも参照できる変数を**環境変数**（*environment variables*）といいます。`LANG`はシェル以外のコマンドからも参照できるようになっているので環境変数です。これに対し、プロンプトを設定するのに使われている`PS1`はシェル変数です。

bashやzshの場合、どちらも 変数名 = 値 で設定し、**export** 変数名 を実行すると、その変数が環境変数となります。また、**export** 変数名 = 値 で環境変数として定義できます。

```
環境変数の定義方法❶
newname=newvalue ……………… 変数（シェル変数）newnameにnewvalueという値をセット
export newname ………………… 変数を環境変数にする
環境変数の定義方法❷
export DISPLAY=:0 ……………… 環境変数DISPLAYを定義し、「:0」という値をセットする
```

※ `DISPLAY`はX Window Systemの画面設定に使用する環境変数（p.228コラム）。

コマンドラインで一時的に環境変数の値を設定する

コマンドラインで 変数 = 値 コマンド のように実行すると、そのコマンドラインを実行するときだけ変数の値を変更できます。

たとえば、`LANG`の値を変更して`date`コマンド（日時を表示、設定するコマンド）を実行すると以下のように変化します。

```
$ LANG=C date ……………………… 「C」（Common、標準設定）で日時を表示※1
Mon Mar  8 09:30:17 JST 2021
$ LANG=en_GB.UTF date ……………… イギリス英語で日時を表示※2
Mon  8 Mar 09:30:27 JST 2021
$ date ……………………………………… 現在のシステム設定で日時を表示
2021年  3月  8日 月曜日 09:30:37 JST
```

※1 Ubuntu 20.04.2 LTSでは日本語のまま表示される（20.04.1以前やCentOSの場合は実行例のような英語表記になる）。

※2 イギリスの日付表記は、例のように 曜日 日付 月 の順になるが、Ubuntu 20.04.2 LTSの場合、アメリカ（en_US）同様、曜日 月 日付 の順で表示される。

コマンド実行に必要なルール
PATHと優先順位を理解しよう

コマンドラインで入力された内容に従ってコマンドを実行するのは、シェルの役割です。Linuxでコマンドを動かすには、いくつかのルールがあります。

そもそも、その**OSで実行可能な形式である**必要があります。

次に「**権限**」で、コマンドを実行するには実行を許可するというパーミッション（許可属性）が必要です。パーミッションについては第2章でも解説しています。

そして「**場所**」です。Linuxでコマンドを使うには、どこにあるコマンドを実行するのかをきちんと指定する必要があります。

PATHの内容を確認してみよう

これまで使ってきた**ls**コマンドや**cat**コマンドではパスを指定していませんでした。これは「環境変数**PATH**に設定されている場所にあるコマンド（実行可能なファイル）は、パス指定なしでも実行できる」というルールがあるためです。

PATHに設定されている場所のことを**コマンドサーチパス**（*command search path*）といいます。文脈によっては、「パス」だけでこのコマンドサーチパスを指したり、環境変数**PATH**にディレクトリを追加することを「パスを通す」と表現したりすることがあります。

環境変数**PATH**に設定されている内容は、**echo $PATH**で確認できます。

```
$ echo $PATH
/usr/local/sbin:/usr/local/bin:/usr/sbin:/usr/bin:/sbin:/bin:/usr/games:/usr/
local/games:/snap/bin
```

PATHは先に書かれている方が優先される

PATHの値は「**:**」で区切られています。同じ名前のコマンドがあった場合、先に指定されているディレクトリのものが優先されます。

ビルトインコマンド
シェルに組み込まれているコマンド

コマンドラインで使用できるコマンドには**/bin**や**/sbin**、**/usr/bin**などにあるコマンドのほかに、「シェルに内蔵されているコマンド」があります。これが**ビルトインコマンド**（*built-in command*）で、組み込みコマンド、内部コマンドなどと呼ばれることもあります。これまで何度か登場してきている**cd**コマンドや**echo**コマンドがビルトインコマンドです。ほかのUnix系OSやシェルとの互換性のために、/bin(/usr/bin)にも同じ名前のコマンドが用意されていますが[注4]、「同じ名前の場合、ビルトインコマンドが優先される」というルールがあるため、**echo**を実行した場合は**/bin**や**/usr/bin**にある**echo**コマンドではなくシェルの**echo**コマンドが実行されます。

シェルに内蔵されていないコマンドは、ビルトインコマンドに対し**外部コマンド**(*external command*)と呼ばれます。

typeコマンド
ビルトインコマンドか、外部コマンドか、調べてみよう

type コマンド で、コマンドの種類が表示されます。以下の実行例のように、ビルトインコマンドの場合は**builtin**あるいは**シェル組み込み関数**、外部コマンドの場合はコマンドのフルパスで表示されます。また、bashの場合は実行した外部コマンドの位置はメモリーにも保存されているので、何度も実行しているコマンドは**PATH**に従ってコマンドを探すのではなく、メモリー内の情報を使って実行されることがあります。このようなコマンドは、「**コマンド名 はハッシュされています (コマンドのパス名)**」のように表示されることがあります。メモリー内の情報は**hash -r**で削除できます。

```
$ type cd
cd はシェル組み込み関数です ………… ビルトインコマンド (cd is a shell builtinと表示
                                     されることもある)
$ type passwd
passwd は /usr/bin/passwd です …… 外部コマンド (シェルがパスを記憶している)
$ type chmod
chmod はハッシュされています (/usr/bin/chmod) …… 外部コマンド (シェルがパスを記憶
                                                   している)
```

このほか、エイリアスが実行されている場合があります。UbuntuやCentOS環境であれば、**type ls**を実行すると「**ls は `ls --color=auto' のエイリアスです**」という趣旨のメッセージが表示されるでしょう。**--color=auto**は、**ls**コマンドの実行結果をファイルの種類に応じた色付きの文字で表示するというオプションです。エイリアス設定により、コマンドラインの**ls**は**ls --color=auto**で実行されることがわかります。

```
$ type ls
ls は `ls --color=auto' のエイリアスです
```

同名のコマンドがあるかを調べてみよう

type -a コマンド で、指定したコマンド名で起動できるものがすべて表示されます。

```
$ type -a echo
echo はシェル組み込み関数です
```

続く

注4　**cd**コマンドはUbuntuはビルトインコマンドのみ、CentOSの場合はビルトインコマンドのcdを呼び出すシェルスクリプトがインストールされています。

```
$ type -a ls
ls は `ls --color=auto' のエイリアスです
ls は /usr/bin/ls です
ls は /bin/ls です
```

whichコマンドで外部コマンドを探してみよう

外部コマンドは**which**コマンドで探すこともできます。**which** コマンド名のように指定すると、コマンドが**PATH**に存在した場合はフルパスで表示されます。

whichのデフォルトの表示はコマンドのフルパスが1つだけであることから[注5]、後述するコマンド置換との組み合わせでよく使われています。以下の実行例では**which**の結果を引数に**file**コマンド(ファイルの種類を表示するコマンド、p.65)を実行しています。

ただし、**which**コマンドは外部コマンドなのでエイリアスやビルトインコマンドを探すことはできません[注6]。

```
$ which chmod
/usr/bin/chmod
$ file `which chmod` ……… 「file /usr/bin/chmod」が実行される(コマンド置換、p.99)
/usr/bin/chmod: ELF 64-bit LSB shared object, x86-64, version 1 (SYSV),
dynamically linked, interpreter /lib64/ld-linux-x86-64.so.2, for GNU/Linux
3.2.0, BuildID[sha1]=94193b915d03d2bc610acf0340f2d07bf1565120, stripped
```

コマンドの優先順位
エイリアス/ビルトインコマンド/PATHにあるコマンド

コマンドをパス名なしで実行すると、シェルは「❶エイリアス、❷ビルトインコマンド、❸PATHに指定されたディレクトリを先頭から」という順番で該当するコマンドを探します。

したがって、たとえば**/usr/local/bin**に新しく**cd**という名前の実行可能ファイルを追加しても、ビルトインコマンドである**cd**が実行されることになります。この場合、違う名前にするか、パス名付きで実行するか、エイリアスを登録することで**/usr/local/bin**の**cd**を実行できます。

エイリアスが常に最優先されるので、コマンド名と同じ名前でエイリアスを登録しておくことで「常に使用するオプション」を決めておくことができます。UbuntuやCentOSのデフォルトで設定されている「ls」というエイリアスが該当します。

パス付きのコマンド実行
パスを明示すれば、優先順位と関係なく実行できる

パスを付けて実行することで、優先順位と関係なく指定したコマンドを実行できます。たとえば、**/bin/ls**または**/usr/bin/ls**のように指定することで、エイリアスではない方の**ls**

注5　CentOSの場合、**which**コマンドのエイリアスが定義されており、同名コマンドのエイリアスがあると外部コマンドのフルパスの前にエイリアスが表示されます。

注6　zshの場合、**which**はビルトインコマンド(**whence -c**相当)で、エイリアスやビルトインコマンドも探すことができます。

コマンドを実行できます。

```
$ ls ........................ エイリアスのlsが実行される
$ /usr/bin/ls ............... /usr/bin/lsが実行される
```

エイリアスを打ち消す

エイリアスの場合、コマンド名の前に「\」を付けるか引用符で囲むことで、ビルトインまたは**PATH**に指定されてある場所のコマンドを実行できます。

```
$ ls ........................ エイリアスのlsが実行される
$ \ls ....................... /usr/bin/ls（PATHにあるls）が実行される
```

今後は使わないエイリアスであれば、シェルの設定ファイル(3.5節)から設定行を削除するか、**unalias**コマンドでエイリアスを削除するように設定しておくと良いでしょう。

Column

「POSIX」って何だろう?

コマンドのヘルプなどには「POSIX」という言葉が頻繁に登場します。さまざまな「Unix系」のOSが誕生したなか、互換性を保つために誕生した規格が**POSIX** (*portable operating system interface*) です。POSIXのルールに沿って開発されたソフトウェアは同じように動作させることができる、ということを目指しており、多くのUnix系OSがPOSIXに準拠しています。

一方、Linux環境で使われているコマンドは独自の機能強化がされていますが、**bash**コマンドや**sed**コマンド、**tar**コマンドは**--posix**オプションでPOSIX準拠モードで動作するようになっています。また、**grep**コマンドや**ps**コマンドのように、環境変数**POSIXLY_CORRECT**が存在するとPOSIX準拠モードで動作するようになっているものもあります。

Linuxについては、「Linux Standard Base」(LSB)という標準化への取り組みもあり、現在はThe Linux Foundation (LF)という団体によって管理されています。

- The Linux Foundation (日本語ページ)
  URL https://www.linuxfoundation.jp
- Linux Foundation Referenced Specifications (LSBやFHSへのリンクがある)
  URL https://refspecs.linuxfoundation.org
- POSIX™ 1003.1 Frequently Asked Questions (FAQ Version 1.18)
  URL http://www.opengroup.org/austin/papers/posix_faq.html

3.2 コマンド入力を助ける操作

補完/ヒストリ/エイリアス/パス名展開

コマンドライン編集など、コマンドラインでのキー操作については1.5節で簡単に紹介しましたが、シェルにはほかにもコマンド入力を助けるさまざまな機能があります。

補完機能
コマンドやファイル名はTabまたはCtrl+Iで「補完」できる

第1章で簡単に取り上げましたが、コマンドラインでは、TabまたはCtrl+Iで入力内容を補完できます。たとえば、先ほど実行した**cat /etc/shells**であれば、**cat /etc/she**まで入力してTabを押すと残りの**lls**が自動で補われて、ほかの引数などが入力しやすいように自動で空白が入ります。

bashの場合、Tabによる補完で候補が複数ある場合はビープ音が鳴り、もう一度Tabを押すと候補がすべて表示されます。この場合、続きの文字を入力して再度Tabを押すと改めて候補が表示されます。「唯一の候補」である場合はファイル名が最後まで表示され、さらに、空白が1つ自動で入力されます。ほかにも引数（ファイル名など）を指定したい場合は続けて入力できます。

コマンド名の場合も同様です。たとえば**history**であれば、**h**を入力してTabを押すとビープ音が鳴り、もう一度Tabを押すと**h**で始まるコマンドが表示されます。**his**まで入力してTabを押せば**history**▮《空白》と補われるでしょう。

```
$ cat /e Tab ·························· 補完されて「cat /etc/」になる
$ cat /etc/s Tab Tab ·················· 1回めのTabでビープ音、もう一度Tab
sane.d/          sgml/          speech-dispatcher/  subuid-
security/        shadow         ssh/                sudoers
selinux/         shadow-        ssl/                sudoers.d/
sensors.d/       shells         subgid              sysctl.conf
sensors3.conf    skel/          subgid-             sysctl.d/
services         snmp/          subuid              systemd/
   ↑候補が表示された
$ cat /etc/she Tab ···················· 続きとして「he」を入力してTab
$ cat /etc/shells                       補完されて「cat /etc/shells▮《空白》」になった
                                        （Enterで実行）
```

なお、zshの場合は複数の候補がある場合の動作がbashとは異なり、たとえば先ほどの例でいえば**cat /etc/s**に続けてTabを押すと候補がすべて表示され、Tabを押すごとに候補が順番にコマンドラインに表示されます（シェルの設定で変更可能、p.108）。

ヒストリ機能
以前入力したコマンドラインを再利用できる

↑↓またはCtrl+PとCtrl+Nで、以前入力したコマンドラインを再度呼び出すことができることは1.5節で紹介しました。これはシェルの**ヒストリ機能**によるものです。

historyコマンドで履歴を一覧表示

historyコマンドを実行すると、履歴が番号付きで一覧表示されます。「**!**」に続けて番号を入力してEnterを押すと、その番号のコマンドが実行できます。また、直前に実行したコマンドは「**!!**」で実行できます。

オプションや引数を補うことも可能で、たとえば**100**が**uname**だった場合、**!100 -a**で**uname -a**が実行できます。

```
$ history ································· コマンド履歴を一覧表示する
    1  uname
<中略>
  319  ls
  320  \ls
  321  cat /etc/shells
  322  history
$ !1 -a ································· 履歴番号1に-aオプションを付けて実行
uname -a ································ (!1 -aで実行されるコマンドラインが表示される)
Linux ubuntu 5.8.0-44-generic #50~20.04.1-Ubuntu SMP Wed Feb 10 21:07:30 UTC
2021 x86_64 x86_64 x86_64 GNU/Linux
```

Ctrl+Rでコマンドの履歴を検索する

Ctrl+Rを押すとプロンプトが「**(reverse-i-search)`':**」という表示になり検索モードとなります（**zsh**は「**bck-i-search:**」）。ここでたとえば、**n**と入力すると**n**を含むコマンドラインが、**n**に続いて**a**と入力すると**na**を含むコマンドラインが表示されます。**na**を含むコマンドが複数ある場合は、検索モードの状態でCtrl+Rをもう一度押すとさらに遡《さかのぼ》って検索（後方検索）できます。ちなみに、プロンプトに表示されている**i-search**の「**i**」はインクリメンタルサーチという意味で、キー入力に即座に反応して候補を表示するという検索を指します。

使いたいコマンドラインが表示されたらEnterで実行できます。このとき、←→でコマンドラインの編集ができるほか、↑↓で現在表示されているコマンドラインの前後に入力したコマンドラインを呼び出すこともできます。検索モードを終了したい場合はCtrl+Cを押します（**図A**）。

なお、Ctrl+Rで遡りすぎた場合に戻る操作（前方検索）はCtrl+Sなのですが、Ctrl+Sは端末の「画面の停止」にも割り当てられているため、前方検索には使用できません。Ctrl+Sを押して画面が停止してしまった場合は、Ctrl+Qで再開してください[注7]。

図A Ctrl+Rでコマンドの履歴を検索する

```
$ ··············································· コマンドラインでCtrl+Rを押す
```

```
(reverse-i-search)`': ········· 「t」と入力
```

```
(reverse-i-search)`t': history ······· 該当するコマンドラインが表示される(Enterで実行、Ctrl+Cで終了)
```

```
(reverse-i-search)`ta': tar -k -xvf arc.tgz list1 ········ 「t」に続き「a」と入力
```

```
(reverse-i-search)`ta': tar -xvf arc.tgz ········· Ctrl+Rを押す(遡って検索される)
```

注7　Ctrl+Sによる画面の停止は**stty stop undef**で無効にできます（停止を未定義にする、という意味で現在の定義内容は**stty -a**で確認可能）。常に無効にしたい場合はシェルの設定ファイル（**~/.bashrc**、p.105）に追加しておくと良いでしょう。

エイリアス
よく使うコマンドラインに名前を付ける

コマンドラインを使っていると、「このオプションの組み合わせをよく使う」ことに気がつくかもしれません。よく使うコマンドラインには、**alias**コマンドでエイリアス（別名）を付けておくことができます。

エイリアスは**alias** 名前**='**コマンドライン**'**のように指定します。**=**の前後に空白を入れないように注意してください。たとえば、**man**コマンドは**--html=firefox**でFirefox（Webブラウザ）を使ってマニュアルを表示できるので[注8]、**alias hman='man --html=firefox'**のようにしておくことで**hman** コマンドでWebブラウザでマニュアルが表示できます。

エイリアスの設定はシェルを終了するまで有効です。つまり、端末を閉じると設定が失われてしまいます。そこで、シェルの設定ファイルに**alias** 名前**=**定義内容の行を書いておくことで、常に使えるようにできます（シェルの設定ファイル、p.105）。

```
$ alias hman='man --html=firefox' …… hmanというエイリアスを定義する
$ hman bash
(man --html=firefox bashが実行され、Firefoxでman bashの内容が表示される※)
```

※ コマンドラインからFirefoxなどのGUI環境用のコマンドを実行した場合、そのコマンドが完了するまで次のコマンドを実行できない。Ctrl＋Zで停止し**bg**コマンドを実行するか（ジョブコントロール、6.4節）、**man --html=firefox コマンド名 &**のように実行することでFirefoxを実行したまま端末でのコマンド入力が可能になる。エイリアスは名前の部分を単純に置き換えるのみで引数（*arguments*）が入るような定義はできないため、末尾の**&**を入れたい場合は関数を使い、**alias hman='f(){ /usr/bin/man --html=firefox "$@" &};f'**のように定義する（**man bash**参照）。

エイリアスの削除

エイリアスは**unalias** 名前または**alias** 名前**=**で削除できます。たとえば、先ほど定義した**hman**というエイリアスを削除するのであれば**unalias hman**とします。

```
$ unalias hman ………………………… hmanというエイリアスを削除する
```

あらかじめ設定されているエイリアス

aliasだけで実行すると、現在設定されているエイリアスが一覧表示されます。Ubuntuでは、デフォルトで以下のエイリアスが設定されています。

```
$ alias ………………………… 現在設定されているエイリアスを一覧表示する
alias alert='notify-send --urgency=low -i "$([ $? = 0 ] && echo terminal || echo error)" "$(history|tail -n1|sed -e '\''s/^\s*[0-9]\+\s*//;s/[;&|]\s*alert$//'\'')"'
alias egrep='egrep --color=auto'
alias fgrep='fgrep --color=auto'
alias grep='grep --color=auto'
alias l='ls -CF'
alias la='ls -A'
alias ll='ls -alF'
alias ls='ls --color=auto'
```

注8　Ubuntu環境の場合は、groffパッケージを追加する必要があります（**sudo apt install groff**）。

パス名展開
* ? []

コマンドラインでは*****や**?**、**[a-z]**のような記号を使って、ファイルをまとめて指定できます。これらの記号を実際にあるファイル名に対応させていくことを**パス名展開**(*pathname expansion*)といいます。

「*」は任意の文字列に、「?」は任意の1文字に対応します。

たとえば、**ls /bin/sh***で、「bin」という場所にある、名前が「sh」で始まるファイルを、**ls /bin/*sh**で「bin」という場所にある、名前が「sh」で終わるファイルを一覧表示できます。*****は空の文字列(長さが**0**の文字列)にも対応するので、**/bin/sh**も対象になります。

ls /bin/?shならば「bin」という場所にある、名前が「sh」で終わる3文字のファイルが一覧表示されます。

```
$ ls /bin/sh* ……… /binにある、名前がshで始まるファイルを一覧表示
/bin/sh          /bin/sha384sum  /bin/showconsolefont  /bin/shuf
/bin/sha1sum     /bin/sha512sum  /bin/showkey
/bin/sha224sum   /bin/shasum     /bin/showrgb
/bin/sha256sum   /bin/shotwell   /bin/shred
$ ls /bin/*sh ……… /binにある、名前がshで終わるファイルを一覧表示
/bin/amuFormat.sh    /bin/chsh        /bin/instmodsh     /bin/sh
/bin/avahi-publish   /bin/dash        /bin/pax11publish  /bin/ssh
/bin/bash            /bin/gettext.sh  /bin/rbash         /bin/static-sh
/bin/c_rehash        /bin/gvfs-trash  /bin/rsh           /bin/xrefresh
$ ls /bin/?sh ……… /binにある、名前が何か1文字とshの組み合わせであるファイルを一覧表示
/bin/rsh  /bin/ssh
```

[]で候補の文字を指定する

[ ]で、括られた文字のいずれか一つという指定ができます。たとえば、**test[123]**でtest1、test2、test3のいずれか、**test[0-9]**ならばtest0〜test9のいずれかという意味になります。**[^0-2]**のように**[**の直後に**^**を付けると「指定した文字以外」という意味になります[注9]。

以下は、2.3節で作成した**~/tmp**ディレクトリで実行しています。実行前の段階では、**~/tmp**の中は空でファイルもディレクトリもない状態から始めています。

```
~/tmpの中で実行。~/tmpの中には何もない状態から開始
$ touch file1 file2 file3 file4 … (準備) file1、file2、file3、file4を作成
$ ls ……………………………………………… カレントディレクトリのファイルを一覧表示
file1  file2  file3  file4
$ ls file[0-2]
file1  file2 ………………………………… file[0-2]に該当するのはfile1とfile2
$ ls file[^0-2]
file3  file4 ………………………………… file[^0-2]に該当するのはfile3とfile4
```

注9　bashの場合、**[!0-2]**という指定も可能です。「!」はヒストリ機能(p.84)でも使われますが、**[ ]**の中では異なる意味となります。zshの場合「!」をこの用途で使いたい場合は、シェルの設定でヒストリ機能で使用する文字を別の文字に設定しておく必要があります(シェル変数histcharsを使い**histchars=任意の文字**で定義)。

拡張パターンマッチング
() ? * + @ !

シェルオプション**extglob**(p.103)が有効になっている場合、**!()**で「〜以外」を指定するような、**拡張パターンマッチング**(*extended pattern matching*)が使用できます。UbuntuやCentOSではデフォルトで有効になっています[注10]。

拡張パターンマッチングで使用する記号の意味は**表B**のとおりです。パターンリストの部分には**(a|xyz)**のように「**|**」で文字列の組み合わせを指定できます。パターンリストの中で範囲を指定したい場合は**([a-z])**のように**[]**を使用します。

表B 拡張パターンマッチング用の指定

記号	意味
?(パターンリスト)	指定したパターンが0回または1回
*(パターンリスト)	指定したパターンが0回以上
+(パターンリスト)	指定したパターンが1回以上
@(パターンリスト)	指定したパターンが1回のみ
!(パターンリスト)	指定したパターンのどれにも該当しない

```
(続き)~/tmpの中で実行
$ ls ···································· カレントディレクトリのファイルを一覧表示
file1  file2  file3  file4
$ ls !(file1) ··························· file1以外
file2  file3  file4
$ ls !(file1|file3) ····················· file1とfile3以外
file2  file4
$ ls file!(1|3) ························· file1とfile3以外
file2  file4
$ ls file!([1-3]) ······················· file1とfile2とfile3以外
file4
$ touch file11 file123 ·················· (準備) file11とfile123を追加
$ ls ···································· カレントディレクトリのファイルを一覧表示
file1  file11  file123  file2  file3  file4
$ ls file[0-9][0-9] ····················· fileと数字2桁
file11
$ ls file[0-9]+([0-9]) ·················· fileと数字2桁以上
file11  file123
$ ls file+([0-2]) ······················· fileと0、1、2の1回以上の組み合わせ
file1  file11  file2
```

注10 **extglob**は**bash**バージョン3以前からあり、バージョン4.1以降はデフォルトで有効になりました。**zsh**の場合はシェルオプション**extendedglob**を有効にすると拡張パターンマッチングが使用できます。

ブレース展開
{ }で文字列を生成する

{ }（ブレース）を使って、**file{1,123}**で**file1**と**file123**という文字列を作ることができます。これを**ブレース展開**（*brace expansion*）といいます。範囲指定は「**..**」（ピリオド2つ）を使い**file{1..3}**のようにします。なお、範囲指定と「**,**」は同時に使用できません。

ブレース展開が行うのは「文字列の生成」で、これまでのファイル展開とは異なります。たとえば、**ls file{1,123,5}**のように指定すると、ファイルの有無にかかわらず**ls file1 file123 file5**として実行されます。

```
(続き)~/tmpの中で実行
$ ls ………………………………………………… カレントディレクトリのファイルを一覧表示
file1  file11  file123  file2  file3  file4
$ ls file{1,123} ………………………… ls file1 file123を実行
file1  file123
$ ls file{1..3} …………………………… ls file1 file2 file3を実行
file1  file2  file3
$ ls file{1,123,5} ……………………… ls file1 file123 file5を実行
ls: 'file5' にアクセスできません: そのようなファイルやディレクトリはありません
file1  file123
⬆「ls file1 file123 file5」が実行されているため、file5が存在しないというエラーメッセージが表示されている
```

ファイルの作成にブレース展開を利用する

ブレース展開はパス名展開と異なり、ファイルの有無とは無関係に文字列の生成を行うことから、ファイルやディレクトリを作成するときに活用できます。

```
(続き)~/tmpの中で実行
$ ls ………………………………………………… カレントディレクトリのファイルを一覧表示
file1  file11  file123  file2  file3  file4
$ touch test{1..3} ……………………… touch test1 test2 test3を実行
$ ls
file1  file11  file123  file2  file3  file4  test1  test2  test3
                                             ⬆test1 test2 test3が作成された
$ touch test[4-6] ………………………… （失敗例）パス名展開は既存のファイル名で展開される
$ ls
 file1    file123   file3   test1   test3
 file11   file2     file4   test2  'test[4-6]'
                                   ⬆「test[4-6]」という名前のファイルが作成された
(test[4-6]に該当するものがなかったため、「touch test[4-6]」がそのまま実行されてしまった)
```

echoコマンドで確認する

ファイル展開やブレース展開の結果を確認したい場合は、**echo**コマンドを使うのが便利です。たとえば、**echo ***と実行すれば*****で展開される内容が表示されます。

以下の例のように、これから実行したいコマンドラインの前に**echo**を入れると、自分の意図どおりの指定ができているか、確認しやすいでしょう。

```
(続き)~/tmpの中で実行
$ echo ls file[0-2]
ls file1 file2 ······················ ls file[0-2]はls file1 file2になる
(ls file[0-2]は、ls file1 file2と実行されることがわかる)
$ echo ls file[0..2]
ls file2 ···························· ls file[0..2]はls file2になる※
$ echo ls file{0..2}
ls file0 file1 file2 ················ ls file{0..2}はls file0 file1 file2になる
```

※ [] の場合、「..」は範囲指定ではなく「.」という文字を2回指定した扱いとなる。したがって、**file[0..2]** は**file0**、**file.**、**file.**、**file2** を意味し、該当するのは(パス名として展開できるのは)**file2** なので **ls file2** となった。

チルダ展開 「~」

「~」(チルダ)1文字で、実行中のユーザーのホームディレクトリを示すことができますが、このほかに、「**~+**」でカレントディレクトリ、「**~-**」で直前のディレクトリ、「**~**ユーザー名」で指定したユーザーのホームディレクトリに展開されます。これを**チルダ展開**(*tilde expansion*)といいます注11。

```
$ echo ~
/home/study ························· 自分のホームディレクトリに展開された
$ echo ~study
/home/study ························· ユーザーstudyのホームディレクトリに展開された
$ echo ~root
/root ······························· ユーザーrootのホームディレクトリに展開された
$ echo ~dummy
~dummy
(dummmyというユーザーが存在しないため、文字列がそのまま出力されている)
$ cd / ······························ ルートディレクトリへ移動
$ echo ~+ ··························· カレントディレクトリを表示(pwdコマンド相当)
/
$ echo ~- ··························· 直前のカレントディレクトリを表示
/home/study/tmp
```

クォート 引用符や「\」で、記号の意味を打ち消す

パス名展開で使用した*****や、ヒストリで使用した**!**のような文字をシェルに処理させたくない場合は、記号の前に****(バックスラッシュ)注12を付けるか、**'**(シングルクォーテーション)または**"**(ダブルクォーテーション)で囲みます。

注11 zshの場合、チルダにはもう一つ「名前付きディレクトリ」(*named directory*)という展開があります。これはシェル変数を使った展開で、変数の値が「/」で始まっている場合、「**~**変数名」が変数の値に置き換わります(**logdir=/var/log**と設定されている場合、**cd ~logdir**で**cd /var/log**が実行される)。

注12 「\」はエスケープ(*escape character*)ともいい、日本語キーボードの場合は「**¥**」で入力します。環境によっては「**¥**」で表示されることもあります。

「\」と「' '」と「" "」の違い

\や' 'と" "には、次のような違いがあります。

- \ ⇒**シェルはこの後の1文字を展開しない**
- ' ' ⇒**シェルはこの中のすべての文字を展開しない**
- " " ⇒**シェルはこの中の「!」「$」「`」を除く、すべての文字を展開しない**[注13]。

たとえば、*は\、' '、" "いずれでも打ち消されるため、先ほどの**ls /bin/sh***にこれらの記号を付けると、パス名展開が行われなくなります。

```
$ ls /bin/*sh ………………… （動作比較）/binにある、名前がshで終わるファイルを一覧表示
/bin/amuFormat.sh   /bin/chsh         /bin/instmodsh     /bin/sh
/bin/avahi-publish  /bin/dash         /bin/pax11publish  /bin/ssh
/bin/bash           /bin/gettext.sh   /bin/rbash         /bin/static-sh
/bin/c_rehash       /bin/gvfs-trash   /bin/rsh           /bin/xrefresh
$ ls "/bin/*sh" ………………… ダブルクォーテーションを付けて実行
ls: '/bin/*sh' にアクセスできません: そのようなファイルやディレクトリはありません
↑パス名展開されていない
$ ls '/bin/*sh' ………………… シングルクォーテーションを付けて実行
ls: '/bin/*sh' にアクセスできません: そのようなファイルやディレクトリはありません
↑パス名展開されていない
$ ls /bin/\*sh ………………… アスタリスクの前にバックスラッシュを付けて実行
ls: '/bin/*sh' にアクセスできません: そのようなファイルやディレクトリはありません
↑パス名展開されていない
```

$記号は、\と' 'では打ち消されますが、" "では打ち消されません。

```
$ echo "$LANG" ………………………… ダブルクォーテーションを付けて実行
ja_JP.UTF-8 ……………………………… LANGの値が表示されている
$ echo '$LANG' ………………………… シングルクォーテーションを付けて実行
$LANG ……………………………………… $LANGがそのまま表示されている
$ echo \$LANG …………………………… $の前に\を付けて実行
$LANG ……………………………………… $LANGがそのまま表示されている
```

コマンドの引数で「*」などの記号を使う際は、\を付けるか引用符で囲みましょう。以下に、引用符を忘れた例を示します。

```
カレントディレクトリにfile1とfile2がある場合の例
$ find / -name file* ………………… 「-name "file*"」とすべきだが引用符を忘れている
find: paths must precede expression: `file2'  <以下略>
↑パス名展開で「find / -name file1 file2」となりエラーになった※
```

※ **2>/dev/null**のようなリダイレクトをしているとエラーメッセージに気づかないので注意。また、カレントディレクトリにfile1のみがある場合、エラーにならずに「**-name file1**」が実行される。

注13 「**$**」は変数を参照するときに、「`」(バッククォート)はコマンド名をコマンドの出力で置き換える(p.99)ときに使用します。

Column

引用符と複数行の入力

引用符と「\」には、Enterの意味も打ち消す効果があります。コマンドラインに入力したい内容が長い場合、「\」を入力してEnterを押すと、次行の行頭に続きの入力を促すプロンプトとして「>」（セカンダリプロンプト、シェル変数**PS2**で変更可能）が表示され、続きを書けます。

ただし、意図的に行う場合はこれで良いのですが、引用符を1つだけ入れて2つめの引用符を入れていない、つまり引用を閉じていない状態でEnterを押してもコマンドは実行されません。このようなときは、Ctrl+Cで入力を中断するか、1つ（片方）だけが入ってしまっている引用符をもう一度入力してEnterでコマンドラインを終了させましょう。

```
$ ls | grep "^d  ………… ここでEnterを押してしまった！
>
↑2行めのプロンプトが表示されている（ここでEnterを入力しても実行できない）
>"  ………………………………… 2つめの「"」を入れてEnterを入力すると実行される※
```

※ Ctrl+Cで入力を中断させることも可能。

3.3 パイプとリダイレクト

標準入力と標準出力を理解して活用しよう

コマンドは、必要に応じて何らかのデータを受け取り、処理をして、結果を出力します。このときの入力と出力をそれぞれ標準入力（*stdin*）、標準出力（*stdout*）といい、端末では標準入力がキーボード、標準出力は画面となっています[注14]**。**

パイプとリダイレクトを使うと、コマンドの実行結果を別のコマンドで処理したり、コマンドの実行結果を保存したりできます。

パイプ「|」 コマンドの出力をほかのコマンドに渡す

コマンドの出力をほかのコマンドに渡したいときは、**パイプ**（*pipeline*）を使います。パイプは標準出力を標準入力へつなぐという働きがあり、「|」で表します。

たとえば、**history | head**で**history**コマンドの実行結果を**head**コマンドに渡すことができます。**head**コマンドは「先頭の10行を表示する」というコマンドなので、**history**で表示されるコマンドラインの先頭が10行分だけが表示されることになります[注15]。

注14 Webで使われている「CGI」（*Common Gateway Interface*）でも、この標準入出力のしくみが使われています。Webサーバーは OS上でCGIプログラムを実行し、CGIプログラムが標準出力に出力した内容を受け取ってWebクライアント（Webブラウザなど）に渡す、というのが大まかなしくみです。

注15 コマンド履歴は**fc**コマンドの**-l**オプションで件数や範囲を指定して表示できます（**fc -l 300 305**で履歴の300～305番を表示）。**fc**コマンドはヒストリを編集するコマンドです。**fc** 履歴番号でエディタ（nanoまたはvim）が起動するので、編集して終了すると編集した内容でコマンドを実行できます。

```
$ history | head ………………… historyコマンドの実行結果をheadコマンドで表示
    1  uname
<中略>
    9  uname -sr
   10  echo ………………………………… 実行結果の先頭10行分が表示される
```

リダイレクト「>」
出力先を変更する

コマンドが出力した内容をファイルに保存したい場合は**リダイレクト**(*redirect*)を使います。標準出力の方向を変える、という意味で「**>**」という記号で表します。たとえば、**history**コマンドの出力を「hlist.txt」というファイルに保存するのであれば、**history > hlist.txt**のようにします。

なお、ここではリダイレクトの記号を見やすくするために**>**の後に空白を入れていますが、**>**の後ろの空白は省略できます。

~/tmpの中で実行。実行後はhlistを削除する

```
$ history > hlist.txt ………………… historyの実行結果をhlist.txtに保存
$ cat hlist.txt | head ……………… hlist.txtの内容を表示（head hlist.txtでも良い）
    1  uname
<中略>
    9  uname -sr
   10  echo
```

標準エラー出力
エラーメッセージ用の「第二の出力」

多くのコマンドは、実行した結果を画面に表示しますが、実行した結果には「コマンドが生成するデータ」と「エラーメッセージ」の2種類があります。

たとえば、**ls** 場所 ならば指定した場所にあるファイルが一覧表示されますが、これがコマンドが生成するデータです。一方、指定した場所が存在しない、アクセス権限がない、などのメッセージがエラーメッセージです。

エラーメッセージの出力先を**標準エラー出力**(*stderr*)といいます。通常は標準出力も標準エラー出力も共に「画面」なので見た目としては同じですが、出力としては区別されています。ただし、何をどちらに出力するかはコマンドによって(コマンド作成者のポリシーによって)異なります。

標準エラー出力のリダイレクト 2>

標準エラー出力のリダイレクトは「**2>**」で行います。たとえば、**find**コマンドで**/etc**にあるファイルを探したい場合、**/etc**下には一般ユーザーではアクセスできない場所があるためエラーメッセージが表示されます。実行結果とエラーの両方が画面に表示されることになり、実行結果がわかりにくくなります。

そこで**2> err.txt**で標準エラー出力をerr.txtにリダイレクトします。すると、エラーメッセージは画面に表示されなくなるので、実行結果がわかりやすくなります。エラーの内容はerr.txtに保存されているので、**cat**コマンドなどで確認できます。

なお、以下の実行例ではリダイレクトの記号を見やすくするために**2>**の後に空白を入れていますが、**>**の後ろの空白は省略できます。

```
$ find /etc -name "bash*" ……………… findコマンドで/etcにあるファイルを探す
/etc/profile.d/bash_completion.sh
/etc/apparmor.d/abstractions/bash
/etc/bash_completion
find: '/etc/polkit-1/localauthority': 許可がありません
/etc/bash.bashrc
/etc/bash_completion.d
find: '/etc/cups/ssl': 許可がありません
find: '/etc/ssl/private': 許可がありません
        ⬆実行結果とエラーメッセージの両方が画面に表示されている
$ find /etc -name "bash*" 2> err.txt ……………… 標準エラー出力をerr.txtにリダイレクト
/etc/profile.d/bash_completion.sh
/etc/apparmor.d/abstractions/bash
/etc/bash_completion
/etc/bash.bashrc
/etc/bash_completion.d
        ⬆エラーメッセージはerr.txtに保存され、実行結果だけが表示されている
$ cat err.txt ……………………………………………… err.txtを表示する
find: '/etc/polkit-1/localauthority': 許可がありません
find: '/etc/cups/ssl': 許可がありません
find: '/etc/ssl/private': 許可がありません
        ⬆エラーメッセージの内容が確認できた
```

ヌルデバイス
「**2>/dev/null**」でエラーメッセージを「捨てる」ことができる

エラーメッセージを画面に表示したくないし、ファイルに保存しなくても良いという場合は**2>/dev/null**でエラーメッセージを「捨てる」ことができます。これは、標準エラー出力を**ヌルデバイス**（*Null device*）という特別な場所にリダイレクトする、という意味で、ヌルデバイスに出力した内容はどこにも出力されず保存もされません。

```
$ find /etc -name "bash*" 2> /dev/null ………… 標準エラー出力を出力しない
/etc/profile.d/bash_completion.sh
/etc/apparmor.d/abstractions/bash
/etc/bash_completion
/etc/bash.bashrc
/etc/bash_completion.d
```

まずはエラーメッセージを確認しよう

エラーメッセージを出力しないようにしたからといって、エラーが出なくなっているわけではありません。「一般ユーザーではアクセスできない場所にあるファイルは無視してかまわない」など、エラーメッセージを見なくてかまわないとわかっているときだけ**2> /dev/null**を使用するようにしましょう。

リダイレクトの追加
出力結果を追加して保存したい場合は「**>>**」「**2>>**」を使う

標準出力や標準エラー出力の内容を既存のファイルにリダイレクトすると、ファイルはリダイレクトした内容で上書きされることになります。これを「追加」にしたい場合は**>>**または**2>>**のようにします。

~/tmpの中で実行

```
$ echo msg1 > test.txt ……（準備）echoコマンドでmsg1をtest.txtにリダイレクト
$ cat test.txt ……test.txtの内容を確認
msg1
$ echo msg2 > test.txt ……再度、echoコマンドでmsg2をtest.txtにリダイレクト
$ cat test.txt ……test.txtの内容を確認
msg2 ……最初に実行した時のmsg1という内容が破棄されてmsg2になった
$ echo msg3 >> test.txt ……echoコマンドでmsg3をtest.txtに追加
$ cat test.txt ……test.txtの内容を確認
msg2
msg3 ……末尾にmsg3が追加された
```

リダイレクトによる上書きを禁止するには

シェルの設定で上書き禁止にすることもできます。上書き禁止にすると、リダイレクト先のファイルがすでにある場合はエラーとなり、コマンドが実行できなくなります（**noclobber**、p.102）。

標準入力のリダイレクト
標準入力も「**<**」でリダイレクトできる

標準入力をリダイレクトしたい場合は**<**を使います。たとえば**head <** ファイルのように指定すると、ファイルの内容が**head**コマンドの標準入力へリダイレクトされます。これは、指定したファイルの内容を**head**コマンドで表示するという動作になります。

ただし、**head**コマンドなどテキストを扱うコマンドの多くは**head** ファイルのように引数にファイルを指定できるため、入力をリダイレクトする必要はあまりありません。

teeコマンド
パイプとリダイレクトを同時に行う

「コマンドの実行結果を画面で表示しつつ、ファイルに保存する」あるいは「コマンドの実行結果を**head**コマンドで表示しつつ、ファイルに保存する」ということをしたい場合は**tee**コマンドを使います。

teeコマンドは、標準入力から受け取った内容を、標準出力とファイルに書き出すというコマンドで、コマンド **| tee** ファイルのように使用します。コマンド **| tee** ファイル1 ファイル2で複数のファイルに保存することも可能です。リダイレクト同様、既存ファイルを指定した場合は上書きされるので、追加したい場合は**-a**オプション（**--append**、追加）を使用しコマンド **| tee -a** ファイルのようにします。

teeコマンドへの入力は標準出力にも常に出力されるので、画面表示が不要な場合は/dev/nullにリダイレクトします。

```
$ ls / | tee file1 file2 ………………… 「ls /」の結果をfile1とfile2に保存する
bin
boot
cdrom
<中略>
⬆「ls /」の実行結果がfile1とfile2に保存され、さらに画面にも表示されている
$ ls / | tee file3 file4 | head … 実行結果をheadで表示する
bin
<中略>
lib64
libx32
⬆「ls /」の結果がfile3とfile4に保存され、headでも表示されている
$ ls / | tee file5 file6 > /dev/null ………… 実行結果は/dev/nullにリダイレクト
(「ls /」の結果がfile5とfile6に保存され、画面には出力しない)
```

※ **ls**コマンドは端末で実行すると複数の列で表示されるがパイプやリダイレクトで端末以外に出力した場合は1件1行となる。常に複数の列にする場合は**-C**オプション、常に1件1行にする場合は**-1**オプション(数字の1)を使用する。

マルチIO(zsh)

zshには**マルチIO**(*multios*)というしくみがあり、同じ出力を複数のファイルにリダイレクトしたり、「コマンドの実行結果を画面で表示しつつ、ファイルに保存する」という操作が可能です。

```
「ls /」の結果をfile1とfile2に保存する(zshのみ)
% ls / > file1 > file2
「ls /」の結果をfile3とfile4に保存し、moreでも表示する(zshのみ)
% ls / > file3 > file4 | more
```

[まとめ]パイプとリダイレクト

パイプとリダイレクトの操作をまとめると**表C**〜**表E**のようになります。

表C 標準出力

操作	記号	使い方
リダイレクト	>	cmd > file.txt
	1>	cmd 1> file.txt
リダイレクト(追加の場合)	>>	cmd >> file.txt
	1>>	cmd 1>> file.txt
パイプ	|	cmdA | cmdB

※ **1>**は**>**でも可(標準出力であることを明示するために**1>**とした)。

表D　標準エラー出力

	記号	使い方
リダイレクト	2>	cmd 2> file.txt
リダイレクト（追加の場合）	2>>	cmd 2>> file.txt
パイプ	なし※	[bash] cmdA 2>&1 1> /dev/null | cmdB
		[zsh] cmdA 2>&1 1>&- 1> /dev/null | cmdB
		[bash/zsh共通] 2>&1 | cmdB

※ 標準エラー用の指定方法はなく、**2>&1**（標準エラー出力を標準出力へ）と **|** を組み合わせることで実現。zshの **1>&-** は標準出力への出力を終了させる、という意味で **>&-** でも可。使い方内の **()** はサブシェルを表す記号で、括弧の中は別のシェルで実行されている。

表E　標準出力と標準エラー出力の両方

	記号	使い方
リダイレクト	&>	cmd &> file.txt
リダイレクト（追加の場合）	&>>1 ※1	cmd &>> file.txt
パイプ	|& ※2	cmdA |& cmdB

※1 bashのバージョンによっては **&>>** が使えないことがあり、この場合は **cmd >> file.txt 2>&1** のようにする。これは、標準エラー出力を標準出力にミックスしてリダイレクト、という操作をしている。

※2 bashのバージョンによっては **|&** が使えないことがあり、この場合は **2>&1** を使い **cmdA 2>&1 | cmdB** のようにする。

3.4 複数のコマンドを組み合わせて実行する

; && || & `` $() xargs

パイプで入出力を受け渡す以外の場合でも、コマンドの実行結果を利用して別の処理を行ったり、あるいは、複数のコマンドを順番に実行できるようにしておくと便利なことがあります。

ここでは、;、&&、||、&および `` と $() によるコマンド置換を紹介します。

複数のコマンドを1行で実行 ; && || &

コマンドを順番に実行したいというときには「**;**」を使って [コマンド1]; [コマンド2] のようにします。ちょうど「**;**」の位置で [Enter] を押したのと同じ動きとなります。

以下は実行の様子をわかりやすくするために、**sleep 3** で3秒間待ってから **echo** コマンドでメッセージを表示しています。**sleep** は「指定した秒数の間、何もしない」というコマンドです。

```
$ sleep 3; echo 3sec
3sec ................................ 3秒後に「3sec」というメッセージが表示される
```

複数のコマンドを同時に実行する &

「&」1文字でコマンド1 & コマンド2のようにすると、コマンド1を実行しながらコマンド2を実行する、という意味になります。この&はバックグラウンドで実行するという指示で、コマンド1 & コマンド2はコマンド1をバックグラウンドジョブとして実行し、続けてコマンド2をフォアグラウンドジョブとして実行するという意味になります(ジョブコントロール、6.4節)。3つ以上のコマンドの場合はコマンド1 & コマンド2 & コマンド3のように指定します。

それぞれのコマンドが実行結果を画面に出力することになるので、実行結果を確認する必要がある場合はそれぞれのコマンドでリダイレクトしましょう。

```
$ sleep 3 & echo 3sec ……………… sleepと同時にechoを実行
[1] 892566 ……………………………… (sleepコマンドのプロセスIDが表示される、p.193)
3sec ……………………………………… 3秒待たずにメッセージが表示される
```

※ 次に何かコマンドを実行したタイミングで **[1]+ 終了 sleep 3** というメッセージが表示される。これはバックグラウンドで実行されていたコマンドが終了した旨を知らせるメッセージで、表示のタイミングはシェルオプション **notify** で変更できる。

先に実行したコマンドの結果で処理を変える && ||

「1つめのコマンドに成功した場合だけ、次のコマンドを実行したい」という場合は「**;**」ではなく「**&&**」を使います。コマンド1 ; コマンド2の場合、単にコマンド1とコマンド2が順番に実行されますが、コマンド1 && コマンド2のようにすると、コマンド1が成功したときだけコマンド2が実行されます。

一方、コマンド1 || コマンド2とすると、コマンド1が失敗したときだけコマンド2が実行されるということになります。

以下は動作をわかりやすくするために、確実に成功するであろう**ls /**と、一般ユーザーではエラーになる**ls /root/**を実行し、それぞれ、**echo**コマンドでメッセージを表示しています。

```
$ ls / && echo OK ……………………… ls /を実行し、成功したらOKと表示
bin    dev   lib    libx32      mnt   root  snap      sys  var
boot   etc   lib32  lost+found  opt   run   srv       tmp
cdrom  home  lib64  media       proc  sbin  swapfile  usr
OK ……………………………………………… (成功したのでOKと表示されている)
$ ls / || echo NG ……………………… ls /を実行し、失敗したらNGと表示
bin    dev   lib    libx32      mnt   root  snap      sys  var
boot   etc   lib32  lost+found  opt   run   srv       tmp
cdrom  home  lib64  media       proc  sbin  swapfile  usr
(成功したのでecho NGは実行されていない)
$ ls /root/ && echo OK ………………… ls /rootを実行し、成功したらOKを表示
ls: ディレクトリ '/root/' を開くことが出来ません: 許可がありません
(失敗したのでecho OKは実行されていない)
$ ls /root/ || echo NG ………………… ls /rootを実行し、失敗したらNGを表示
ls: ディレクトリ '/root/' を開くことが出来ません: 許可がありません
NG ……………………………………………… (失敗したのでNGと表示されている)
```

実行結果を利用して実行する ``　$()

コマンドを`（バッククォート）または**$( )**で括ることで、「コマンドの実行結果」を使ってほかのコマンドを実行できます。これを**コマンド置換**（*command substitution*）といいます。

たとえば、**touch** ファイル名 でファイルを作ることができ注16、**date +%H%M%S**で現在の時刻を6桁の数字で出力できます。そこで、**touch file_`date +%H%M%S`**のようにすることで「**file_**時分秒」という名前のファイルを作れます。なお、`（バッククォート）はJISキーボードの場合は Shift ＋@で入力します。'（シングルクォート）と似ているので注意してください。

```
~/tmpの中で実行。テスト後は~/tmp/file_*を削除する
$ date +%H%M%S ·························· 「+%H%M%S」でどのような表示になるかを確認
$ touch file_`date +%H%M%S` ············ 「file_時分秒」という名前のファイルを作成する
$ touch file_$(date +%H%M%S) ··········· 「file_時分秒」という名前のファイルを作成する
```

コマンド置換の「ネスト」

「『コマンド1の実行結果を使って実行したコマンド2』の実行結果を使ってコマンド3を実行したい」ということがあります。このような操作を**ネスト**（*nest*、入れ子）といいます。

ネストの場合は**$( )**の方が指定しやすく、コマンド3 **$(**コマンド2 **$(**コマンド1**))**のように書けます。

catコマンドと同じ場所にあるファイルを一覧表示してみましょう。**cat**コマンドの位置を**which**コマンドで探すと、**/usr/bin/cat**とわかります。そして、**/usr/bin/cat**のディレクトリ名部分は**dirname**コマンドを使い、**dirname /usr/bin/cat**で取り出すことができます注17。実行結果は**/usr/bin**です。**/usr/bin**にあるファイルは**ls /usr/bin**で一覧表示できます。これを一度に実行すると、❶のようになります。

バッククォートを使う場合、内側のバッククォートの前に「\」を付ける必要があります。❶と同じ内容をバッククォートで書くと、❷のようになります。

```
$ which cat ······························ 「which cat」でどのような結果が表示されるか確認
/usr/bin/cat ····························· catコマンドがフルパスで表示された
$ dirname $(which cat) ··················· 末尾のファイル名を取り除くとどうなるかを確認
/usr/bin ································· catコマンドのディレクトリ名が表示された
$ ls $(dirname $(which cat)) ············· ❶catコマンドと同じディレクトリにあるファイルの一覧表示
（「ls /usr/bin」が実行され、/usr/binのファイルが一覧表示される）
$ ls `dirname \`which cat\`` ············· （参考）❷同じ内容をバッククォートで記述
```

注16　**touch**はファイルのタイムスタンプを変更するコマンドで、指定したファイルが存在しない場合はサイズ**0**のファイルを作成するという働きがあります（p.36）。

注17　**dirname** ファイル名 でディレクトリ名部分を表示するコマンドです。逆に、ファイル名部分がほしい場合は**basename**コマンドを使い**basename** ファイル名 のようにします。

xargsコマンド
コマンドラインを作成して実行する

xargs コマンドは「標準入力やファイルからリストを読み込んでコマンドラインを作成して実行する」というコマンドで、コマンド1 | **xargs** コマンド2のように組み合わせることで、コマンド1の実行結果すべてを引数にしてコマンド2を実行する、という使い方ができます。

まず、どのようなコマンドラインが作られるのかを確認するために、**ls** コマンドの結果を **echo** コマンドで表示してみましょう。

```
$ ls ~ | xargs echo list: ……… lsコマンドの実行結果を引数にしてechoコマンドを実行
list: Desktop Documents Downloads Music Pictures Public Templates Videos tmp
```
⬆「echo list:」の後ろに、「ls ~」の実行結果が引数として追加されている

それぞれの実行結果に対して、コマンドを実行する

先ほど試したように、コマンド1 | **xargs** コマンド2は、コマンド1の実行結果（先ほどのサンプルでは **ls** の結果）がまとめてコマンド2の引数になります。先に実行したコマンドの結果を引数としてまとめて指定するのではなく、個別にコマンドを指定したい場合は **-L** オプション（**--max-lines**、最大行数）または **-I** 文字列（**--replace=**文字列、replaceは置換）オプションを使用します。

-L は一度に処理する最大の行数を指定するオプションで、**-L 1** と指定することで、1件につき1回のコマンドが実行されます。**-I** は引数と文字列を置き換えるためのオプションで、**xargs** で実行するコマンドの引数の位置を操作する際に使いますが、こちらも1件につき1回のコマンドが実行される結果となります。

さきほどの **ls** コマンドと **echo** コマンドの組み合わせで、試してみましょう。

```
$ ls ~ | xargs -L 1 echo list: …… lsコマンドの実行結果を1件ずつ（-L 1）引数にして
                                   echoコマンドを実行
list: Desktop
list: Documents
＜中略＞
```
⬆lsの実行結果の一つ一つに対してechoコマンドが実行されている

```
$ ls ~ | xargs -I {} echo list {} : …… lsコマンドの実行結果を1件ずつ引数にしてecho
                                        コマンドを実行、lsコマンドの実行結果は { }
                                        の位置に入る
list Desktop :
list Documents :
```
⬆lsの実行結果一つ一つが、echoコマンドの{}の位置に入るように実行されている

```
＜以下略＞
```

コマンドの実行結果を活用する

実際の利用イメージは以下のようになります。ここでは、**grep** コマンド（p.121）で、/etc直下にあるファイルのうち、「bash」という文字列を含むファイルを一覧表示し（**-l** オプション）、それを **head** コマンド（p.117）で3行ずつ表示しています。なお、/etcを対象に **grep** を実行すると、許可のないファイルがあるなどでエラーメッセージが表示されるため、**grep** コマンドの出力に **2>/dev/null** を指定しています。

```
$ grep -l bash /etc/* 2>/dev/null | xargs head -3
==> /etc/adduser.conf <==
# /etc/adduser.conf: `adduser' configuration.
# See adduser(8) and adduser.conf(5) for full documentation.

==> /etc/bash.bashrc <==
# System-wide .bashrc file for interactive bash(1) shells.

# To enable the settings / commands in this file for login shells as well,
==> /etc/bash_completion <==
. /usr/share/bash-completion/bash_completion
↑grepで見つけたファイルの冒頭3行が表示されている
<以下略>
```

コマンドラインを確認しながら実行する

どのようなコマンドが実行されるかを確認して実行したい場合は、**-p**オプション(**--interactive**、対話式)を指定します。

一時停止はしなくて良いが、コマンドラインは確認したいという場合は**-t**オプション(**--verbose**、饒舌)を使用します。コマンドラインは標準エラー出力に出力されるので**2>** ファイル で保存しておくこともできます。

3.5 シェルの設定

自分用の環境を整えよう

シェルの動作はシェルオプションで変更できます。また、エイリアスやプロンプトの設定、環境変数など変更することで、自分用のシェル環境を作ることができます。

set/shoptコマンド シェルの動作を変更してみよう

bashは、**set**コマンドおよび**shopt**コマンドでシェルオプションを変更できます。**shopt**コマンドはbashのバージョン2で追加されたコマンドで、シェルオプションによって**set**コマンドを使うか**shopt**コマンドを使うかが決まっています。

setコマンドは**set -o** オプション でオプションを有効に、**set +o** オプション でオプションを無効にします。この後に紹介するnoclobberのように、一部のオプションは1文字のオプションで設定できるようになっています。また、**set -o**で現在の設定が一覧表示されます。

shoptコマンドは**shopt -s** オプション でオプションを有効に、**shopt -d** オプション でオプションを無効にします。**shopt**で現在の設定が一覧表示されます。

各オプションの意味は、bashのマニュアル(**man bash**)に記載されています。

リダイレクトによる上書きを禁止する

既存ファイルに対して**>**や**2>**でリダイレクトすると、ファイルが上書きされます(p.95)。**set -o noclobber**または**set -C**でリダイレクトによる上書きが禁止されます。**set +o noclobber**または**set +C**で元の設定(上書きされる)に戻ります。

```
~/tmpの中で実行。テスト後は~/tmp/msgfileは削除する
$ echo test1 > msgfile ······· (準備) test1という文字列をmsgfileにリダイレクト
$ echo test2 >> msgfile ····· test2という文字列をmsgfileに追加
$ cat msgfile ······················ msgfileの内容を確認
test1
test2 ······························ test2が追加されている
$ echo test3 > msgfile ······· test3という文字列をmsgfileにリダイレクト
$ cat msgfile ······················ msgfileの内容を確認
test3 ······························ 内容が上書きされてtest3のみになった
$ set -o noclobber ············· リダイレクトによる上書きを禁止する
$ echo test4 > msgfile ······· test4という文字列をmsgfileにリダイレクト
bash: msgfile: 存在するファイルを上書きできません
                    ⬆リダイレクト(>)によるファイルの上書きが禁止されている
$ set +o noclobber ············· 元の設定に戻す (リダイレクトによる上書きを許可する)
```

ディレクトリ名だけで移動する autocd

shopt -s autocdで**autocd**を有効にすると、ディレクトリ名だけでそのディレクトリへの移動ができます。**shopt -u autocd**で無効にできます。bashのバージョン4以降の機能です。

```
$ shopt -s autocd ······························ autocdを有効にする
$ /var/log ······································ ディレクトリ名を入力して Enter
cd -- /var/log
⬆cdが実行された
$ shopt -u autocd ······························ autocdを無効にする
$ /var/tmp ······································ ディレクトリ名を入力して Enter
bash: /var/tmp: ディレクトリです
⬆ディレクトリ名だけでは実行できない(デフォルトの動作)
```

「**」によるパス名展開を可能にする globstar

shopt -s globstarで**globstar**を有効にすると、******を0個以上のディレクトリに展開できます。たとえば**/etc/**/README**は**/etc/README**、**/etc/*/README**、**/etc/*/*/README**……に展開されます。bashバージョン4以降の機能です。

```
$ shopt -s globstar ···························· globstarを有効にする
$ ls /etc/**/README ···························· /etcディレクトリ下にあるすべてのREADMEを表示
/etc/X11/Xreset.d/README        /etc/iproute2/rt_protos.d/README
/etc/alternatives/README        /etc/iproute2/rt_tables.d/README
/etc/apparmor.d/local/README  /etc/sudoers.d/README
/etc/fonts/conf.d/README        /etc/terminfo/README
/etc/grub.d/README
```

なお、前ページの実行例では、通常の**ls**コマンド同様、権限のないディレクトリにあるファイルは表示できません。また、READMEという名前のディレクトリがある場合、READMEディレクトリ内のファイルが一覧表示されることになるため「READMEというファイルをすべて」という動作にはならない点に注意してください。ディレクトリの一覧表示をやめたい場合は**ls -d**を使用するか、**find**コマンドで**-type f**を使用します(p.67)。

[まとめ] 環境変数、シェル変数とシェルオプション

おもな環境変数、およびbashのおもなシェルオプションとシェル変数は**表F**〜**表I**のとおりです。

表F　bashのおもなシェルオプション(setコマンド用)

シェルオプション	1文字オプション	説　明
noglob	**-f**	*などによるパス名展開を行わない
failglob		パス名展開に失敗したらコマンドを実行しない(zshのデフォルトと同じ動作)
nullglob		パス名展開できなかった場合は空の文字列にする
braceexpand	**-B**	ブレース展開(**{}**による文字列の展開、p.89)を行う(デフォルトで有効)
nounset	**-u**	定義していない変数を参照した場合はエラーにする
allexport	**-a**	シェル変数を自動で**export**(p.79)する
noclobber	**-C**	リダイレクトでファイルの上書きをしない
ignoreeof		Ctrl+Dで端末を終了またはログアウトしない(**IGNOREEOF=10**相当、p.23)
emacs		コマンド行の編集操作をEmacs形式にする(デフォルト)
vi		コマンド行の編集操作をvi形式にする

表G　bashのおもなシェルオプション(shoptコマンド用)

シェルオプション	説　明
autocd	ディレクトリ名だけでカレントディレクトリを移動する
cdspell	**cd**コマンドで存在しないディレクトリを指定した場合、似たような名前のディレクトリがある場合はスペルミスと判断し、正しいと思われるディレクトリへ移動する
globstar	パス名展開で「**」を使用可能にする(p.102)
extglob	パス名展開で拡張パターンマッチング(**? * + @ !**と**()**を組み合わせた指定、p.88)を行う(デフォルトで有効)

表H おもなシェル変数

シェル変数	説明
BASH	bashのパス(/bin/bash)
BASH_VERSION	bashのバージョン
HISTFILE	ヒストリ(コマンド履歴)を記録しているファイルのパス
HISTFILESIZE	ヒストリファイルに記録する履歴数
HISTSIZE	現在使用中のbashの履歴数
HOSTNAME	ホスト名
COLUMNS	端末の桁数
LINES	端末の行数
PPID	親プロセスのプロセスID※
PS1	プロンプト(p.78)
PS2	セカンダリプロンプト(コマンド入力が2行以上になった際に表示される)
IFS	区切り文字(デフォルトはタブおよび改行)

※ シェル自身のプロセスIDは**$**(たとえば**echo $$**)で参照できる。

表I PS1に使用できるおもな特殊文字

指定	意味
\$	ユーザーIDが0(root)のときは「**#**」、それ以外は「**$**」
\h	ホスト名(**hostname**コマンドで表示される名前)
\u	現在のユーザ名
\w	カレントディレクトリ(フルパス)
\W	カレントディレクトリ(末尾のディレクトリ名部分)
\s	シェル名(標準ではbashと表示される)
\!	ヒストリ番号
\d	「曜日 月 日」の形式の日付
\D{フォーマット**}**	フォーマット指定付きの日付時刻。たとえば「年/月/日(曜日)時:分:秒」なら「**\D{%y/%m/%d(%a)%H:%M:%S}**」のように指定する※
****	\自体
****8進数3桁	文字コード(8進数3桁で指定)
\[\]	非表示文字(色を指定するときなどに使用)

※ 日付のフォーマットはほかにもあり、**man strftime**で確認可能。

プロンプトの色指定について

[ユーザー名@ホスト名 カレントディレクトリ]$ というプロンプトを水色で表示する場合は次のようにします。

```
PS1='\[\e[0;36m\][\u@\h \W]\$\[\e[m\] '
```

\[\e[0;36m\]部分が色の指定で、最後の**[\e[m\]**はデフォルトの色に戻すという指定です。最後の指定がないと、コマンドなどを入力する際の色もプロンプトの色になります。

色指定の**0;**部分は省略可能で、**1;**にすると太字になります。文字の色は**30**〜**37**でそれぞれ黒、赤、緑、黄、青、マゼンダ、水色、白(グレー)、**90**〜**97**にすると明るい色になります。

文字の背景色を変えたい場合は**40**〜**47**および**100**〜**107**で指定します。

シェルの設定ファイル
自分用の設定を保存しよう

自分が使いたい設定を決めたら、シェルの設定ファイルに記録しておくことで、ログイン(端末を開いたとき)と同時にいつでも同じ設定のシェルが利用できます。

シェルの設定ファイルはテキストファイルなので、テキストエディタで編集できます。コマンドラインで使用できるエディタは4.4節で紹介しています。

個人用の設定ファイルは「~/.bashrc」

GUI環境の場合、端末を開くときに読み込まれる**~/.bashrc**(ホームディレクトリにある**.bashrc**)を使用すると良いでしょう。CUI環境の場合、ログイン時に実行される**~/.bash_profile**に書くという方法もあります。

設定ファイルの種類と動作モード

シェルの設定ファイルは、システム全体用が/etcに、個人用が各ユーザーのホームディレクトリに、それぞれ複数存在します。設定ファイルを区別する際のポイントとなるのは、シェルの起動方法と動作モードです(**図B**)。

図B　bashが使用する設定ファイル

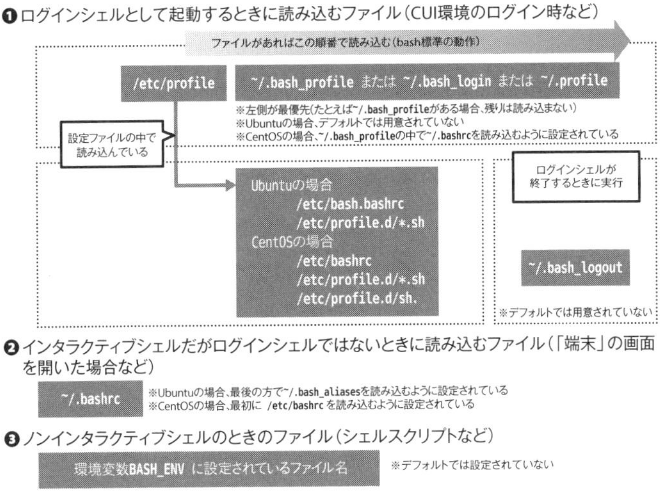

ユーザーからの入力に応じてコマンドを実行し、実行結果を画面（端末）に出力するような処理を対話処理、対話処理を行うシェルをインタラクティブシェル（*interactive shell*、対話型シェル）といいます。インタラクティブシェルの中でも、ログイン時に起動するシェルは「ログインシェル」と呼ばれることがあります。

シェルは、対話処理のほかに、シェルスクリプト(p.113)と呼ばれるプログラムを実行する際にも使用されます。このようなときのシェルをノンインタラクティブシェル(*noninteractive shell*、非対話型シェル)といいます。

設定ファイルはコマンドラインと同じように書く

シェルは、起動時に設定ファイルを読み込んで書かれている内容をそのまま実行します。したがって、シェルの設定ファイルには、コマンドラインと同じように書きます。たとえば、エイリアスの設定であれば**alias** 名前**=**コマンドという行をそのまま**~/.bashrc**に追加することで、端末を開いたときに**alias**コマンドが実行されることになります。

既存の設定を変更したい場合、ホームディレクトリの設定ファイルであれば、設定行を削除するか、行頭に「**#**」を追加します。シェルの設定ファイルの場合、**#**以降はコメント扱いとなるため実行されません。既存の設定行に手を加えるのが不安な場合は**~/.bashrc**の末尾で、設定を打ち消すような内容を記述すると良いでしょう。シェルは設定ファイルに書かれている内容を順番に実行するので、後に書いた内容が優先されることになります。

sourceコマンド(ドットコマンド)
ファイルを現在のシェルで実行する

設定ファイルの内容はシェルを起動するときに反映されますが、設定を試したいような場合は**source**コマンドを使って、現在のシェルに実行させることができます。**source ~/.bashrc**、あるいはカレントディレクトリがホームディレクトリであれば、ディレクトリの指定を省略して**source .bashrc**で実行できます。また、**source**コマンドの代わりに「**.**」というドットコマンドを使うこともできます。

```
$ cd ........................ （準備）ホームディレクトリへ移動
$ . .bashrc ................. 現在のシェルで~/.bashrcを実行（~/.bashrcに書いた設定が反映される）
```

※ zshの場合、「**.**」コマンドで**PATH**にないディレクトリにあるファイルを読み込ませる際には、パスの指定が必要(「**. ~/.bashrc**」のようにする)。**source**コマンドにはこの制限はない。

3.6 zsh概論
zshのインストールと設定

zshは1990年に開発されたシェルで(shは1977年、bashは1989年)、基本的にはshの機能を継承していますが、別系統であるkshやtcshの機能も取り込まれている多機能シェルです。UbuntuやCentOSのデフォルトシェルはbashですが、zshも標準のパッケージでインストール可能です。また、macOSでは2019年の10.15 Catalinaでデフォルトシェルが

bashからzshに変更されました[注18]。

本節ではzshのインストールとデフォルトのシェルに切り替える方法、およびシェルの設定(設定ファイル、エイリアス、シェルオプション)について解説します。このほか、本書で扱っている範囲では、コマンドの補完機能やリダイレクト(マルチIO、p.96)、`which`コマンド(p.82)などの動作がbashと異なります。

zshのインストールと起動
手動で切り替えて試してみよう

Ubuntuでは**`sudo apt install zsh`**、CentOSでは**`sudo dnf install zsh`**または**`sudo yum install zsh`**でインストールします。

```
$ sudo apt install zsh ·················· zshをインストールする (Ubuntu環境※)
[sudo] study のパスワード: ·········· sudoを実行しているユーザーのパスワードを入力
<中略>
以下の追加パッケージがインストールされます:
  zsh-common
<中略>
続行しますか? [Y/n] y ······················ 「y」または[Enter]でインストール開始※
```

※ CentOSの場合は`dnf`コマンドか`yum`コマンドを使用する(`sudo dnf instal zsh`)。インストール時の確認メッセージは「`N`」がデフォルトなのでメッセージが表示されたら「`y`」を入力してインストールを実行(5.3節)。

zshをコマンドラインで実行する

`zsh`コマンドを実行するとzshが起動し、以後のコマンドラインからの入力はzshが受け取って実行します[注19]。

初回起動時は設定ファイル(**`~/.zshrc`**)がないため環境設定用のメッセージが表示されますが、[Enter]でそのままzshを開始できます。zshが開始すると、プロンプトの末尾がzshのデフォルト設定である「`%`」に変わります。本節の実行例ではzshのプロンプトを「`%`」で示します。

```
$ zsh ········································ zshを実行する
This is the Z Shell configuration function for new users,
zsh-newuser-install.
You are seeing this message because you have no zsh startup files
(the files .zshenv, .zprofile, .zshrc, .zlogin in the directory
~).  This function can help you with a few settings that should
make your use of the shell easier.

You can:                                                      続く
```

注18 以前のバージョンからアップグレードした場合はbashが維持されており、bashでターミナルを開くとzshがデフォルトになった旨のメッセージが表示されるようになっています。

注19 `exec zsh`で現在実行中のbashと置き換わる形でzshが起動します。単にシェルを実行した場合、新しく実行したシェルが現在のシェルの子プロセスとなるのに対し、`exec`コマンドを使ってシェルを実行すると、現在のシェルのプロセスIDで新しいシェルが動きます(プロセス、6.3節)。

```
(q)  Quit and do nothing.  The function will be run again next time.

(0)  Exit, creating the file ~/.zshrc containing just a comment.
     That will prevent this function being run again.

(1)  Continue to the main menu.

(2)  Populate your ~/.zshrc with the configuration recommended
     by the system administrator and exit (you will need to edit
     the file by hand, if so desired).

--- Type one of the keys in parentheses --- ………… Enter でzshを実行
```

⬆環境設定用のメニューを開くかどうかの確認メッセージが表示される。Enter で何もせずzshを開始できる

※ **(2)** はUbuntuでの推奨設定で設定ファイル(**~/.zshrc**)を作成するメニューでCentOSでは表示されない。CentOSの場合は/etc/skelにデフォルトの設定ファイルがインストールされるので**cp /etc/skel/.zshrc ~**でホームディレクトリにコピーすることでCentOS標準の設定となる。なお、このメニュー画面は**~/.zshrc**を削除すると再表示できる。

zshのバージョンを確認する

zshのバージョンは**zsh --verion**、またはシェル変数**ZSH_VERSION**で確認できます。変数の参照方法はbashと同じで、環境変数とシェル変数ともに**echo $変数名**で画面に表示できます。

```
% zsh --version …………………………………… zshのバージョンを表示する
zsh 5.8 (x86_64-ubuntu-linux-gnu)
% echo $ZSH_VERSION ……………………………… zshのバージョンを表示する (zsh起動時のみ)
5.8
```

zshの補完機能

zshでもbash同様に Tab または Ctrl + I でコマンドやファイルの補完ができますが、bashと違い、複数の候補がある場合はコマンドラインの下に一覧表示されます。続きの文字を入力して Tab を押すと絞り込んだ状態で、 Tab を繰り返して押すと該当する候補が順次コマンドラインに表示されます。

補完候補がディレクトリの場合は末尾に「/」が表示されますが、 Enter で実行する際には末尾の/が削除されます。これは補完で入力された場合のみで、キーボード等から入力した場合はそのまま保持されます。

それぞれ、シェルオプション**BASH_AUTO_LIST**(**setopt bashautolist**)と**AUTO_REMOVE_SLASH**(**setopt noautoremoveslash**)でbashと同じ動作にできます。

```
% ls /b Tab …………………………… ls /bまで入力して Tab
bin@   boot/
% ls /bin/ …………………………… 再度 Tab を押すと/bin/と/boot/が交互に補完される
bin@   boot/
% ls /boot …………………………… Enter で実行すると補完によって入力された「/」が削除される
System.map-5.8.0-43-generic  initrd.img.old
<以下略>
```

コマンドラインで実行したzshを終了する

コマンドラインから起動したzshは**exit**で終了し、元のシェルに戻ります。

```
% exit ………… コマンドラインから起動したzshを終了する※
$ ………… 元のシェル（bash）のプロンプトが表示されている
```

※ **exec zsh**で開始した場合は**exit**で端末が終了する。

ログインシェルの変更
zshをログインシェルに変更するには

ログインシェルは**chsh -s** シェル で変更します。シェルの部分は/からのフルパスで、**/etc/shells**に登録されている内容で設定する必要があります。

ログインシェルは**usermod**コマンド（p.180）でも変更できますが、**usermod**コマンドの場合は警告が出ず、**/etc/shells**にないコマンドでも設定可能なので注意してください。**/etc/shells**にないコマンドが指定されている場合はログインできなくなります。

```
$ cat /etc/shells ………… ログインシェルに指定できる内容を確認
＜中略＞
/bin/zsh
/usr/bin/zsh
↑zshは/bin/zshまたは/usr/bin/zshで設定できる
$ chsh -s /usr/bin/zsh ………… ログインシェルを/usr/bin/zshに変更
パスワード: ………… 実行しているユーザーのパスワードを入力
```

ログインできるかどうかを確認する

新しい設定でログインできるかどうかは**su -** ユーザー で確認できます。**su**コマンドは実行者を別のユーザーに変更するというコマンドで、「**-**」はシェルをログインシェルとして開始するというオプションです（**--login**相当）。通常はrootユーザーになるのに使用しますが、引数に自分のログイン名を指定することで、新たな設定でログインし直すという効果があります。

```
$ su - study ………… ユーザーstudy（自分のユーザー名を使用）でログインする
パスワード: ………… ユーザーstudyのパスワードを入力する
% ………… ユーザーstudyでログインし、zshが起動している
% echo $SHELL ………… 現在のログインシェルを確認する
/usr/bin/zsh
```

ログインシェルの設定を確認する

chshのみで実行すると、対話処理になり現在の設定が表示されます。

```
% chsh
パスワード: ………… パスワードを入力※
study のログインシェルを変更中
新しい値を入力してください。標準設定値を使うならリターンを押してください
        ログインシェル [/usr/bin/zsh]: ………… Enter で終了する
```

※ CentOSの場合はこの時点ではパスワード入力を求められず、シェルを入力して変更する際にパスワードを入力する。

また、ログインシェルは/etc/passwdファイルに保存されているので(p.174)、**grep**コマンドで確認することも可能です。

```
% grep study /etc/passwd ・・・・・・・・・・・・ ユーザーstudyの設定を表示
study:x:1000:1000:study,,,:/home/study:/usr/bin/zsh
                                   ⬆最後に表示されているのがログインシェル
```

zshの設定
設定ファイル、エイリアス、シェルオプション

ここでは、とくにbashと異なる項目として、設定ファイルとエイリアスおよびシェルオプションについて解説します。

zshで使用する設定ファイル

bash同様、起動方法によって使用する設定ファイルが異なります。システム全体用の設定ファイルは/etc/にありますが、Ubuntuの場合は/etc/zsh/を使用しています。

zshの場合、**表J**のようになっており、ログインシェルのときは❶〜❽のファイルが番号順で実行され、ログアウト時に❾❿が実行されます。ログイン以外のインタラクティブシェルの場合は❶❷❺❻、ノンインタラクティブシェルの場合は❶❷が番号順に実行されます。

❶**/etc/zshenv**と❷**~/.zshenv**はシェルスクリプトの動作に影響を与える可能性があるため、以下のような処理は書かないように注意してください。

- メッセージを出力される可能性がある処理
- 時間がかかったりエラーが発生する可能性がある処理

表J　zshが使用する設定ファイル

	システム全体用※1	ユーザーごと
共通	❶**/etc/zshenv**	❷**~/.zshenv**
ログインシェルの場合	❸**/etc/zprofile**	❹**~/.zprofile**
インタラクティブシェルの場合	❺**/etc/zshrc**	❻**~/.zshrc**※2
ログインシェルの場合	❼**/etc/zlogin**	❽**~/.zlogin**
ログアウト時	❿**/etc/zlogout**	❾**~/.zlogout**

※1 Ubuntuの場合、/etc/zshディレクトリを使用(たとえば/etc/zshenvは/etc/zsh/zshenv)。
※2 zsh起動時のメニューで自動生成される(p.108)。

エイリアス　alias/unalias

コマンドエイリアスの設定は**alias**、エイリアスの削除は**unalias**で行います。基本的な設定はbashと同じですが、zshには、引数にあたる位置でもエイリアスが設定できる**グローバルエイリアス**(*global alias*)と、拡張子ごとに設定できる**接尾辞エイリアス**(*suffix alias*)機能があります。

グローバルエイリアスは**-g**オプション、接尾辞エイリアスは**-s**オプションで指定します。

```
% alias -g NOERR='2>/dev/null' ····· グローバルエイリアスとしてNOERRを設定する
% grep -r zsh /etc NOERR ··········· (使用例)
(grep -r zsh /etc 2>/dev/nullが実行される)
% alias -s txt=more ················ 接尾辞エイリアスとしてtxtにmoreコマンドを設定する
% list1.txt ························ (使用例)
(more list1.txtが実行される)
% alias -s {txt,log,lst}=more ······ 接尾辞エイリアスをまとめて指定
(ファイル名の末尾が「.txt」「.log」「.lst」のいずれかに一致したら「more ファイル名」を実行する)
```

プロンプトの設定 「PS1」または「PROMPT」

zshのプロンプトはシェル変数**PS1**または**PROMPT**、**prompt**で設定します。いずれかの値を変更するとほかのシェル変数も同じ内容に変更されます。

Ubuntu環境ではzshの初期設定で「2」を選択した場合、**promptinit**が導入されるため、後述する**prompt**コマンドでプロンプトテーマを変更します(次項) 。

```
% PS1='[%n@%m]%~%# ' ····· PS1の値を変更する
[study@ubuntu20]~% ······· プロンプトが「[ユーザー名@ホスト名]カレントディレクトリ %」に変わった
```

表Kに「プロンプトに使用できるおもな特殊文字と装飾指定」を掲げます。

表K プロンプトに使用できるおもな特殊文字と装飾指定

指定	意味
%#	ユーザーIDが**0**(root)のときは「**#**」、それ以外は「**%**」
%m	ホスト名(**hostname**コマンドで表示される名前)
%n	現在のユーザー名
%dまたは%/	カレントディレクトリ(**%1d**のように数字を入れると末尾一つ分のディレクトリが表示される)
%~	カレントディレクトリ(ホームは「**~**」で表示、**%1~**のように数字をいれると末尾一つ分のディレクトリが表示される)
%N	シェル名(標準ではzshと表示される)
%hまたは%!	ヒストリ番号
%D、%T、%@	日付(**yy-mm-dd**)、時刻(24時間)、時刻(12時間、AM/PM)
%B〜%b、%U〜%u	太字の開始〜終了、下線の開始〜終了
%F{色名}〜%f	文字色指定の開始〜終了(**%K{色名}〜%k**で背景色)※1
%D{フォーマット}	フォーマット指定付きの日付時刻。たとえば「年/月/日(曜日)時:分:秒」なら「**%D{%y/%m/%d(%a)%H:%M:%S}**」のように指定する※2
%%	**%**自体

※1 色名はblack、red、green、yellow、blue、magenta、cyan、whiteおよび3桁の数値(256色)による指定が可能。

※2 日付のフォーマットはほかにもあり**man strftime**で確認可能。manの画面で**/**に続けて**%A**と入力すると説明されている箇所へジャンプできる(**/**は検索のキー操作)。

プロンプトの設定　prompt

Ubuntu環境の場合、zshの初期メニューで**(2)**を選択して**~/.zshrc**を自動生成した場合、**promptinit**が導入され、**prompt**コマンドでプロンプトのテーマを選択して設定できます。

promptinitはシェル関数で、/usr/share/zsh下にインストールされており、**autoload -Uz promptinit**で使用可能になります。**autoload**はzshのビルトインコマンドで、シェル変数FPATHで設定されているディレクトリに保存されているシェル関数の定義ファイルを読み込むというコマンドです(**man zshbuiltins**)。**-U**は関数定義内のエイリアスは展開しないというオプション、**-z**はzshの書式で書かれているファイル用のオプションです(**-k**でkshの書式に対応する)。

promptinitを実行すると**prompt**コマンドが使用できます。**prompt**もシェル関数です。

(参考)promptinitの導入※

```
% autoload -Uz promptinit ………… FPATHのディレクトリにあるpromptinit関数を読み込む
% promptinit ………………………… promptinitコマンド（シェル関数）を実行する
```

※ Ubuntu環境では自動生成した**~/.zshrc**の中で実行されている。

```
% prompt -l ………………………… プロンプトのテーマを一覧表示する
Currently available prompt themes:
adam1 adam2 bart bigfade clint default ＜中略＞ redhat restore suse walters zefram
% prompt redhat ……………………… プロンプトテーマ「redhat」を使用
[study@ubuntu20 ~]$ ………………… CentOSなど、RedHat系のディストリビューションで
                                    使われているプロンプトに変わった
```

zshのシェルオプション　setopt/unsetopt

シェルオプションを有効にするには**setopt**コマンド、無効にするには**unsetopt**コマンドを使います。**setopt**のみで実行すると現在有効になっているオプションが、**unsetopt**のみで実行すると現在無効になっているオプションが一覧表示できます。

シェルオプションの_は省略可能で、小文字でも指定できるので、たとえば、ディレクトリ名だけで**cd**コマンドを実行する**AUTO_CD**を有効にするのであれば**setopt autocd**、無効にするならば**unsetopt autocd**または**setopt noautocd**のように元のオプションに**no**を付けて設定します[注20]。また、一部のオプションについては**setopt -H**(**RM_STAR_SILENT**)のように、1文字で設定できるようになっています。この場合、**+**と**-**で意味が逆になります。

```
% setopt ………………………………… 現在有効になっているオプションを表示する
(現在有効になっている設定が表示される※、上記はインタラクティブシェルの時に自動で有効になるオプション)
```

※ Ubuntu標準設定の場合は**histignorealldups ()**と**sharehistory ()**が、CentOSの場合は**completeinword ()**が追加で有効になる。

「AUTO_CDを有効にする」設定例(すべて同じ意味)

```
% setopt autocd ……………………… AUTO_CDを有効にする
% unsetopt autocd …………………… AUTO_CDを無効にする
% setopt noautocd …………………… AUTO_CDを無効にする（setopt使用）
```

注20　本書では、本文での記載はマニュアル(**man zshoptions**)に合わせて大文字にしていますが、コマンドラインでは**setopt**および**unsetopt**でリスト表示される際の表記に合わせています。

3.7 シェルとシェルスクリプト

操作の自動化を実現するしくみ

これまで見てきたように、シェルにはキーボードなどから入力したコマンドを受け取ってカーネルに伝える役割があります。また、これらコマンド入力は、環境変数の設定など、システム全体の環境を整える際にも使われます。

そして、「シェルスクリプト」によって操作を自動化することができます。

シェルスクリプト
シェルでできることはすべて自動化できる

これまで試してきたように、コマンドラインで入力しているのはすべて「文字」です。これらは、キーボードから毎回入力するのではなく、あらかじめ「ファイル」に書いておくことができます。つまり、シェルで実行したいコマンドは、あらかじめファイルに書いておいてまとめて実行させたり自動実行させたりできます。これを**シェルスクリプト**（*shell script*）といいます。スクリプトとは「台本」という意味で、シェルスクリプトはいわばシェルのための台本です。

シェルスクリプトの中では、「もしこのファイルがあったら」「このコマンドを実行した結果がAだったら、あるいはBだったら、Cだったら」と条件によって処理を変えたり（条件分岐）、繰り返しの処理を行うこともできます。こういった判断も含めて、コマンドラインで行いたいことが決まっているのであれば、すべてシェルスクリプトにできます。

シェルスクリプトはシステムが起動する際にも利用されており、システム全体の環境を整えるためのコマンドを順番に実行したり、環境変数（p.79）を設定したりしています。これらは起動スクリプトと呼ばれることがあります。

シェルスクリプトを作るには
簡単なシェルスクリプトを書いてみよう

スクリプト自体はテキストファイルなので手軽に作成できます。helloというスクリプトを作ってみましょう。**nano hello**でテキストエディタを起動し、以下の内容を入力して、Ctrl＋Xで終了してください（nano、p.142）。終了の際には保存するかの確認メッセージが表示されるのでYで保存します。

1行めは「**I am $USER.**」と表示しています。**$USER**の部分は環境変数**USER**（現在のユーザーの名前が保存されている変数）の値を参照しています。なお、ここでは拡張子を使用していませんが、シェルスクリプトであることを明示したい場合は「.sh」を使用すると良いでしょう。

スクリプト「hello」の内容

```
echo I am $USER.
echo Hello, World.
```

スクリプトの実行 2つの実行方法

スクリプトを実行するには、大きく分けて2つの方法があります。❶「スクリプトを処理するコマンドを指定して実行する方法」、❷「ファイル名で実行する方法」です。❶は、たとえば**bash hello**で上記で保存した「hello」の内容をbashに実行させる方法です。bash以外のシェルでも同じように実行できます。

(続き)~/tmpの中で実行

```
$ bash hello ………………… 先ほど作成したhelloをbashで実行する
I am study.
Hello, World.
```

続いて、❷ファイル名で実行できるようにしてみましょう。まず、スクリプトの1行めに、そのスクリプトを処理するコマンドを「**#! /usr/bin/bash**」のように指定します。bashのパスは**which bash**で確認できます(p.82)。この行はshebang(sharp-bang、シェバンまたはシバン)と呼ばれることがあります。

helloの内容(続き)

```
#! /usr/bin/bash ………………… 「nano hello」で開き、この行を追加して[Ctrl]+[X]
echo I am $USER.
echo Hello, World.
```

chmodコマンド(p.47)でファイルに実行の許可を与えます(①)。実行許可を与えたスクリプトファイルは②のようにパス名とファイル名で実行できるようになります(p.80)。

(続き)~/tmpの中で実行

```
$ chmod +x hello ………………… ①helloに実行許可属性(パーミッション)を追加
$ ./hello ………………… ②カレントディレクトリにあるhelloを実行
I am study.
Hello, World.
```

紙幅の都合で本書で紹介できるのはここまでですが、シェルスクリプトでは単純にコマンドを並べるだけではなく複雑な処理も可能で、/usr/binや/usr/sbinにもシェルスクリプトによるものがたくさんあります。

シェルスクリプト以外のスクリプト
Python、PHP、Ruby、Perl

シェル以外にもスクリプトを実行できるコマンドがあります。スクリプトを書ける言語という意味で、「スクリプト言語」と呼ばれます。

代表的なものにPython、PHP、Ruby、Perlなどがあります。いずれも高度な処理を行うことが可能で、プログラミング言語として親しまれています。言語名はたとえば「Python」のように表記するのが一般的ですが、コマンド名は小文字の「python」です。バージョン番号とともに、python3のような名前になっていることもあります(A.3節)。スクリプトの先頭では「**#! /usr/bin/python3**」のように指定します。

第4章

テキスト操作

Linuxの設定に必要な操作をマスターしよう

本章のテーマは「テキスト操作」です。Linuxコマンドラインの魅力の1つがこのテキスト操作です。本章では、基本的なコマンドを使い、ファイルの表示や検索、そしてごく簡単な加工を行う方法を解説します。

4.1
ファイルを表示する

必要な場所を簡単に表示する

テキストファイルの表示に使われるコマンドには、これまで何度か使用してきたcatコマンドのほかに、ファイルの先頭や末尾だけ表示するコマンド、1画面ずつ停止したり上下にスクロールさせながら表示するコマンドがあります。

ほとんどのコマンドが コマンド ファイル1 ファイル2 ……の形で複数のファイルを指定できるほか、パイプを利用してほかのコマンドの実行結果や出力結果を受けて処理を行えます。

catコマンド
ファイルを表示する/連結する

cat ファイル名 で指定したファイルを画面に表示します。ファイルを連結(*concatenate*)するという用途もあり、複数ファイルを連結したい場合はリダイレクトを使い **cat** ファイル1 ファイル2 ファイル3 **>** 新しいファイル のようにします。

catコマンドはファイルの内容を一切加工せずに指定した順番そのままで出力するので、テキストファイルではないファイルを連結する際に使用することもあります。この場合も、テキストファイルと同じで **cat** 分割ファイル1 分割ファイル2 分割ファイル3 **>** 連結ファイル のように使用します。

行番号を付けて表示する

cat -n ファイル名 で、ファイルを行番号付きで出力します。複数のファイルを指定した場合は連続した番号で出力されます。コマンドの実行結果に行番号を付けることで、何件出力されたかが簡単にわかります(**wc**コマンド 行数や文字数を数える、p.125)。

```
$ cat -n /etc/shells  ························ /etc/shellsを行番号付きで表示する
     1  # /etc/shells: valid login shells
     2  /bin/sh
     3  /bin/bash
<中略>
$ ls /bin | cat -n  ·························· lsの結果を行番号付きで表示する※
     1  GET
     2  HEAD
     3  POST
<中略>
  1479  zless
  1480  zmore
  1481  znew
```

※ **ls**コマンドは、端末で実行する際は複数の列で表示されるが、パイプやリダイレクトで端末以外に出力した場合は1件1行となる。常に複数の列にする場合は **-C** オプション、常に1件1行としたい場合は **-1** オプション(数字のイチ)を使用する。

head/tailコマンド
先頭と末尾を表示する

head ファイル名 でテキストファイルの先頭10行、**tail** ファイル名 で末尾の10行を出力します。**head -n 3**あるいは**head -3**のように、出力する行数を指定することもできます。

```
$ head -3 /etc/shells ………………… /etc/shellsの先頭3行を表示する
# /etc/shells: valid login shells
/bin/sh
/bin/bash
```

実行結果の一部だけを確認する

パイプと組み合わせることで、コマンドの実行結果を一部だけ確認できます。たとえば、**find**コマンド(p.66)で自分が思うような指定で検索できているかどうかを確認したいのであれば、**find** 検索式 **| head -3**のように指定することで3件分だけ試せます。この場合、パイプの機能によって、標準出力に3行分出力された時点でコマンドの処理が中断されるので、テストの際の処理時間を短縮できます(シグナル、6.3節)。

```
$ find / -name "*.log" 2>/dev/null | head -3
/home/study/.local/share/gvfs-metadata/root-dfdb79c0.log
/home/study/.local/share/gvfs-metadata/home-d28d0c5f.log
/home/study/.local/share/gvfs-metadata/trash:-0eb13822.log
↑3行分出力した時点でfindコマンドが停止する
```

「tail -f」で出力を監視する

ログファイルは新しい結果がファイルの末尾に追加されている場合が多く、最新のログを見たい場合は**tail**コマンドが便利です。さらに、**tail -f** ファイル名 と指定することで、ログファイルを監視してログが追加されたらその都度表示するという使い方もあります。

たとえばUbuntuでは/var/log/syslogにシステムの動作ログが書き込まれます。そこで、**tail -f /var/log/syslog**と実行すると、syslogの末尾10行分、つまり**tail**コマンド実行時点での最新ログが10行分表示され、そのまま待機の状態となります。その状態でほかのターミナルを開くなどの操作をすると新しいログが書き込まれるので、**tail**コマンドを実行しているターミナルに新しいログが表示されます。Ctrl+Cで終了します。

```
$ tail -f /var/log/syslog ……………… /var/log/syslogの末尾を表示 (Ubuntu環境)※
Mar  9 00:01:28 ubuntu tracker-store[13633]: OK
Mar  9 00:01:28 ubuntu systemd[1236]: tracker-store.service: Succeeded.
<中略>
Mar  9 01:06:20 ubuntu systemd[1236]: gnome-launched-org.gnome.Terminal.desktop-
13744.scope: Succeeded.
↑新たなログが追加されたら、その都度表示される
(Ctrl+Cで終了)
```

※ /var/log/syslogはシステムの動作ログを記録するファイルで、CentOSでは/var/log/messagesに相当、表示にはroot権限が必要なので**sudo tail -f /var/log/messages**で同じ操作を試せる。1行が長いので、端末上は10行以上あるように見えることがある。

moreコマンド
1画面ずつ表示する

more ファイル名 でテキストファイルを1画面ずつ停止しながら表示します。最下行に現在どのくらいまで表示しているかが「%」（パーセント）で表示され、Enter で1行、Space で1画面進み、末尾まで表示すると終了します。表示内容が1画面に満たない場合は最後まで出力して終了します。

```
$ more /etc/bash.bashrc ······· /etc/bash.bashrc（CentOSでは/etc/bashrc）を1画面ずつ表示
# System-wide .bashrc file for interactive bash(1) shells.

# To enable the settings / commands in this file for login shells as well,
# this file has to be sourced in /etc/profile.
<中略>
--続きます--(35%) ·························· Enter で1行、Space で1画面進む（Ctrl+Cで中断）
```

moreで使用できるおもなキー操作

moreコマンドでは**表A**のキー操作が可能です。ただし、上下のスクロールや検索などを行いたい場合は後述する**less**コマンドの方が使いやすいでしょう。

表A　moreで使用できるおもなキー操作

操作	内容
数値 s	指定行数分先を表示する。数を指定しなかった場合は1行、または直前に指定した行数分進む
数値 f	**2 f**で2画面分、**3 f**で3画面分進む（「f」はforwardの略）
数値 b	**2 b**で2画面分、**3 b**で3画面分戻る（「b」はbackの略）
=	現在の行番号を表示する
/ 正規表現	文字列を検索する（現在表示している箇所より後ろが対象）
n	直前の検索を繰り返す
.	直前の操作を繰り返す
h	ヘルプを表示する（**b**で元のテキスト表示、**f**や Enter でテキストの続きを表示）

lessコマンド
上下のスクロールや検索も行う

less ファイル名 でテキストファイルを1画面ずつ停止しながら表示します。**more**コマンドとの違いは ↑ ↓ でスクロールできることや、ファイルの末尾まで表示しても終了しないので[注1]、検索操作や前後の確認を行いやすいことが上げられます。

第1章で取り上げた**man**コマンドの表示には**less**コマンドが使用されています。したがって、ここで解説しているキー操作はすべて**man**でも使用できます。

注1　**-E**オプション（**--QUIT-AT-EOF**、EOFで終了）および**-F**オプション（**--quit-if-one-screen**、1画面の場合は終了）を使用すると、**more**コマンド同様、ファイルの末尾（EOF、*End Of File*）まで表示したら自動で終了します。

```
$ less /etc/bash.bashrc ………… /etc/bash.bashrc (CentOSでは/etc/bashrc) を1画面
                                ずつ表示
# System-wide .bashrc file for interactive bash(1) shells.

# To enable the settings / commands in this file for login shells as well,
# this file has to be sourced in /etc/profile.
<中略>
/etc/bash.bashrc ………… Enter で1行、Space で1画面進む (Qで終了※)
```

※ Ctrl+Cで終了したい場合は**-K**オプション(**--quit-on-intr**、INTシグナルで終了)を使用、常に**-K**オプションを使用したい場合はエイリアスを設定する(p.86)。

lessコマンドでの検索操作

lessコマンドで表示しているときに**/**に続けて検索文字列を入力してEnterを押すと、指定した文字列を検索できます(**図A**)。同じ文字列を続けて検索したい場合は**n**、上に戻りたい場合は**N**を入力します。

検索には、次節で解説する「正規表現」も使用できます。

図A lessコマンドでの検索操作

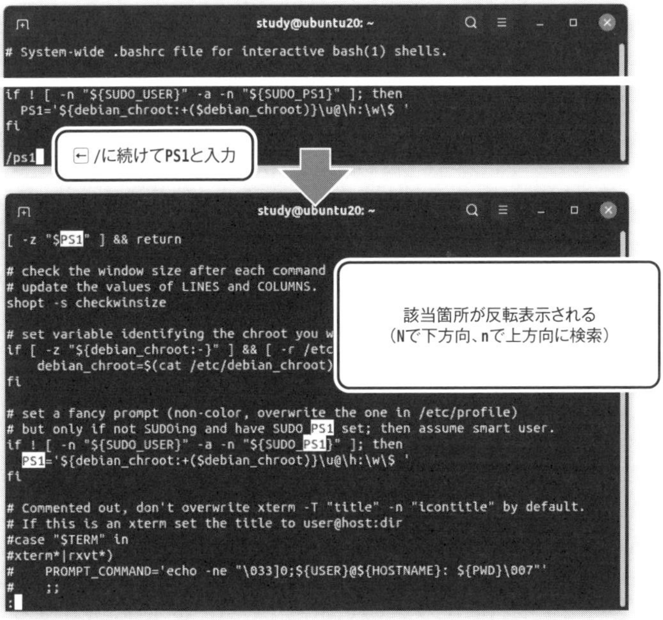

lessで使用できるおもなキー操作

このほか、次ページの**表B**のキー操作が可能です。表では省略していますがCtrlと組み合わせた操作もあるので、ヘルプ(Hで表示)で好みの操作を見つけてください。ヘルプにある**:q**という操作は表記どおり、**:**と**q**を入力、**^E**はCtrl+E、**ESC-v**はEscを押した後に**v**を入力を意味します。**CR**はEnterです。

また、**e**やEnterの操作の前に数字を入力すると指定行数分進むなど、数字を先に入力することで動作を制御できるものもあります。

表B　lessで表示している際のおもなキー操作

キー操作	内容
hまたは**H**	ヘルプを表示(less画面と同様、Enterで1行、Spaceで1画面先に進みqで終了する)
qまたは**Q**	終了※
eまたは**j**またはEnter	1行進む(数字に続いて左記の文字を入力すると指定行数分進む、以下同様)
yまたは**k**または↑	1行戻る
fまたはSpace	1画面進む
F	1画面進み、末尾まで表示しても終了せずにファイルを監視する(**tail -f**同様、データが追加され続けるログファイルなどに使用する)
b	1画面戻る
d	半画面分進む
u	半画面分戻る
→	半画面分右を表示する
←	半画面分左を表示する
gまたは**<**	先頭行に移動する(数字に続けて入力すると指定行へ移動)
Gまたは**>**	最終行に移動する(数字に続けて入力すると指定行へ移動)
v	表示中のファイルを編集する(Ubuntuは**nano**コマンド、CentOSは**vi**コマンド。使用するエディタは、環境変数**VISUAL**または**EDITOR**で変更可能)
!コマンド	シェルでコマンドを実行する(シェルは環境変数**SHELL**に従う)
/	検索する(**/**続いて検索文字列を入力する、正規表現が使用可能)
?	後ろ方向に検索する(**?**に続いて検索文字列を入力、正規表現が使用可能)
n	次を検索する
N	逆順に次を検索する

※ このほか、**vi**コマンド(4.4節)同様、**:q**や**ZZ**(大文字で**Z**を2回入力)が使用できる。

moreやlessを色付きで表示する

UbuntuやCentOSでは、**ls -l**や後述する**grep**コマンドなどの実行結果をカラーで表示するようにエイリアスが設定されていますが(p.86)、この実行結果を**more**や**less**で表示すると、カラー表示が解除されます。

lsや**grep**コマンドの色付きの表示は**--color=auto**オプションによるものですが、このときの表示は出力先がカラー表示対応かどうかが判定されており、パイプやリダイレクトが指定されている場合は自動でOFFになります。オプションを**--color=always**にするとパイプで**more**や**less**コマンドに出力を渡す際も、色表示用の制御文字が挿入された状態での出力となります(**--color**オプションのデフォルト)。

lessコマンドでは制御文字がそのまま表示されますが、**-R**オプション(**--RAW-CONTROL-CHARS**、制御文字をそのままにする)を付けることで色付き文字の状態で表示できます。

moreコマンドの場合、色指定が出力にそのまま反映されますが、制御文字の分も1行の文字数としてカウントされるため、画面幅より少ない文字数で改行されることがあります。

```
$ ls -l --color=auto | less ………… ls -lの結果をlessで表示（色なし）
$ ls -l --color=always | less -R …… ls -lの結果をlessで表示（色付き）
```

4.2 文字列の検索と正規表現

文字列を「パターン」で表す

テキスト操作で欠かせないのが検索です。テキストファイルから文字列を探すほかに、実行結果を絞り込むのにも使用します。

grepコマンド 文字列を検索する

grep 文字列 対象ファイルで、指定したファイルから文字列を検索します。ディレクトリ全体を検索対象にしたい場合は**-r**オプション（**--recursive**、再帰）を使用し、**grep -r** 文字列 対象ディレクトリのようにします。

指定した文字が含まれる行が画面に表示されます。UbuntuやCentOSではデフォルトのエイリアス設定で**--color**オプションが指定されており、検索文字列が色付きの文字で表示されます（色付き、p.120）。複数のファイルを対象に検索した場合は検索結果の先頭にファイル名が表示されます。

```
$ grep PS1 /etc/bash.bashrc
        ↑/etc/bash.bashrc(CentOSでは/etc/bashrc)からPS1と書かれている行を抽出して表示
[ -z "$PS1" ] && return
# but only if not SUDOing and have SUDO_PS1 set; then assume smart user.
if ! [ -n "${SUDO_USER}" -a -n "${SUDO_PS1}" ]; then
  PS1='${debian_chroot:+($debian_chroot)}\u@\h:\w\$ '
        ↑該当する行だけが出力された
$ grep -r PS1 /etc 2>/dev/null
        ↑/etc下にあるファイルからPS1という文字が書かれている行を表示
/etc/skel/.bashrc:    PS1='${debian_chroot:+($debian_chroot)}\[\033[01;32m\]\u@\
h\[\033[00m\]:\[\033[01;34m\]\w\[\033[00m\]\$ '
/etc/skel/.bashrc:    PS1='${debian_chroot:+($debian_chroot)}\u@\h:\w\$ '
<中略>
/etc/profile:      PS1='# '
/etc/profile:      PS1='$ '
↑「ファイル名:該当行」が表示された
```

複数の文字列を指定する

複数の文字列を検索したい場合は**grep -e** 文字列1 **-e** 文字列2のように、**-e**と組み合わせて指定します。**-e**オプション(**--regexp=**文字列または正規表現[注2])は検索したい文字列を指定するオプションで、複数指定した場合はいずれかが含まれている行が出力されます。

```
$ grep -e set -e shopt /etc/bash.bashrc
          ↑/etc/bash.bashrcで、setまたはshoptと書かれている行を抽出
# To enable the settings / commands in this file for login shells as well,
shopt -s checkwinsize
# set variable identifying the chroot you work in (used in the prompt below)
# set a fancy prompt (non-color, overwrite the one in /etc/profile)
# but only if not SUDOing and have SUDO_PS1 set; then assume smart user.
# If this is an xterm set the title to user@host:dir
#if ! shopt -oq posix; then
```

指定した文字列を含まない行を表示する

指定した文字列を含まない行だけを表示したい場合は**-v**(**--invert-match**、適合しない)を使用します。

```
$ grep -v "/usr/bin" /etc/shells ······ /etc/shellsで/usr/binを含まない行だけを表示※
# /etc/shells: valid login shells
/bin/sh
/bin/bash
/bin/rbash
/bin/dash
```

※ ここでは検索文字列であることをわかりやすくするために引用符を付けているが、通常の文字列なので引用符は省略可能。

該当箇所を行番号付きで表示する

実行結果を行番号付きで表示したい場合は**-n**オプション(**--line-number**、行番号)を指定します。ファイル名も表示したい場合は**-H**オプション(**--with-filename**、ファイル名付き)も使用します。なお、複数ファイルを指定している場合は自動でファイル名が表示されます。

```
$ grep -n PS1 /etc/bash.bashrc ·········· 該当箇所を行番号付きで出力
7:[ -z "$PS1" ] && return
19:# but only if not SUDOing and have SUDO_PS1 set; then assume smart user.
20:if ! [ -n "${SUDO_USER}" -a -n "${SUDO_PS1}" ]; then
21:  PS1='${debian_chroot:+($debian_chroot)}\u@\h:\w\$ '
$ grep -nH PS1 /etc/bash.bashrc ·········· 該当箇所をファイル名と行番号付きで出力
/etc/bash.bashrc:7:[ -z "$PS1" ] && return
/etc/bash.bashrc:19:# but only if not SUDOing and have SUDO_PS1 set; then assume
smart user.
/etc/bash.bashrc:20:if ! [ -n "${SUDO_USER}" -a -n "${SUDO_PS1}" ]; then   続く
```

注2 正規表現は文字列をパターンで表現する表記方法で、文字列の検索や置換で使用します(4.2節)。

```
/etc/bash.bashrc:21:  PS1='${debian_chroot:+($debian_chroot)}\u@\h:\w\$ '
```

該当箇所の前後の行も含めて表示する

-C 行数または**-**行数（**--context=**行数、contextは文脈）で、該当行の前後も表示されます。該当行の前だけで良い場合は**-B** 行数（**--before-context=**行数、before contextは前文脈）、後ろだけで良い場合は**-A** 行数（**--after-context=**行数、after contextは後文脈）を使用します。

```
$ grep -3 PS1 /etc/bash.bashrc ………………………… 該当行の前後3行も表示
# this file has to be sourced in /etc/profile.

# If not running interactively, don't do anything
[ -z "$PS1" ] && return

# check the window size after each command and, if necessary,
# update the values of LINES and COLUMNS.
<中略>
$ grep -n3 PS1 /etc/bash.bashrc ………………………… 該当行の前後3行を行番号付きで表示
4-# this file has to be sourced in /etc/profile.
5-
6-# If not running interactively, don't do anything
7:[ -z "$PS1" ] && return
8-
9-# check the window size after each command and, if necessary,
10-# update the values of LINES and COLUMNS.
<以下略>
```

該当するファイル/該当しないファイルの名前だけを表示する

-lオプション（**--files-with-matches**、適合したファイル）で、該当する文字列が含まれているファイルの名前のみ、**-L**オプション（**--files-without-match**、適合しなかったファイル）で含まれていないファイル名のみが表示されます。

```
$ grep -l -r PS1 /etc/ 2>/dev/null ……… /etc下で、PS1が含まれているファイルを表示
/etc/skel/.bashrc
/etc/profile.d/bash_completion.sh
/etc/bash.bashrc
<中略>
$ grep -L -r PS1 /etc/ 2>/dev/null ……… /etc下で、PS1が含まれていないファイルを表示
/etc/locale.alias
/etc/debian_version
/etc/papersize
/etc/cron.hourly/.placeholder
<以下略>
```

正規表現
文字列をパターンで表現する

検索対象を「行頭にあるAという文字」や「アルファベット小文字のみの組み合わせ」のように、一般化した規則（*regular*）で表す方法を**正規表現**（*regular expression*、REGEXP）といいます。**grep**コマンドや**less**コマンドなど、多くのコマンドがこの正規表現に対応しています。

たとえば、**ls -l**では行頭にファイルの種類が示されており、ディレクトリは**d**です。行頭を表す「**^**」という記号を使い、**grep ^d**のように指定すれば「d」で始まる行だけを表示できます。

```
$ ls -l /etc | grep ^d ………………… ls -l /etcの結果から行頭がdであるものだけを表示
drwxr-xr-x  7 root root    4096  2月 10 03:52 NetworkManager
drwxr-xr-x  2 root root    4096  2月 10 03:52 PackageKit
drwxr-xr-x  2 root root    4096  2月 10 03:51 UPower
⬆/etc直下にあるディレクトリだけが表示された
＜以下略＞
```

基本正規表現と拡張正規表現

正規表現には、従来からある**基本正規表現**（*basic regular expression*、BRE）と、機能が多い**拡張正規表現**（*extended regular expression*、ERE）があります。

正規表現が使用できるコマンドの多くは基本正規表現に対応しています。拡張正規表現対応のコマンドで拡張正規表現を使う場合、別途オプションを指定するか、拡張正規表現用の記号に「\」を付けることが必要です。たとえば**grep**コマンドの場合は、デフォルトで使用できる正規表現は基本正規表現で、拡張正規表現を使う場合は、**-E**オプション（**--extended-regexp**、拡張正規表現）を付けるか、**grep**コマンドの代わりに**egrep**コマンドを使います。

```
$ ls -l /etc | grep -v -E "root\s+root"
                                  ⬆「root、1つ以上の空白、root」を含まない行を表示する
合計 1108
drwxr-s---  2 root dip      4096  2月 10 03:51 chatscripts
drwxr-xr-x  5 root lp       4096  3月  9 00:01 cups
-rw-r-----  1 root shadow    885  3月  4 03:43 gshadow
-rw-r-----  1 root shadow    874  3月  4 03:29 gshadow-
drwxr-xr-x  7 root dip      4096  2月 10 03:51 ppp
-rw-r-----  1 root shadow   1457  3月  4 03:43 shadow
-rw-r-----  1 root shadow   1435  3月  4 03:29 shadow-
```

おもな基本正規表現、および拡張正規表現をまとめると、次ページの**表C**および**表D**のようになります。

表C おもな基本正規表現※

記号	意味	使用例	使用例の意味
^	行頭	**^abc**	abcで始まる行
$	行末	**abc$**	abcで終わる行
<	語頭	**<abc**	abcで始まる単語
>	語尾	**abc>**	abcで終わる単語
.	改行以外の任意の文字	—	
\w	アルファベットと数字	—	
\W	アルファベットと数字以外	—	
[...]	囲まれている文字のどれか	**[abc]**	abcのどれか
[^...]	囲まれている文字でない文字	**[^abc]**	abc以外
[n-n]	指定範囲のどれかの文字	**[a-c]**	abcのどれか

※ 特殊文字と同じ文字を使いたい場合は\を付ける。たとえば\wという文字を探したい場合は\\wとする。

表D おもな拡張正規表現

記号	意味	使用例	使用例の意味
*	直前文字の0回以上の繰り返し	—	
+	直前文字の1回以上の繰り返し	—	
{n}	直前文字のn回の繰り返し	**[0-9]{3}**	3桁の数値
{n,}	直前文字のn回以上の繰り返し	**[0-9]{3,}**	3桁以上の数値
{,m}	直前文字のm回以下の繰り返し	**[0-9]{,5}**	5桁以下の数値
{n,m}	直前文字のn回からm回の繰り返し	**[0-9]{3,5}**	3桁から5桁の数値
|	「または」の意味	**txt|doc**	txtまたはdoc
()	()内をひとまとまりとする	**(abc){2}**	abcabc

※ 正規表現としてこれらの記号を使いたい場合は\?のように\を付けるか、**-E**オプションを指定する必要がある（対応の有無や指定方法はコマンドによって異なる）。

4.3 テキストを加工する

ファイルを加工する/実行結果を整形する

Linuxでは、さまざまなテキスト処理用のコマンドが使われています。ここでは使用頻度が高く、コマンドの実行結果を調べたり見やすく加工する際に使われるコマンドをいくつか紹介します。

wcコマンド
行数や文字数を数える

wc ファイル名 で、ファイルの行数と単語数と文字数が表示されます。複数のファイルを指定した場合はそれぞれの行数、単語数、文字数と合計が表示されます。

行数だけで良い場合は**-l**オプション（**--lines**、行数）を使用します。実行結果の行数を調べるときにもよく使われます。

```
$ wc /etc/shells ……………………… /etc/shellsの行数、単語数、文字数を表示
  8  12 116 /etc/shells
$ ls /usr/bin/a* | wc -l ………… lsの結果の行数だけを表示
62
↑/usr/binにあるaで始まるファイルは62個ある※
```

※ 名前が「a」で始まるディレクトリが含まれている場合、ディレクトリの内容が表示されるため、正確に調べたい場合は**ls -d**でディレクトリの内容を表示しないようにするか、**find**コマンドを使用する。

sortコマンド 行を並べ替える

sort ファイル名 でファイルを行単位で並べ替えます。複数のファイルを指定した場合はファイルを連結した上で並べ替えます。逆順にしたい場合は**-r**オプション（**--reverse**、逆）を使用します。

```
$ sort /etc/shells ……………………… /etc/shellsを並べ替える
# /etc/shells: valid login shells
/bin/bash
/bin/dash
＜中略＞
$ sort -r /etc/shells ………………… /etc/shellsを逆順に並べ替える
/usr/bin/rbash
/usr/bin/dash
/usr/bin/bash
＜以下略＞
```

数値として並べ替える

sortコマンドでは、数字も文字と同じように並べ替えるので、例えば「1」と「11」と「100」では、「1」➡「100」➡「11」の順番になります。これを数値として「1」➡「11」➡「100」の順で並べ替えるには、**-n**オプション（**--numeric-sort**、数値による並べ替え）を使用します。

たとえば、以下は**du**コマンド（ディレクトリのサイズを集計するコマンド、p.45の脚注を参照）の結果を**sort**コマンドで並べ替えています。

```
$ du -s /usr/* | sort ………………… duの結果を並べ替える
104 ……………………………………………… /usr/local
1159992 ……………………………………… /usr/share
＜中略＞
4 …………………………………………………… /usr/libx32
716 ……………………………………………… /usr/games
↑辞書順でソートされた
$ du -s /usr/* | sort -n                                    続く
```

```
4   /usr/lib32
4   /usr/lib64
＜中略＞
1159992  /usr/share
3060652  /usr/lib
  ⬆数値の大小でソートされた
```

位置を指定して並べ替える

-kオプション(**--key=**項目、キー項目)を使うと、並べ替えに何番目の項目を使用するかを指定できます。以下は**ls -l**の2番めの項目(ハードリンク数、p.45)を使って並べ替えています。数値で比較したいため**-n**オプションも併用しています。

```
$ ls -l / | sort -k 2 -nr
              ⬆2番めのフィールドで並べ替える(-nで数値順、-rで逆順)
合計 2097232
dr-xr-xr-x 200 root root         0  3月  4 03:45 proc
drwxr-xr-x 130 root root     12288  3月  7 12:58 etc
drwxr-xr-x  33 root root       920  3月  9 01:37 run
＜以下略＞
```

並べ替えて重複を取り除く

-uオプション(**--unique**、唯一)で並べ替え結果から重複を取り除きます。**uniq**という重複除去専用のコマンドもあります(次項を参照)。

uniqコマンド
重複を取り除く

uniq ファイルで、ファイルの内容から重複を取り除いて出力します。

uniqコマンドは並べ替え済みのファイルを前提としているほか、複数のファイルを処理できない点に注意してください。引数としてファイルを2つ指定した場合、入力ファイルと出力ファイルという意味になり、2つめのファイルが上書きされることになります。

以下は2.3節で作成した**~/tmp**ディレクトリで実行しています。先に、テスト用にfile1というファイルを作成しています(catとリダイレクトによるファイルの作成、p.37)。

```
~/tmpの中で実行。file1とfile2は動作を試したら削除する
$ cat > file1 ·························· (準備) キーボードから入力した内容をfile1に保存
aaa ······································ 以下、並べ替えテスト用のデータを入力
bbb
bbb
aaa
ddd
·········································· Ctrl+Dで終了
$ uniq file1 ····························· file1から重複を取り除く
                                                                  続く
```

```
aaa
bbb
aaa
ddd
↑連続している「bbb」の重複は取り除かれたが「aaa」はそのまま残っている
$ sort file1 | uniq ··········· file1を並べ替えて重複を取り除く（sort -u file1相当）
aaa
bbb
ddd
↑すべての重複が取り除かれた
$ uniq file1 file2 ··········· （注意）file1を並べ替えた結果がfile2に保存される
（file2が上書きされた）
```

重複している行だけ/していない行だけを表示する

-dオプション（**--repeated**、繰り返されている）で重複が存在した行だけ、**-u**オプション（**--unique**）で重複がなかった行だけを抽出できます。重複した回数を知りたい場合は**-c**オプション（**--count**、個数）を使用します。

以下のサンプルでは、**find**コマンド（p.66）で**/etc**下にあるファイル（**-type f**）を、名前のみ（**-printf "%f\n"**、**%f**はファイル名、**\n**は改行）出力し、並べ替えた上で**uniq**コマンドに渡しています。

```
$ find /etc -type f -printf "%f\n" 2>/dev/null | sort | uniq -d
.placeholder
0000usepeerdns
＜中略＞
wireless-tools
x11-common
zz-update-grub
↑/etc下にあるファイルで名前が重複しているものが一覧表示された
$ find /etc -type f -printf "%f\n" 2>/dev/null | sort | uniq -c | sort
      1 .bash_logout
      1 .bashrc
＜中略＞
      9 README
      9 all.ktb
     13 all.txt
↑ファイル名ごとに個数が集計され小さい順に並んだ
$ find /etc -name all.txt 2>/dev/null | wc -l
13 ··················· /etc下にはall.txtという名前のファイルが13個あるとわかった
```

trコマンド
特定の文字を置き換える/削除する

tr abc ABCで**a**を**A**に、**b**を**B**に、**c**を**C**に置き換えます。文字は**a-z**のように範囲で指定することも可能です。処理対象をファイルで指定することはできないので、以下の実行例のように、パイプやリダイレクトで標準入力から読み込ませる必要があります。

trは文字を単純に置き換えるのに使うコマンドです。文字数が違う場合や単語の単位で置き換えたい、順番を入れ替えたいなど、複雑な加工をしたい場合は**sed**コマンド(p.133)などを使用します。

```
$ cat /etc/shells | tr a-z A-Z ……………… /etc/shellsをすべて大文字に置き換える
# /ETC/SHELLS: VALID LOGIN SHELLS
/BIN/SH
/BIN/BASH
<中略>
$ tr a-z A-Z < /etc/shells ………………… /etc/shellsをすべて大文字に置き換える
# /ETC/SHELLS: VALID LOGIN SHELLS
/BIN/SH
/BIN/BASH
<以下略>
```

改行コードを変更する

Windows環境では、改行を「**CR**」(16進数**0D**)と「**LF**」(16進数**0A**)の2バイトで表しますが、Linux環境やmacOS環境では「**LF**」のみです[注3]。このため、Windows環境で作成したテキストファイルがLinux環境でうまく処理できないことがあります。

trコマンドの**-d**オプション(**--delete**、削除)で指定した文字を削除できることから、**tr -d "\r"**で**CR**を削除してWindows環境用の改行コードをLinux用の改行コードに変換できます。なお、**tr**コマンドで文字を追加することはできません。

Windows 10付属のメモ帳(notepad.exe)は**LF**のみ、あるいは**CR**のみの改行にも対応しているので、改行が**CRLF**ではなくても問題なく編集できます。ただし、保存時に改行コードを指定する機能はないため、改行コードを統一したい場合は改行コードの変換に対応しているエディタやMicrosoft Wordなどで置き換える必要があります。伝統的には**nkf**コマンド(Windows環境ではnkf.exe)が使われていますが、標準ではインストールされていないため別途追加する必要があります(Ubuntuは**sudo apt install nkf**、CentOSでのインストール例はp.160)。

```
$ cat wintext.txt | tr -d "\r" …… wintext.txtからCRコード (\r) を除去
(結果を保存しておきたい場合は別のファイルにリダイレクトする)
```

trコマンドで使用できるおもな特殊文字は、次ページの**表E**のとおりです。

注3　OS X以前のMac OS環境では改行コードとして「**CR**」(16進数**0D**)が使われていました。

表E trコマンドで使用できるおもな特殊文字

特殊文字	内容
`\b`	バックスペース
`\f`	**FF**(*Form Feed*、改ページ)
`\n`	**LF**(*Line Feed*、改行)
`\r`	**CR**(*Carriage Return*、キャリッジリターン)
`\t`	タブ(水平タブ)

※ \を指定したい場合は\\とする。このほか、\と8進数3桁の組み合わせで文字コードを示すことも可能(**CR**は**\015**)。

diffコマンド
ファイルを比較する

diff ファイル1 ファイル2 で2つのファイルの相違点を出力します。相違点を書き出したファイルは**差分ファイル**(*patchfile*)と呼ばれ、**patch**コマンド(p.132)で元ファイルに対して差分を反映させることも可能です。Gitというバージョン管理システム(5.4節)でも使用されています。

以下は2.3節で作成した**~/tmp**ディレクトリで実行しています。先に、テスト用に**orgfile**と**newfile**いうファイルを作成しています。**orgfile**は**/etc/bash.bashrc**(CentOSでは**/etc/bashrc**)と同じ内容、**newfile**は**orgfile**に対し**tr**コマンド(p.129)で**1**、**2**、**3**をすべて**0**に置き換えて、**sed**コマンド(p.133)で5行めに**dummy**という行を追加し、15行めを削除しています。

```
~/tmpの中で実行。orgfileとnewfileはdiffコマンドとこの後のpatchコマンドの動作を試したら削除する
$ cp /etc/bash.bashrc orgfile ······ (準備)
$ cat orgfile | tr 123 000 | sed -e 5adummy -e 15d > newfile ······ (準備)
(1と2と3をすべて0に変換し、5行めにdummyという行を追加、15行めを削除)
$ diff orgfile newfile ·················· orgfileとnewfileの相違点を出力
(実行結果は次項を参照)
```

diffによる差分出力の読み方

ファイルに相違があると、場所と内容が表示されます。相違箇所は「ファイル1の行番号、種類、ファイル2の行番号」で表されており、種類の部分は変更ならば**c**、ファイル1に対しファイル2で追加された箇所は**a**、ファイル1から削除された行は**d**で示されます。なお、隣接している行の場合はまとめて**c**となる場合もあります。

続く、行頭に「**<**」が付いている箇所はファイル1の内容で、**---**という区切りの行の後、行頭に**>**が付いている箇所がファイル2の内容です。したがって、ファイル1から**<**の行を削除して**>**の行を追加するとファイル2になります。

```
(続き)~/tmpの中で実行
$ diff orgfile newfile
1c1 ······································ 1行め同士に相違がある
< # System-wide .bashrc file for interactive bash(1) shells.
---
```

続く

```
> # System-wide .bashrc file for interactive bash(0) shells.
5a6 ………………………………… 5行めに追加がある
> dummy
7c8 ………………………………… 7行めと8行めに相違がある（1行追加されたので行がずれている）
< [ -z "$PS1" ] && return
---
> [ -z "$PS0" ] && return
15d15 ………………………………… 15行めが削除されている
<     debian_chroot=$(cat /etc/debian_chroot)
19,21c19,21 ………………………… 19〜21行め同士に相違がある
< # but only if not SUDOing and have SUDO_PS1 set; then assume smart user.
< if ! [ -n "${SUDO_USER}" -a -n "${SUDO_PS1}" ]; then
<   PS1='${debian_chroot:+($debian_chroot)}\u@\h:\w\$ '
---
> # but only if not SUDOing and have SUDO_PS0 set; then assume smart user.
> if ! [ -n "${SUDO_USER}" -a -n "${SUDO_PS0}" ]; then
>   PS0='${debian_chroot:+($debian_chroot)}\u@\h:\w\$ '
<以下略>
```

unified形式の読み方　-u

相違のある行をピンポイントで出力するのではなく、前後も表示したい場合は**-c**オプション(**--context**、文脈)または**-u**オプション(**--unified**、統合)を使用します。デフォルトの表示は前後3行で、3行より少ない範囲に相違点があると適宜まとめて表示されます。

context形式(**-c**オプション)は1つめのファイルの内容と2つめのファイルの内容を別々に出力します。1つめのファイルは、変更されている行の行頭に「**!**」、削除されている行(2つめのファイルには存在しない行)は行頭に「**-**」が付きます。2つめのファイルは変更行に「**!**」、追加行(1つめのファイルには存在しない行)は行頭に「**+**」が付きます。

unified形式(**-u**オプション)は1つめのファイルの内容と2つめの内容を合わせた状態で出力します。Git(5.4節)で使われている形式です。

以下の実行例は先ほどと同じファイルをunified形式で出力しています。**@@**〜**@@**の行に「**-**」に続いて1つめのファイルの開始行と行数、続いて「**+**」に続いて2つめのファイルの開始行と行数、その後は相違のある行について1つめのファイルには行頭に「**-**」、2つめのファイルには行頭に「**+**」が付いています。したがって、1つめのファイルから**-**が付いている行を削除し、**+**が付いている行を挿入すれば、2つめのファイルの内容になります。

```
(続き)~/tmpの中で実行
$ diff -u orgfile newfile ………… unified形式で出力
--- orgfile  2021-03-09 17:40:12.596994520 +0900 ……… 変更前のファイル
+++ newfile  2021-03-09 17:47:55.528980620 +0900 ……… 変更後のファイル
@@ -1,10 +1,11 @@ ……………………………… 1〜10行分、1〜11行分出力
-# System-wide .bashrc file for interactive bash(1) shells.
+# System-wide .bashrc file for interactive bash(0) shells.

 # To enable the settings / commands in this file for login shells as well,
 # this file has to be sourced in /etc/profile.
続く
```

```
+dummy
 # If not running interactively, don't do anything
-[ -z "$PS1" ] && return
+[ -z "$PS0" ] && return

 # check the window size after each command and, if necessary,
 # update the values of LINES and COLUMNS.
@@ -12,20 +13,19 @@ ………………………… 12〜20行分、13〜19行分出力

 # set variable identifying the chroot you work in (used in the prompt below)
 if [ -z "${debian_chroot:-}" ] && [ -r /etc/debian_chroot ]; then
-    debian_chroot=$(cat /etc/debian_chroot)
 fi
<以下略>
```

patchコマンド
テキストファイルに差分を適用する

patch 元のファイル 差分ファイル で、差分ファイル（**diff**の出力結果を保存したファイル）を元のファイルに反映させることができます。これを「パッチを当てる」のようにいうことがあります。

```
（続き）~/tmpの中で実行
$ diff orgfile newfile > patchfile ……… 差分をpatchfileに保存
$ patch orgfile patchfile …………………… orgfileに差分（patchfile）を適用
patching file orgfile ………………………… orgfileにpatchfileが適用された
（orgfileがnewfileと同じ内容になった）
```

ファイル名を指定せずに実行する

diff -cまたは**diff -u**で出力した場合、差分ファイルの中に元のファイル名が保存されるので、**patch <** 差分ファイル で差分ファイルに従って適用させることができます。

ファイル名が異なる場合は**patch** 元のファイル 差分ファイル で実行します。

```
$ cp /etc/bash.bashrc orgfile …………………… （準備）orgfileをコピーし直す
$ diff -u orgfile newfile > patchfile …… （準備）差分を保存
$ patch < patchfile ……………………………………… patchfileを適用
patching file orgfile
↑patchfileに書かれているファイル名に従い、orgfileにパッチが適用された
$ cp /etc/bash.bashrc orgfile2 ………………… （準備）orgfile2という名前でコピーし直す
$ patch orgfile2 patchfile ……… patchfileを適用（ファイル名が違うので適用先も指定）
patching file orgfile2
↑コマンドラインで指定したファイル「orgfile2」にパッチが適用された
```

sedコマンド
文字列の置換などのテキスト操作

単純な文字の置き換えではなく、正規表現などを使った高度な置き換えや、任意の文字列の追加や削除のようなテキスト操作を行いたい場合、伝統的に使用されているのが**sed**コマンドです。**sed**は「Stream EDitor」の略で、その名のとおり、エディタ（テキストファイルを編集するソフトウェア）として多様な操作ができますが、ここではごく基本的な置換操作を中心に解説します。

sed -e 処理コマンドで標準入力からのデータを、**sed -e** 処理コマンド ファイル名で、ファイルを処理して標準出力へ出力します。処理を別ファイルに書き**sed -f** ファイル名とすることも可能です（**awk**の例、p.137）。ファイルを直接書き換えたい場合は**sed -i -e** コマンド ファイル名としますが、**sed -i.bak -e** コマンド ファイル名のようにして、バックアップを保存しておいた方が良いでしょう[注4]。

処理コマンドが1つの場合、**-e**オプション（**--expression**、式）は省略可能です。以下のサンプルはどちらもコマンドが1つなので**-e**なしで実行できます。

```
$ cat /etc/shells | sed -e s/bin/BIN/ ………… binをBINに置き換える
# /etc/shells: valid login shells
/BIN/sh
/BIN/bash
＜中略＞
$ cat /etc/shells | sed -e y/bin/BIN/ ………… bをB、iをI、nをNに置き換える
# /etc/shells: valId logIN shells
/BIN/sh
/BIN/Bash
＜以下略＞
```

以下は、ファイル**file1**を対象とする場合の指定例です。

```
基本的な使い方
$ sed -e s/red/green/ file1
 ⬆file1の「red」という文字列を「green」に置き換える（結果は標準出力、-eは省略可能）
$ sed -e s/red/green/ -e s/white/gold/ file1
 ⬆file1の「red」を「green」に、「white」を「gold」に置き換える（結果は標準出力）
$ sed -e 3,5d file1
 ⬆file1の3行めから5行めを削除する（結果は標準出力、-eは省略可能）
$ sed -n /start/,/end/p file1
 ⬆file1の「start」が含まれている行から「end」が含まれている行までを出力する（結果は標準出力）
ファイルを直接書き換える場合
$ sed -i -e s/red/green/ file1
 ⬆file1の「red」という文字列を「green」に置き換える（file1を書き換える）
$ sed -i.bak -e 3,5d file1
 ⬆file1の3行めから5行めを削除する（file1を書き換える。元の内容はfile1.bakに保存）
```

続く

注4　**-i**オプション（**--in-place**、その場で）はファイルを直接書き換えますが、本文のように**-i**に続けて文字列を指定すると元のファイル名に指定した文字列を加えた名前のバックアップファイルを作成します。ロングオプションの場合は**--in-place=**文字列のように「=」を使用します。

```
$ sed -i.`date +%Y%m%d-%H%M%S` -e コマンド file1
↑file1をコマンドに従って書き換える。元の内容は「file1.年月日-時分秒」という名前のファイルに保存
```

文字や文字列を置き換える

s/置換前/置換後/フラグで文字列を置き換えます。これを**s**コマンドと呼びます。置換前後の文字数が一致している必要はなく、正規表現による指定も可能です。拡張正規表現の場合は**-E**または**-r**オプション（**--regexp-extended**、拡張正規表現）を指定します。**s**コマンドは各行で最初に登場した場所だけ置き換えますが、フラグ部分に**g**を指定すると、行内のすべてを置換されます。

trコマンド（p.129）のように文字単位で置き換える場合は**y/置換前/置換後/**のように**y**コマンドを使用します。

置き換えた行だけを出力する　-n pフラグ

sコマンドで置換する際に、置換した行だけを出力したい場合は、**sed**の**-n**オプション（**--quiet**、**--silent**、沈黙）と**s**コマンドの**p**フラグを組み合わせて使用します。**-n**は出力コマンドによる内容以外は出力しないというオプションで、**p**は置換した結果を出力するというフラグです。

```
$ cat /etc/shells | sed -n -e s/bash/BASH/p ………… 置き換えた行だけ出力
/bin/BASH
/usr/bin/BASH
/bin/rBASH
/usr/bin/rBASH
```

行を指定する方法

特定の行だけを処理対象とする場合は、処理コマンドの前に位置を指定します。これを**アドレス**（*addresses*）といいます。

アドレスは、数字と末尾を示す「**$**」、および正規表現が使用できます。正規表現の場合は**/正規表現/**のように「**/**」で囲みます。アドレスの後に**!**を付けるとそれ以外という意味になります。**$**や**!**、あるいは正規表現の中でシェルで使用する記号を使用する際は処理コマンド全体をシングルクォート（**''**）で囲むのがわかりやすいでしょう。ダブルクォートは**$**や**!**が展開されるため今回の用途では使用できません。

範囲を指定したい場合は、**開始アドレス,終了アドレス**のように2つのアドレスを「**,**」で区切ります。

```
$ cat /etc/shells | sed -e 3s/bin/BIN/ …………… 3行めだけ置き換える
# /etc/shells: valid login shells ……………… （1行め）
/bin/sh ………………………………………………… （2行め）
/BIN/bash ……………………………………………… （3行め）置換対象
/usr/bin/bash ………………………………………… （4行め）
/bin/rbash ……………………………………………… （5行め）
＜中略＞
```

続く

```
$ cat /etc/shells | sed -e 2,4s/bin/BIN/ ………… 2〜4行めだけ置き換える
# /etc/shells: valid login shells …………………… （1行め）
/BIN/sh …………………………………………………………… （2行め）置換対象
/BIN/bash ………………………………………………………… （3行め）置換対象
/usr/BIN/bash …………………………………………………… （4行め）置換対象
/bin/rbash ……………………………………………………… （5行め）
＜中略＞
$ cat /etc/shells | sed -e '$!s/bin/BIN/' ………… 最後の行以外を置き換える
# /etc/shells: valid login shells
/BIN/sh
/BIN/bash
＜中略＞
/BIN/dash
/usr/bin/dash
（「$!」と指定されているので、最後の行は置き換えられていない）
$ cat /etc/shells | sed -e /bash/s/bin/BIN/ …… bashという文字列が含まれる行だけ
                                                置き換える
# /etc/shells: valid login shells
/bin/sh
/BIN/bash
/usr/BIN/bash
/BIN/rbash
＜中略＞
$ cat /etc/shells | sed -e '/\/..sh/s/bin/BIN/' …… 4文字※のシェルだけを置き換える
# /etc/shells: valid login shells
/bin/sh
/BIN/bash
/usr/BIN/bash
/bin/rbash
/usr/bin/rbash
/BIN/dash
/usr/BIN/dash
```

※「/という文字に続いて任意の文字(.)が2つ」と指定、/はsedの処理コマンドで使用する文字なので\で打ち消し、\はシェルで使用する文字なので処理コマンド全体を引用符で囲んでいる。

行を削除する

行の削除は**d**コマンドで行います。

```
$ cat /etc/shells | sed -e 1d -e /bash/d …… 1行めを削除、bashが含まれる行を削除※
/bin/sh
/bin/dash
/usr/bin/dash
```

※ Ubuntuの**/etc/shells**の場合、**rbash**の設定行もあり、**/bash/**という指定だと**rbash**の行も一緒に削除されている点に注意。**'/\/bash/d'**のように、**/bash**という文字列という指定にすれば**bash**の行だけが削除されることになる。

行を追加する

アドレスで指定した行の前に追加する場合は**i**コマンド、後に追加する場合は**a**コマンドを使用します。それぞれ「insert」と「append」の頭文字です。

```
$ cat /etc/shells | sed -e 1iABC ………… 1行めの前にABCという文字列を追加
ABC ……………………………………………………… (追加された行)
# /etc/shells: valid login shells ………… (1行め)
/bin/sh ……………………………………………… (2行め)
<中略>
$ cat /etc/shells | sed -e 1aABC ………… 1行めの後ろにABCという文字列を追加
# /etc/shells: valid login shells ………… (1行め)
ABC ……………………………………………………… (追加された行)
/bin/sh ……………………………………………… (2行め)
<以下略>
```

awkコマンド
パターン処理によるテキスト操作

awkコマンドはテキストファイルを1行ずつ読んで、あらかじめ用意したプログラムに従って処理します。テキストの各行を、空白やタブで区切って**フィールド**(*field*)として処理するのが特徴です。空白やタブが連続していても1つの区切りとして扱われます。**awk**は制御構文などを使った複雑なプログラムを記述することも可能ですが、本書ではコマンドラインですぐに使える範囲の基本的な使い方のみ示します。

以下は、**ls -l /**の結果のうち、シンボリックリンクだけを対象に「ファイル名 **->** リンク先」を表示する、というサンプルです。**l**で始まる行についてだけ(**/^l/**で指定)、9、10、11番めのフィールドを出力するという処理を行っています。

```
$ ls -l / | awk '/^l/{print $9,$10,$11}'
bin -> usr/bin
lib -> usr/lib
lib32 -> usr/lib32
lib64 -> usr/lib64
libx32 -> usr/libx32
sbin -> usr/sbin
```

パターンとアクション

awkコマンドは、**'**パターン **{**アクション**}'**で「パターンに合致した行に対して、アクションで指定された内容を実行」という処理を行います。先ほどの例では**/**正規表現**/**で、小文字のLで始まる行(**^l/**)と指定しました。以下の例では、**ls -l /bin/**で5番めのフィールド、つまりサイズが5000000より大きい行を指定しています。

アクション部分では、出力(**print**)のほか、計算や置換等の文字列処理が可能です。複数のアクションを書きたい場合は「**;**」で区切るか、awkの処理内容を別のファイルに書いて使用します(次節を参照)。

```
$ ls -l /bin/ | awk '$5 >= 5000000 {print $9, "[size="$5"]"}'
```

続く

```
gdb [size=8440200]
gnome-control-center [size=5410280]
python3.8 [size=5486352]
snap [size=23466672]
ubuntu-report [size=7744792]
```

CSVファイルを加工する　GNU版awk

フィールドの区切り文字を「**,**」にすることで、CSVファイルを操作できます。

起動オプションで区切り文字を指定する場合は**-F**オプションを使い、**-F,**と指定します。ただし、Excelのようなソフトウェアで CSVを処理する際に用いられる「**""**で囲まれた値」などは考慮されないため、たとえば「**1,"123,456"**」という行があった場合、**$1**が「**1**」、**$2**が「**"123,**」、**$3**が「**456"**」という扱いになります。

GNU版の**awk**コマンド[注5]の場合、**FPAT**という変数で区切り文字のパターン指定が可能です。以下は、GNU版**awk**のユーザーガイドで紹介されているFPAT[注6]を使って「2番めと4番めのフィールドを出力する」というコマンドラインです。

```
$ echo '1,"123,456",3,4' | awk 'BEGIN{FPAT="([^,]*)|(\"[^\"]+\")";OFS=","}{print
$2,$4}'
"123,456",4
```

BEGIN{}は、すべての処理に先立って行うアクションを指定するための特別なパターンです。同様に、後処理を行いたい場合は**END{}**を使用します。

処理内容を書いたファイルを使用する

複数のパターン処理を行う場合、**awk**の処理内容は別のファイルに書いておいた方が読みやすく、扱いやすいでしょう。この場合、**awk -f** ファイル名 のように指定します。拡張子は自由ですが、「.awk」を使用する習慣があります。

以下は、先ほどの実行例で使用した処理内容を「csvsample.awk」というファイルに保存し（**リストA**）、「sample.csv」という名前のCSVファイル（**リストB**）を処理しています。

リストA　csvsample.awkの内容

```
BEGIN{
   FPAT="([^,]*)|(\"[^\"]+\")"
   OFS=","
}
{
   print $2, $4
}
```

注5　**awk**にはいくつかの処理系があり、Ubuntu環境の場合は**mawk**（Mike Brennan版の**awk**、軽量で高速）がインストールされています。GNU版は**sudo apt install gawk**でインストールでき、インストール後は**awk**というコマンド名で**gawk**が実行されるようになります（**mawk**、**gawk**もそれぞれ使用可能）。CentOS環境ではデフォルトでGNU版の**awk**がインストールされています。

注6　最初に掲載されているFPATは空の項目に対応しておらず、「**NOTE:**」にあるFPATで修正されています。なお、項目の中に改行が入っているCSVには対応していません。

URL https://www.gnu.org/software/gawk/manual/html_node/Splitting-By-Content.html

リストB sample.csvの内容

```
1,2,3,4
"1,000","2,000","3,000","4,000"
abc,"123,346","",xyz
```

実行結果は、下記のようになります。

```
$ awk -f csvsample.awk sample.csv ………… csvsample.awkでsample.csvを処理する
2,4
"2,000","4,000"
"123,346",xyz
```

4.4 テキストエディタ「vi/vim」

コマンドラインで操作するテキストエディタ

viおよびvimは、CUI用のエディタです。設定ファイルを編集するコマンドとして割り当てられていることがあるため、最低限の操作は把握しておく必要があります。もちろん現在もアップデートが続けられており、多機能でマスターしがいのあるエディタではありますが、本書ではごく基本的な操作だけ取り上げます。

vi/vimの基本

viはCUI用なので、すべてキーボードで、しかも矢印キーのような特殊キーを使わずアルファベットや記号だけで操作できるようになっています。ただし、昨今は矢印キーが使用できる**vim**（*Vi IMproved*）コマンドが使われることが多いでしょう。

Ubuntuでは「**vi**」という名前でvi互換モードのvimが実行されるように設定されています注7。この状態だと入力中に矢印キーが使用できないことがあるため、**~/.vimrc**（ホームディレクトリの「.vimrc」、vimの設定ファイル）に**set nocompatible**という行を追加してください。以下は**echo**コマンドで追加しています。CentOSでは**vi**でvimが起動するエイリアスが設定されています。

```
$ echo set nocompatible >> ~/.vimrc
```

※ **>**でリダイレクトすると、既存ファイルがある場合に上書きしてしまうので注意。なお、Ubuntu環境の初期状態では**/.vimrc**が存在しないため、上記のコマンド操作直後の**/.vimrc**は**set**コマンド1行だけが保存された状態となる。

注7　Ubuntuにはvim-tinyパッケージがインストールされており、**vi**というコマンド名で最小構成のvimが起動するようになっています。vimのすべての機能を使いたい場合は**sudo apt install vim**でvimパッケージをインストールする必要があります。

ノーマルモードと挿入モード
vi/vimのモードを理解しよう

キーボードからの入力はカーソルの移動や検索をするための「コマンド」として扱われます。この状態を**ノーマルモード**(*normal mode*)といいます。キーボードから**i**と入力すると(**i**コマンド)**挿入モード**(*insert mode*)となり、そこからはキーボードからの文字入力の状態となります。挿入モードは[Esc]で終了し、ノーマルモードに戻ります。

ノーマルモードで[:]を押すとプロンプトが表示されるので、**w**を入力して保存、**q**でviを終了します。編集したファイルを保存せずに終了する場合は、**q**の後に強制を示す**!**を入力します(**図B**)。このほか、検索や置き換えなどの操作もあり、この後紹介する**vimtutor**コマンドを使って練習できます。

図B　vi/vimの基本操作

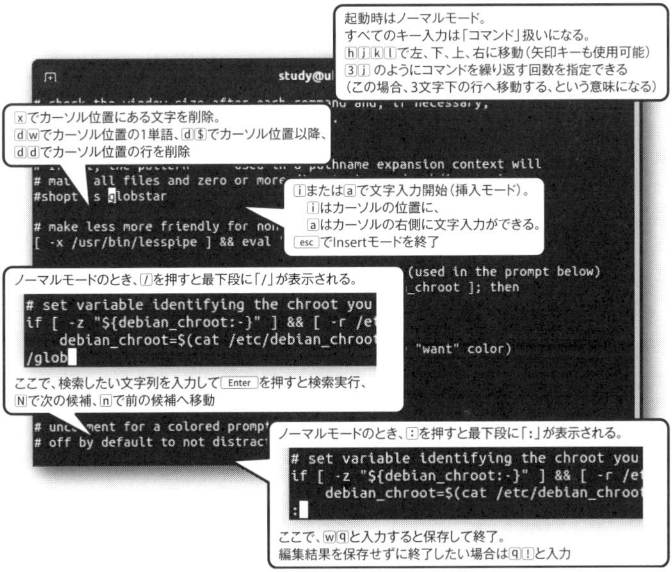

vi/vimの起動&終了
終了する方法だけは必ず覚えよう

vi ファイル名 で編集したいファイルや作成したファイルの名前を指定して起動します。100行めにカーソルを移動しておきたい場合は**vi +100** ファイル名 、abcと書かれている行に移動しておきたい場合は**vi +/abc**のように、**+**行番号 や**+/**検索文字列 を指定します。また、**+**のみを指定した場合は最下行になります。

最初の状態はノーマルモードで、**i**コマンドなど、文字を入力するためのコマンドを入力すると挿入モードになり、[Esc]でノーマルモードに戻ります。ノーマルモードで[Esc]を押してもノーマルモードのままなので、とにかくノーマルモードにしたい(コマンドを入力したい)という場合は[Esc]を押しましょう。

ファイルを上書き保存して終了するには、ノーマルモードで**ZZ**(大文字の**Z**を2回)を入力します。このほか、ノーマルモードで : に続けて**w**で保存(*write*)、**q** (*quit*)を入力することでも終了できます。編集内容を破棄して強制的に終了したい場合は「**!**」を付けます。したがって、**どんな状態であっても、Escを押して「:q!」と入力すれば編集を破棄して終了できます。**

lessコマンドや**visudo**コマンド(sudoの設定を変更するコマンド、p.177)のように「ファイルを編集モードで開く」という操作があるコマンドの場合、通常は**vi**コマンドを使用するようになっているので、終了の方法と、できれば文字の入力と削除、そして検索によるカーソル移動ができると良いでしょう(基本操作表、p.140)。

vimtutorの起動&終了
チュートリアルで練習しよう

vimには**vimtutor**というチュートリアル用のコマンドがあり、実際にvimを操作しながら操作の練習ができるようになっています。Ubuntu環境の場合、**sudo apt install vim**[注8]で追加できます(パッケージのインストール、5.2節)。

vimtutorは80桁x24行の画面に合わせて作られているので、端末の[≡]ボタンを押下して[その他(A)]で[80x24]を選択するなど、先に調整しておくと読みやすくなります。**vimtutor**と実行すると以下のような画面が表示されます。この画面もvimで表示されているので、Escに続けて**:q!**と入力すればいつでも終了できます。

vi/vimのおもなコマンド

vi/vimで使用できるおもなコマンド(キー操作)は、**表F〜表I**のとおりです。

表F vi/vimのおもなコマンド(移動、検索関係)

コマンド	機　能
k	上へ移動(↑)
j	下へ移動(↓)
h	左へ移動(←)
l	右へ移動(→)
0	行の先頭へ移動
$	行の末尾へ移動
-	上の行の先頭へ移動
+	下の行の先頭へ移動
G	最終行へ移動
行番号 **G**	指定した行へ移動(**1 G**で先頭行へ移動)
/ 検索文字列	指定文字列を検索(**/**で次へ)
? 検索文字列	指定文字列を逆順に検索(**?**で次へ)
n	検索の繰り返し
N	検索を反対方向に繰り返し

※ Ubuntu環境の場合、矢印キーを使用するには**set nocompatible**が必要(p.138)。

注8　Ubuntu環境で**vimtutor**コマンドがない状態で実行すると「**次のコマンドでインストールできます：sudo apt install vim-runtime**」と表示されますが、vim-runtimeパッケージではチュートリアルで使用する練習用のファイルがインストールされません。**sudo apt install vim**でvimパッケージをインストールしてください。

表G　vi/vimのおもなコマンド（削除、その他編集関係）

コマンド	機　能
x	カーソルの位置の文字を削除する
dw	カーソルの位置の単語を削除する
dd	カーソルのある行を削除する
d$	カーソルから行末までを削除する
u	直前の操作を1つ元に戻す
U	行を元の状態に戻す
yy、Y	カーソル行をバッファにコピー（**p**または**P**でペーストする）
p	バッファの内容をカーソルの後ろまたは下へペーストする
P	バッファの内容をカーソルの前または上へペーストする
r	カーソル位置の文字を書き換える（**r**に続いて修正後の文字を入力する）
:r ファイル	カーソルの次の行に指定したファイルを読み込む
:r!コマンド	コマンドの実行結果を次の行に挿入する
:!コマンド	コマンドを実行する

表HのコマンドはEscを押すまで挿入モードとなります。

表H　vi/vimのおもなコマンド（挿入モード）

コマンド	機　能
i	カーソルの左に文字を入力する
I	行頭から文字列を入力する
a	カーソルの右に文字を入力する
A	行末に文字を入力する
o	カーソルの下に新しい行を追加して文字を入力する
O	カーソルの上に新しい行を追加して文字を入力する

表I　vi/vimのおもなコマンド（終了関係）

コマンド	機　能
ZZ	ファイルが変更されている場合は保存して終了
:x	ファイルが変更されている場合は保存して終了
:w	ファイルに書き出す
:w ファイル名	指定したファイルに書き出す
:数字1,数字2 w ファイル	数字1行めから数字2行めまでの内容をファイルに書き出す
:数字1,数字2 w >>ファイル	数字1行めから数字2行めまでの内容を既存ファイルに追加する
:w!	保護を無視してファイルに書き出す
:q	ファイルを閉じて終了する
:q!	変更を破棄してvi/vimを終了する
:wq	ファイルに書き出して終了する

Column

親しみやすいテキストエディタ「nano」

UbuntuやCentOSには、vi/vimのほかに「nano」というテキストエディタがインストールされています(**図a**)。**nano**のみで実行すると新規ファイルの作成、**nano ファイル名**でファイルの編集が可能で、GUI環境でのエディタと同じような直感的な操作で文字の入力や削除ができます。

終了はCtrl+Xで、その他の操作も含め画面下に操作ガイドが表示されています(**^X**はCtrl+Xという意味)。操作ガイドを表示せずその分を編集画面に使いたい場合はAlt+X(またはEscキーを押した後にX、以下同じ)で表示のON/OFFを切り替えられます。

ファイルを開いたとき、100行めにカーソルを移動しておきたい場合は**nano +100 ファイル名**、100行めの5桁めにしたい場合は**nano +100,5 ファイル名**のようにします。abcと書かれている行に移動しておきたい場合は**nano +/abc**のように指定します。また、編集画面ではCtrl+Aで行頭、Ctrl+Eで行末、Alt+\でファイルの先頭、Alt+/で末尾に移動できます。

現在のカーソル位置はCtrl+Cで確認できます。Alt+Cで常に表示しておくことができるほか、**-l**オプション(**--linenumbers**、行番号)を付けて起動することで行番号を左側に表示できます。

図a　テキストエディタ「nano」の画面

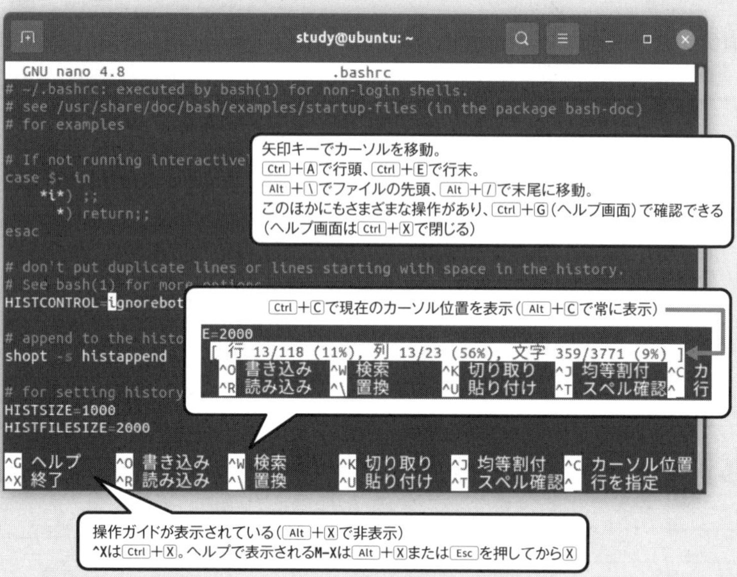

第5章

パッケージ管理

必要なモノを揃えられるようにしよう

本章のテーマは「パッケージ管理」です。コマンドを追加したり、アップデートしたりするときに必要になる操作です。Ubuntu環境(Debian系)とCentOS環境(RedHat系)では使用するコマンドが異なりますのでそれぞれ解説していますが、現在幅広く使用されているパッケージ管理コマンドの場合、基本的な使い方はほとんど同じです。

5.1 パッケージ管理システム

なぜ必要で、どのようなことをしているのか

Linuxにソフトウェアをインストールしたり、必要に応じてアップデートしたり、安全な形でアンインストールしたりするためのシステムをパッケージ管理システム(*package-management system*)といいます。

Ubuntu環境ではAPT(aptコマンド)およびSnap(snapコマンド、Ubuntuソフトウェア)が、CentOS環境はYum(yumコマンド)およびDNF(dnfコマンド)が使われています。

パッケージのインストール
ファイルを適切な場所に配置する

パッケージのインストールで大切なことは、ファイルを適切な場所に配置することです。パスが通った場所にコマンドを置き、マニュアル用のファイルや設定ファイルを適切な場所に置くことで、新しく追加したコマンドもほかのコマンドと同じ環境で、同じように使えるようになります。

バイナリパッケージとソースパッケージ

Ubuntu環境で使われているdebパッケージやCentOS環境で使われているrpmパッケージは、一般に、実行可能形式のファイルが収録された**バイナリパッケージ**(*binary package*)です。これに対し、ソースファイル(実行ファイルの元になっているプログラミング言語で書かれたファイル)が収録されているのが**ソースパッケージ**(*source package*)です。

ソースパッケージもパッケージ管理コマンドでダウンロードできますが[注1]、通常はソースパッケージを利用するケースは少ないでしょう。

依存関係を解消する
必要なコマンドやライブラリを管理する

Aというコマンドをインストールして実行するにはBというライブラリが必要、あるいは、別のパッケージに入っているCというコマンドも必要、のように、「あるソフトウェアを使うにはこのソフトウェアが必要」という関係を**依存**(*dependency*)といいます。

依存関係をチェックするのが、パッケージ管理システムの重要な役割の一つです。パッケージ管理システムは、インストールの際に依存関係をチェックして、必要なソフトウェアが入っているかを確認し、時には必要なパッケージを自動でインストールします。また、アンインストールの際には、そのパッケージがほかのパッケージに必要とされていないかを確認します(次ページの**図A**)。

注1　Ubuntu環境の場合`apt source` パッケージ名、CentOSでは`dnf download --source` パッケージ名または`yumdownloader --source` パッケージ名でダウンロードできます。

図A　パッケージ管理システムは依存関係をチェックする

ライブラリの役割

ソフトウェアはさまざまな処理を行いますが、ファイルを開く、文字を表示する、といった共通して行う処理も数多くあります。よく使う機能は、部品のようにまとめておくと便利です。このような、部品を集めて再利用できるようにしたファイルを「**ライブラリ**」(*Library*)といいます。

なかでも、いろいろなプログラムが利用するライブラリを「**共有ライブラリ**」と呼びます。Unix系OSにおいて、代表的かつ最も重要な共有ライブラリが**libc**、GNU環境においては**glibc**と呼ばれるライブラリです。

静的リンクと動的リンク

ライブラリの使い方には、実行ファイルを作るときにライブラリを組み込む方法(**静的リンク**、*static link*)と、実行するときにライブラリから読み込む方法(**動的リンク**、*dynamic link*)があります。動的リンクには、プログラムのサイズが小さくなる/ライブラリに修正があるときはライブラリだけを更新すれば良いといったメリットがあります。

動的リンクの場合、「システムにインストールされているライブラリ」が使われます。当然、ライブラリを変更すると、そのライブラリを使っている(動的にリンクしている)すべてのプログラムに影響が出ることになります。したがって、パッケージ管理システムでは、現在システムにどのバージョンのライブラリが入っていて、インストールしたいソフトウェアにどんなライブラリが必要なのかが確認できるようになっています。

リポジトリ
パッケージは共通の場所で管理されている

パッケージ管理システムでインストールしたソフトウェアはデータベースで管理されており、パッケージ管理コマンドはこのデータベースを参照することで、現在システムにインストールされているソフトウェアやバージョンなどがわかるようになっています。

さらに、インターネット上には、パッケージをまとめて保管している場所があり、このような場所は**リポジトリ**(*repository*)と呼ばれます。

Linuxディストリビューションには多くのソフトウェアがインストールされていますが、たとえばソフトウェアがアップデートされているかどうか、複数の開発元を一つ一つ確認するのはとても大変です。しかし、リポジトリがあることで、まとめてチェックしたり、ダウンロードしてインストールしたりする手間を省けるようになっています。

5.2 aptコマンド

debパッケージを操作する(Ubuntu)

UbuntuなどのDebian系のディストリビューションでは、「debパッケージ」というフォーマットのパッケージが使用されており、aptコマンドで操作します。

古くからあるdebパッケージ用の操作コマンドはdpkgコマンドですが、多機能である反面操作がやや煩雑です。そこで、管理できる内容を整理し、操作性を向上させるAPT(*Advanced Packaging Tool*)というパッケージ管理システムが開発されました。このAPT用のコマンドがaptコマンドです[注2]。

パッケージ情報の表示は一般ユーザーでも可能ですが、パッケージのインストールや更新、削除にはroot権限が必要です。本節ではsudoコマンドの有無で示します。実行時にパスワードを求められた場合はsudoコマンドを実行しているユーザーのパスワードを入力してください。

パッケージのインストールと更新
apt install

sudo apt install パッケージ名 でパッケージをインストールします。複数のパッケージを同時に指定することも可能です。

すでにインストールされている場合は更新、最新版がインストールされている場合はその旨メッセージが表示されます。また、何らかの理由でインストールし直したい場合は、**sudo apt remove** パッケージ名 (p.147)でパッケージを削除してからインストールするか、**sudo apt reinstall** パッケージ名 で上書きします。

インストールや更新の際には、依存パッケージのダウンロードやインストールも同時に行われます。このような場合は確認メッセージが表示されるので、**y**または Enter で実行、**n**または Ctrl + C で中断します。確認を省略したい場合は**-y**オプション(**--yes**、**--assume-yes**、承諾と想定)を使い、**sudo apt -y install** パッケージ名 とします。

なお、インストールなどでaptコマンドを実行した際に「**Waiting for cache lock: Could not get lock /var/lib/dpkg/lock-frontend.**」のようなメッセージが表示されることがあります。これは、GUI環境の「ソフトウェアの更新」などが動作しているために表示されます。しばらく待つと解消されます(p.161)。

```
$ sudo apt install gawk ………………… gawk (p.137) をインストール
パッケージリストを読み込んでいます... 完了
依存関係ツリーを作成しています
状態情報を読み取っています... 完了
以下の追加パッケージがインストールされます:
  libsigsegv2
```

続く

注2 以前は、インストールや更新/削除には**apt-get**コマンド、パッケージの検索には**apt-cache**コマンドのように別れていましたが、現在は**apt**コマンドに統一されています。基本的な使い方は共通です。

```
提案パッケージ:
  gawk-doc
以下のパッケージが新たにインストールされます:
  gawk libsigsegv2 ………………… gawkに必要なパッケージも一緒にインストールされる
アップグレード: 0 個、新規インストール: 2 個、削除: 0 個、保留: 0 個。
431 kB のアーカイブを取得する必要があります。
この操作後に追加で 1,752 kB のディスク容量が消費されます。
続行しますか? [Y/n] ………………… 「y」で実行、「n」で中断※
<以下略>
```

※ gawk以外のパッケージもインストールされるため、確認メッセージが表示される(**sudo apt -y install gawk**で確認省略)。「**Y**」が大文字(デフォルト選択)なので Enter または y で実行。

パッケージの削除
apt remove

sudo apt remove パッケージ名 でパッケージをアンインストールします。削除前に確認メッセージが表示されますが、インストール同様**-y**オプションで確認を省略できます。

```
$ sudo apt remove gawk ………………… gawkをアンインストール
パッケージリストを読み込んでいます... 完了
依存関係ツリーを作成しています
状態情報を読み取っています... 完了
以下のパッケージが自動でインストールされましたが、もう必要とされていません:
  libsigsegv2 ………………… 依存パッケージの情報(次項を参照)
これを削除するには 'sudo apt autoremove' を利用してください。
以下のパッケージは「削除」されます:
  gawk
アップグレード: 0 個、新規インストール: 0 個、削除: 1 個、保留: 0 個。
この操作後に 1,708 kB のディスク容量が解放されます。
続行しますか? [Y/n] ………………… 「y」で実行、「n」で中断
<以下略>
```

自動でインストールされたが不要になったパッケージの削除

パッケージのインストールや削除を行った際に「**以下のパッケージが自動でインストールされましたが、もう必要とされていません:**」というメッセージが表示されることがあります。これは、依存されているなどの理由で自動でインストールされたものの、現在は使用されていないというパッケージで、**sudo apt autoremove**でまとめて削除できます。

```
$ sudo apt autoremove
つつつつつつ Z
以下のパッケージは「削除」されます:
  libsigsegv2
アップグレード: 0 個、新規インストール: 0 個、削除: 1 個、保留: 0 個。
この操作後に 44.0 kB のディスク容量が解放されます。
続行しますか? [Y/n] ………………… 「y」で実行、「n」で中断
<以下略>
```

パッケージの検索と情報の表示
apt search/apt show

apt search 検索パターンで、正規表現による検索パターンをパッケージの説明文から検索します。通常は検索したい文字列をそのまま指定すれば良いでしょう。

該当するパッケージが見つかると、パッケージ名/ターゲット バージョン CPUアーキテクチャー、改行後にパッケージの概要が表示されます。ターゲット部分には、ディストリビューションのバージョンに対応する開発コードなどが表示されています[注3]。

パッケージの内容は、**apt show** パッケージ名でパッケージの説明文を表示して確認できます。インストールされていないパッケージについても表示できます。

```
$ apt search gawk ································ gawkに関するパッケージを検索
ソート中... 完了
全文検索... 完了
dpkg-awk/focal,focal 1.2+nmu2 all
  Gawk script to parse /var/lib/dpkg/{status,available} and Packages

gawk/focal,now 1:5.0.1+dfsg-1 amd64
  GNU awk - パターン検索 & 処理言語

gawk-doc/focal,focal 5.0.1-1 all
  Documentation for GNU awk
⬆名前や説明文に「gawk」という文字列を含むパッケージが表示されている
<中略>
$ apt show gawk ································· gawkパッケージの情報を表示
Package: gawk
Version: 1:5.0.1+dfsg-1
<中略>
Description: GNU awk - パターン検索 & 処理言語
 'awk' は、ファイル中の特定のレコードを選択し、それらに各種処理を行なうために使
用できるプログラムです。
<以下略>
```

ファイル名で検索する

パッケージの説明文ではなく、パッケージに含まれているファイル名で検索したい場合は**apt-file**コマンドを使用します。**apt-file**は標準ではインストールされていないので別途インストールする必要があります。インストール後、**sudo apt-file update**で**apt-file**コマンド用のデータベースをアップデートすると、**apt-file search** ファイル名で検索できるようになります。パス名と完全一致で検索したい場合は**-F**オプション(**--fixed-string**、固定文字列)を使用します。

注3　**apt**コマンドの実行結果を「**|**」(パイプ)で**more**や**less**を使って表示すると、「**WARNING: apt does not have a stable CLI interface. Use with caution in scripts.**」というメッセージが表示されることがあります。**apt**コマンドは今後出力されるメッセージが変更される可能性があるため、スクリプトで使用する際には注意するようにという主旨のメッセージです。標準エラー出力に出力されるメッセージですが、パイプやリダイレクトを使わなかった場合、実行経過を示すメッセージで上書きされています。

```
$ sudo apt install apt-file ………… apt-fileをインストール
<中略>
$ sudo apt-file update ………………… データベースをアップデート※
ヒット:1 http://jp.archive.ubuntu.com/ubuntu focal InRelease
ヒット:2 http://archive.ubuntulinux.jp/ubuntu focal InRelease
<中略>
$ apt-file search /usr/bin/zip ………… パスに/usr/bin/zipを含むものを検索
hatari: /usr/bin/zip2st
libio-compress-perl: /usr/bin/zipdetails
openfoam: /usr/bin/zipUpMesh
<中略>
$ apt-file -F search /usr/bin/zip …… パスが/usr/bin/zipに一致するものを検索
zip: /usr/bin/zip
```

※ ファイルの一覧を取得して**apt-file**用のデータベースを構築している。初回やリポジトリを変更(p.151)した際に実行する。

パッケージに収録されているファイルを一覧表示する

apt-file list パッケージ で指定したパッケージに収録されているファイルを一覧表示します。

```
$ apt-file list zip ………………………… zipパッケージに収録されているファイルを表示
zip: /usr/bin/zip
zip: /usr/bin/zipcloak
zip: /usr/bin/zipnote
<以下略>
```

どのパッケージからインストールされたのかを調べる

ファイルをリポジトリから探すのではなく、現在使用している環境にインストールされているパッケージだけを対象にしたい場合は**dpkg**コマンドの**-S**オプションを使用します。**dpkg**コマンドの**-S**オプション(**--search**、検索)はファイルがどのパッケージからインストールされたかを表示するオプションです。コマンドに限らず、パッケージからインストールされたファイルはすべて指定可能です。ファイルはフルパスで指定する必要があります。

インストール済みパッケージの情報は**-s**オプション(**--status**、状態)で表示できます。

```
$ dpkg -S /usr/bin/zip ………………… /usr/bin/zipのインストール元パッケージを表示
zip: /usr/bin/zip ……………………………… zipパッケージだとわかった
$ dpkg -s zip ……………………………………… インストールされているzipパッケージの情報を表示
Package: zip
Status: install ok installed
<中略>
Priority: optional
Section: utils
Installed-Size: 623
Maintainer: Ubuntu Developers <ubuntu-devel-discuss@lists.ubuntu.com>
Architecture: amd64
```

続く

```
Multi-Arch: foreign
Version: 3.0-11build1
Depends: libbz2-1.0, libc6 (>= 2.14)
Recommends: unzips
Description: Archiver for .zip files
 This is InfoZIP's zip program. It produces files that are fully
 compatible with the popular PKZIP program; however, the command line
 options are not identical. In other words, the end result is the same,
 but the methods differ. :-)
 .
 This version supports encryption.
Original-Maintainer: Santiago Vila <sanvila@debian.org>
Homepage: http://www.info-zip.org/Zip.html
```

パッケージの一覧表示
apt list

apt list パッケージ名で該当するパッケージを一覧表示します。パッケージ名には**"abc*"**や**"*abc*"**のようなワイルドカードを使用できます。パッケージ名を指定しなかった場合は、すべてのパッケージを表示します。

表示リストには、インストールされていないパッケージも含まれますが、インストール済みのものだけを対象にしたい場合は**--installed**オプションを指定します。

```
$ apt list zip
$ apt list "*zip*"
$ apt list --installed "*zip*"
```

インストール済みのパッケージを更新する
apt upgrade

sudo apt upgradeでインストール済みパッケージをまとめて更新できます。

更新に先立ち、パッケージの情報を更新したい場合は**sudo apt update**、アップデート可能なパッケージを確認したい場合は**apt list --upgradable**を実行します。一括更新の対象としたくないパッケージがあった場合は、**apt-mark**コマンドを使って**sudo apt-mark hold** パッケージ名のようにマークを付けておけます。また、**sudo apt upgrade** パッケージ名でパッケージを個別に指定することも可能です。

```
$ sudo apt update ……………… パッケージの情報を更新
$ apt list --upgradable ……………… 更新可能なパッケージを表示
一覧表示... 完了
bind9-dnsutils/focal-updates 1:9.16.1-0ubuntu2.7 amd64 [1:9.16.1-0ubuntu2.6 から
アップグレード可]
bind9-host/focal-updates 1:9.16.1-0ubuntu2.7 amd64 [1:9.16.1-0ubuntu2.6 からアッ
プグレード可]
```
続く

```
bind9-libs/focal-updates 1:9.16.1-0ubuntu2.7 amd64 [1:9.16.1-0ubuntu2.6 からアッ
プグレード可]
<中略>
$ sudo apt upgrade ························ 更新可能なパッケージをすべて更新
パッケージリストを読み込んでいます... 完了
依存関係ツリーを作成しています
<中略>
以下のパッケージが自動でインストールされましたが、もう必要とされていません:
(不要になると思われるパッケージが表示される、p.147)
<中略>
以下のパッケージはアップグレードされます:
<中略>
アップグレード: 48 個、新規インストール: 0 個、削除: 0 個、保留: 0 個。
53.3 MB のアーカイブを取得する必要があります。
この操作後に追加で 641 kB のディスク容量が消費されます。
続行しますか? [Y/n] ························ 「y」で実行、「n」で中断
<以下略>
```

リポジトリの追加と削除
標準のリポジトリ以外を使いたい場合

aptのリポジトリは、**/etc/apt/sources.list**および**/etc/apt/sources.list.d**ディレクトリで管理されています。通常はデフォルトのままで使用できますが、開発版など、標準のリポジトリでは管理されていないパッケージをインストールしたい場合は**add-apt-repository**コマンド注4でリポジトリを追加する必要があります。

リポジトリの追加は**apt-add-repository** リポジトリ で、リポジトリ部分にはリポジトリの名前やURLで指定します。削除は**-r**オプション(**--remove**、除去)で行います。

次ページの実行例は、PHP 8.0をインストールする場合の指定例です。2021年3月現在、Ubuntu 20.04に収録されているPHPはバージョン7.4です。7.4は現在もメンテナンスされている安定版で、WordPressほか、多くのシステムがバージョン7.4に対応しているのに対し、8.0は2020年11月に公開され、2021年3月に8.0.3がリリースされたばかりのかなり新しいバージョンです。

このような、ほかに与える影響が大きいソフトウェアの最新版や、実験的なバージョン、あるいはあまりメジャーではないソフトウェアなどは、標準のリポジトリには収録されていません注5。従来であれば、このようなソフトは自分でソースコードを入手してインストールやメンテナンスを行う必要がありましたが、現在は**PPA**(*Personal Package Archives*)と呼ばれるリポジトリに収録されていることが多いので、まずはそちらを当たってみるのが良いでしょう。以下ではオンドレイ・スリー(*Ondřej Surý*)氏による「**ppa:ondrej/php**」というリポジトリを追加し、PHP 8.0をインストールしています。

注4　apt-add-repositoryという名前でも動作します。apt-add-repositoryはadd-apt-repositoryへのシンボリックリンクです。

注5　ライセンスの問題や開発者の意向などで、標準セットに収録できないパッケージもあります。開発元のサイトで入手や導入の方法を確認しましょう。

```
$ sudo apt-add-repository ppa:ondrej/php
 Co-installable PHP versions: PHP 5.6, PHP 7.x and most requested extensions are
included. Only Supported Versions of PHP (http://php.net/supported-versions.php)
 for Supported Ubuntu Releases (https://wiki.ubuntu.com/Releases) are provided.
<中略>
(リポジトリによっては注意事項などが表示される)
WARNING: add-apt-repository is broken with non-UTF-8 locales, see
https://github.com/oerdnj/deb.sury.org/issues/56 for workaround:

# LC_ALL=C.UTF-8 add-apt-repository ppa:ondrej/php
 詳しい情報: https://launchpad.net/~ondrej/+archive/ubuntu/php
[ENTER] を押すと続行します。Ctrl-c で追加をキャンセルできます。 ……… Enterで続行
<中略>
パッケージリストを読み込んでいます... 完了
↑リポジトリ設定が追加されてパッケージの情報が追加された
$ ls /etc/apt/sources.list.d ……… リポジトリの設定ファイルを一覧表示
ondrej-ubuntu-php-focal.list  ubuntu-ja.list  ubuntu-ja.list.save
(ondrej-ubuntu-php-focal.listが追加されている)
$ cat /etc/apt/sources.list.d/ondrej-ubuntu-php-focal.list ……… 内容を表示
deb http://ppa.launchpad.net/ondrej/php/ubuntu focal main
# deb-src http://ppa.launchpad.net/ondrej/php/ubuntu focal main
(リポジトリのURLが記載されている。Webブラウザ等でもアクセス可能)
$ sudo apt install php8.0 ……… PHP 8.0をインストール※
パッケージリストを読み込んでいます... 完了
<中略>
以下のパッケージが新たにインストールされます:
  apache2 apache2-bin apache2-data apache2-utils libapache2-mod-php8.0 libapr1
  libaprutil1 libaprutil1-dbd-sqlite3 libaprutil1-ldap liblua5.2-0 php-common
  php8.0 php8.0-cli php8.0-common php8.0-opcache php8.0-readline
アップグレード: 0 個、新規インストール: 16 個、削除: 0 個、保留: 65 個。
6,217 kB のアーカイブを取得する必要があります。
この操作後に追加で 28.0 MB のディスク容量が消費されます。
続行しますか? [Y/n] ……… 「y」で続行
<中略>
$ php --version ……… インストールされたphpコマンドのバージョンを確認
PHP 8.0.3 (cli) (built: Mar  5 2021 07:54:13) ( NTS )
Copyright (c) The PHP Group
Zend Engine v4.0.3, Copyright (c) Zend Technologies
    with Zend OPcache v8.0.3, Copyright (c), by Zend Technologies
↑PHP 8.0.3がインストールされている
```

※ 古いバージョンが必要な場合もphp7.1のようにバージョンを指定してインストール可能。PHPは複数バージョンが共存可能でコマンドラインで使用する/usr/bin/phpはシンボリックリンク、コマンドの実体はそれぞれ/usr/bin/php7.4と/usr/bin/php8.0で、**update-alternatives --list php**でインストール済みのバージョンを確認、**sudo update-alternatives --set php /usr/bin/php7.4**のようにリストにあるバージョンを指定することで切り替えられる。なお、**sudo apt remove php8.0**で削除してもコマンドの実体(php8.0-cliパッケージ)は残るため、**sudo apt autoremove**で削除する必要がある(p.147)。

Column

Snapパッケージを操作する Ubuntu、CentOS

SnapはUbuntuを開発しているCanonicalによるパッケージ管理システムで(旧名称Snappy)、さまざまなディストリビューションに対応しています。パッケージの操作には**snap**コマンドを使用します。Ubuntuの**apt**コマンドやCentOSの**dnf** (yum)コマンドと異なり、依存ライブラリなどをパッケージの単位で導入するため、インストールする際に消費するディスクスペースが大きめになる反面、OS全体への影響を少なくできるというメリットがあります[注a]。

snapコマンドはUbuntuでは標準でインストールされていますが、ほかのディストリビューションでは先にsnapdパッケージをインストールする必要があります。たとえばCentOSであれば**sudo dnf install snapd**でインストールします[注b]。snapdパッケージからは、**snapd** (snapデーモン、Snapパッケージを管理するプログラム)および**snap**コマンドがインストールされます。

コマンドラインツールの基本的な使い方はほかのパッケージ管理コマンドと似ており、**sudo snap install** パッケージ名 でインストール、**sudo snap remove** パッケージ名 で削除、**snap list**でインストール済みパッケージの一覧表示、**snap find** キーワード でパッケージの検索を行います。

以下は、**snap**コマンドの使用例として、Docker(dockerパッケージ)をインストールしています。なお、Dockerは**apt**や**dnf** (**yum**)コマンドでもインストール可能です。

```
$ snap list ………………………… 現在snapでインストールされているパッケージを一覧表示
Name              Version        Rev   Tracking          Publisher    Notes
core18            20201210       1944  latest/stable     canonical✓   base
gnome-3-34-1804   0+git.3556cb3  60    latest/stable/…   canonical✓   -
<中略>
$ snap find docker ………………………… dockerを検索する
Name              Version    Publisher         Notes    Summary
docker            19.03.11   canonical*        -        Docker container run…
kata-containers    1.12.0    katacontainers*   classic  Lightweight virtual …
etcd               3.4.5     canonical*        -        Resilient key-value …
<中略>
(準備)Docker用の準備
$ sudo groupadd -r docker ……………… dockerグループを追加 (6.2節)
$ sudo gpasswd -a $USER docker …… 現在のユーザーをdockerグループに追加
$ su $USER ……………………………………… グループの情報を反映させる (p.181)
Docker用の準備ができたのでdockerをインストール
$ sudo snap install docker
Download snap "core"  <中略>
docker 19.03.11 from Canonical✓ installed
(dockerがインストールされた)
```

snapでインストールする場合、事前にdockerグループに追加しておくことで、**sudo**コマンドを使わずにdockerが利用できるようになります。dockerをインストールした後でこれらの処理を行

注a　Linuxのコンテナ技術であるLXDおよびCanonicalによる仮想マシン管理ツールMultipassが使われています。 URL https://snapcraft.io/docs/build-on-lxd

注b　詳細および最新情報は公式サイトを参照。
URL https://snapcraft.io/docs/installing-snap-on-centos

った場合は**sudo systemctl restart snap.docker.dockerd**でdockerdサービスの再起動が必要です。**apt**コマンドや**dnf**コマンドでインストールした場合、インストールと同時にdockerグループが追加されるので、インストール後に上記実行例の**gpasswd**と**su**コマンドを実行すれば**sudo**コマンドなしでdockerが利用できるようになります。

dockerコマンドの使用例

```
$ docker pull centos ………… (動作テスト)CentOSのDockerイメージをダウンロード
                            する※1
$ docker run -it centos …… (動作テスト)CentOSを動かす※2
[root@c934a3729f84 /]# …… CentOSのプロンプト(rootユーザーで動いている)

[root@c934a3729f84 /]# uname -a………… CentOSでunameコマンドを実行
Linux c934a3729f84 5.8.0-44-generic #50~20.04.1-Ubuntu SMP Wed Feb 10
21:07:30 UTC 2021 x86_64 x86_64 x86_64 GNU/Linux
[root@c934a3729f84 /]# cat /etc/centos-release……CentOSでcatを実行
CentOS Linux release 8.3.2011
[root@c934a3729f84 /]# ls -a /root………………CentOSでlsを実行
.   .bash_logout   .bashrc  .tcshrc          anaconda-post.log
..  .bash_profile  .cshrc   anaconda-ks.cfg  original-ks.cfg
[root@c934a3729f84 /]# exit ………… 終了する
exit
$ ……………………………………… DockerのCentOSが終了し、元のプロンプトに戻った
```

※1 ここではDocker Hubからダウンロードして実行している。 URL https://hub.docker.com

※2 **-i**オプション(**--interactive**、対話)と**-t**オプション(**--tty**、端末)で対話処理を行っている。オプションの詳細は**docker --help**で確認可能。

5.3 dnf/yumコマンド

rpmパッケージを操作する(CentOS)

CentOSなど、Red Hat系のLinuxディストリビューションでは、「rpm」パッケージというフォーマットのパッケージが使用されており、**dnf**コマンドで操作します。

古くから使われているのは**rpm**コマンドですが、依存関係をチェックして、必要なソフトウェアを自動でインストールするなど、rpmパッケージをより便利に活用できるようにしたのがYum (*Yellowdog Updater Modified*)で、Yumを使ってパッケージを操作するのが**yum**コマンドです。現在は、Yumの後継版にあたるDNF (*Dandified Yum*)および操作コマンドである**dnf**コマンドが使用されています。

両コマンドの使い方は共通で[注6]、オプションの一部が整理されているほか、**dnf**ではあらたに**module**というサブコマンドが追加されています。これは、複数バージョンのパッケージを

注6 CentOS 8/CentOS Stream 8では/usr/bin/dnfと/usr/bin/yumはともに/usr/bin/dnf-3へのシンボリックリンクです。**dnf**コマンドのオプションのうち、従来の**yum**コマンドから廃止されたものはChanges in DNF CLI compared to YUMで確認できます。 URL https://dnf.readthedocs.io/en/latest/cli_vs_yum.html

切り替えるのに使用します(PHPでの使用例はp.236、Python 3での使用例はp.241)。

パッケージ情報の表示は一般ユーザーでも可能ですが、パッケージのインストールや更新、削除にはroot権限が必要です。本節ではsudoコマンドの有無で示します。実行時にパスワードを求められた場合はsudoコマンドを実行しているユーザーのパスワードを入力してください。

パッケージのインストールと更新
dnf install

sudo dnf install パッケージ名 でパッケージをインストールします。すでにインストールされている場合は更新、最新版がインストールされている場合はその旨メッセージが表示されます。また、何らかの理由でインストールし直したい場合は、**sudo dnf remove** パッケージ名 (p.156)でパッケージを削除してからインストールするか、**sudo dnf reinstall** パッケージ名 で上書きします。

インストール時には確認メッセージが表示されるので、「**y**」を入力すると実行、「**n**」または Enter か、Ctrl + C で中断します。確認を省略したい場合は**-y**オプション(**--assumeyes**、承諾と想定)を使い、**sudo dnf -y install** パッケージ名 とします。なお、依存パッケージのダウンロードやインストールも同時に行われます。

なお、**dnf**コマンドや**yum**コマンドでパッケージをインストールする際に「**pid ○○ のプロセスが終了するのを待ちます**」あるいは「**ロックファイル /var/run/yum.pid が存在します**」のようなメッセージが表示されることがあります。これは別のコマンドでシステムの更新を行っているなどの場合に表示されますが、しばらく待つと解消されます(p.161)。「**Errors during downloading metadata for repository 'appstream':**」というメッセージが表示される場合はネットワークが利用できる状態になっているか確認してください(p.15、実行例の注記)。

```
$ sudo dnf install zsh
CentOS-8 - AppStream                          9.9 kB/s | 4.3 kB     00:00
CentOS-8 - AppStream                          3.1 MB/s | 6.3 MB     00:02
                ⬆パッケージ情報(メタデータ)のデータベースが自動で更新されている※1
<中略>
依存関係が解決しました。
================================================================================
 パッケージ   Arch          バージョン                  リポジトリー     サイズ
================================================================================
インストール:
 zsh          x86_64        5.5.1-6.el8_1.2             baseos            2.9 M
<中略>
これでよろしいですか? [y/N]: y  …… 「y」で開始、「n」または Enter で中断※2
<中略>
完了しました!
```

※1 データベースが更新済みの場合は「**メタデータの期限切れの最終確認: ○:○:○時間前の ○○年○月○日 ○時○分○秒 に実施しました。**」のようなメッセージが表示される。デフォルトの有効期限は48時間で、48時間を経過している場合は再取得される。有効期限を変更するには**/etc/dnf/dnf.conf**で**metadata_expire**を設定(**man dnf.conf**参照)、経過時間を問わず、リストを最新版に更新してから実行したい場合は**--refresh**オプションを使用。

※2 確認メッセージで表示されている**N**が大文字(デフォルト選択)なので、Enter だと中断になる。

パッケージの削除
dnf remove

sudo dnf remove パッケージ名でパッケージをアンインストールします。パッケージをインストールした際に自動でインストールされた依存パッケージで、ほかのパッケージから依存されていないものについては同時に削除されます。

途中の確認を省略したい場合は**-y**オプションを使い、**sudo dnf -y remove** パッケージ名とします。

```
$ sudo dnf remove zsh
依存関係が解決しました。
================================================================================
 パッケージ   Arch            バージョン                リポジトリー      サイズ
================================================================================
削除中:
 zsh          x86_64          5.5.1-6.el8_1.2           @baseos            7.2 M

トランザクションの概要
================================================================================
削除  1 パッケージ

解放された容量: 7.2 M
これでよろしいですか? [y/N]: y ……「y」で実行、「n」または Enter で中断
<以下略>
```

パッケージの検索と情報の表示
dnf search/dnf info

dnf search 文字列で、指定した文字列が名前や概要欄に含まれているパッケージを一覧表示します。パッケージの内容は**dnf info** パッケージ名でパッケージの説明文を表示して確認します。インストールされていないパッケージについても表示できます。

```
$ dnf  7.2 M search zsh ………………… 名前か概要に「zsh」を含むパッケージを検索
メタデータの期限切れの最終確認: 0:01:40 時間前の  <中略>
========================== 名前 完全一致: zsh ==============================
zsh.x86_64 : Powerful interactive shell
========================= 名前 & 概要一致: zsh =============================
zsh-html.noarch : Zsh shell manual in html format
⬆名前か概要にzshが含まれているパッケージが表示された
$ dnf info zsh ……………………………… zshパッケージの情報を表示
メタデータの期限切れの最終確認: 0:02:55 時間前の  <中略>
利用可能なパッケージ
名前         : zsh
バージョン   : 5.5.1
リリース     : 6.el8_1.2
<中略>
```

続く

```
概要          : Powerful interactive shell
URL           : http://zsh.sourceforge.net/
ライセンス    : MIT
説明          : The zsh shell is a command interpreter usable as an interactive
              : login shell and as a shell script command processor.  Zsh
<以下略>
```

ファイル名で検索する dnf repoquery

dnf repoquery --file ファイル名で、パッケージに含まれているファイル名からパッケージを検索できます。

dnf repoqueryは、検索対象や表示対象を細かく指定して情報を表示できるコマンドで、**--file**は、ファイルをフルパスまたはワイルドカードを使って指定します。**--file**は**-f**と指定することもできます。

```
$ dnf repoquery --file "*tree*"  … 名前やパスにtreeを含むファイルを含むパッケージを探す
メタデータの期限切れの最終確認: 0:10:36 時間前の  <中略>
GConf2-0:3.2.6-22.el8.i686
GConf2-0:3.2.6-22.el8.x86_64
<中略>
$ dnf repoquery --file /usr/bin/tree  … /usr/bin/treeが収録されているパッケージを探す
メタデータの期限切れの最終確認: 0:10:58 時間前の  <中略>
tree-0:1.7.0-15.el8.x86_64
```

パッケージに収録されているファイルを一覧表示する dnf repoquery

dnf repoquery --list パッケージ名で、パッケージに収録されているファイルを一覧表示します。**--list**は**-l**と指定することもできます。

```
$ dnf repoquery --list tree
メタデータの期限切れの最終確認: 0:12:37 時間前の  <中略>
/usr/bin/tree
/usr/lib/.build-id
/usr/lib/.build-id/d8
/usr/lib/.build-id/d8/6d516d7cb07fb9334cb268af808119e33a5ac5
/usr/share/doc/tree
/usr/share/doc/tree/LICENSE
/usr/share/doc/tree/README
/usr/share/man/man1/tree.1.gz
```

どのパッケージからインストールされたのかを調べる

dnf searchや**dnf repoquery**はインストールされているかいないかを問わず検索できますが、インストール済みパッケージだけを対象にしたい場合は**--installed**オプションを指定します。

```
$ dnf repoquery --installed --file /usr/bin/gimp
(インストールされていないので何も表示されない)
$ dnf repoquery --installed --file /usr/bin/vim
vim-enhanced-2:8.0.1763-13.el8.x86_64
⬆パッケージが表示されるが、バージョンが若干古い
$ dnf repoquery --file /usr/bin/vim ………… 「--installed」なしで実行
メタデータの期限切れの最終確認: 0:20:02 時間前の  <中略>
vim-enhanced-2:8.0.1763-15.el8.x86_64 ………… 最新パッケージが表示された
```

パッケージの一覧表示
dnf list

dnf listでパッケージを一覧表示します。インストール済みのパッケージだけを表示したい場合は**dnf list --installed**とします。

dnf list パッケージ名でパッケージ名を指定することもできます。名前の一部しかわからないときはワイルドカードを使うと良いでしょう。また、実行結果を**grep**コマンドで絞り込むという方法もあります。単純なワイルドカードで指定できる場合は**dnf list**の引数で絞り込んだ方が高速ですが、**grep**コマンドであれば正規表現が使用できるほか、該当の単語をカラー表示できるなどのメリットがあります(p.121)。

```
$ dnf list
メタデータの期限切れの最終確認: 0:25:51 時間前の  <中略>
インストール済みパッケージ
GConf2.x86_64                          3.2.6-22.el8              @AppStream
ModemManager.x86_64                    1.10.8-2.el8              @anaconda
<中略>
利用可能なパッケージ
fontawesome-fonts.noarch               4.7.0-4.el8                appstream
fontconfig.i686                        2.13.1-3.el8               baseos
<中略>
$ dnf list "font*" ………………………… 名前がfontで始まるパッケージを一覧表示
メタデータの期限切れの最終確認: 0:30:52 時間前の  <中略>
利用可能なパッケージ
fontawesome-fonts.noarch               4.7.0-4.el8                appstream
$ dnf list | grep font ………… dnf listの結果をfontで絞り込む (dnf list "*font*"相当)
abattis-cantarell-fonts.noarch         0.0.25-6.el8              @AppStream
dejavu-fonts-common.noarch             2.35-7.el8                @anaconda
```

更新可能なパッケージを確認する --upgrade

dnf list --upgradeで更新可能なパッケージが一覧表示されます。

```
$ dnf list --upgrade
メタデータの期限切れの最終確認: 0:08:00 時間前の  <中略>
利用可能なアップグレード
NetworkManager.x86_64           1:1.30.0-2.el8                    BaseOS  続く
```

```
NetworkManager-adsl.x86_64      1:1.30.0-2.el8                    BaseOS
<以下略>
```

リポジトリの有効化と無効化
標準以外のリポジトリを使うには

標準のリポジトリでは管理されていないパッケージをインストールしたい場合は、リポジトリを追加する必要があります。

ほかに与える影響が大きいソフトウェアの最新版や、実験的なバージョン、あるいはあまりメジャーではないソフトウェアなどをインストールする際にリポジトリを追加する方法を使用します。従来であれば、このようなソフトウェアは自分でソースコードを入手してインストールやメンテナンスを行う必要がありましたが、利用者が多いソフトウェアの場合は**EPEL**(*Extra Packages for Enterprise Linux*、Red Hat Enterprise Linux向けの拡張パッケージ)[注7]リポジトリやサードパーティーによるリポジトリで配布されていることがあるので、まずはそちらを当たってみると良いでしょう[注8]。

リポジトリの設定ファイル　/etc/yum.repos.d/

dnfおよびyumのリポジトリは**/etc/yum.repos.d/**で管理されています。リポジトリ名**.repo**というテキストファイルで中には入手先のURLなどが書かれており、標準で使用するリポジトリは**enabled=1**となっています。

dnfコマンドでは、現在有効なリポジトリは**dnf repolist**で、使用可能なリポジトリは**dnf repolist --all**で確認できます[注9]。

```
$ ls /etc/yum.repos.d/ ………… リポジトリの設定ファイルを一覧表示
CentOS-Stream-AppStream.repo  CentOS-Stream-HighAvailability.repo
CentOS-Stream-BaseOS.repo     CentOS-Stream-Media.repo
<中略>
$ cat /etc/yum.repos.d/CentOS-Stream-BaseOS.repo
⬆CentOS-Stream-BaseOS.repoの内容を表示(CentOS 7/8の場合はCentOS-Base.repo)
<中略>
[baseos]
name=CentOS Stream $releasever - BaseOS
mirrorlist=http://mirrorlist.centos.org/?release=$stream&arch=$basearch&repo=Bas
eOS&infra=$infra
#baseurl=http://mirror.centos.org/$contentdir/$stream/BaseOS/$basearch/os/
gpgcheck=1
enabled=1 ………………………………………… 有効になっている(無効はenabled=0)
gpgkey=file:///etc/pki/rpm-gpg/RPM-GPG-KEY-centosofficial
```

続く

注7　CentOS 8ではデフォルトで有効ですが、CentOS Stream 8およびCentOS 7の場合はepel-releaseパッケージを別途インストールする必要があります。

注8　ライセンスの問題や開発元の意向などで標準セットに収録できないパッケージもあります。開発元のサイトで入手や導入の方法を確認しましょう。

注9　CentOS 7の**yum**コマンドの場合は**yum repolist all**です。

```
$ dnf repolist ・・・・・・・・・・・・・・・・・・・・・・ 現在有効になっているリポジトリを一覧表示
repo id             repo の名前
appstream           CentOS Stream 8 - AppStream
baseos              CentOS Stream 8 - Base
epel                Extra Packages for Enterprise Linux 8 - x86_64
epel-modular        Extra Packages for Enterprise Linux Modular 8 - x86_64
extras              CentOS Stream 8 - Extras
$ dnf repolist --all ・・・・・・・・・・・・・ すべてのリポジトリを一覧表示
repo id                            repo の名前                                状態
appstream                          CentOS Stream 8 - AppStream                有効化
baseos                             CentOS Stream 8 - BaseOS                   有効化
debuginfo                          CentOS Stream 8 - Debuginfo                無効化
<以下略>
```

リポジトリを一時的に有効にする --enablerepo

--enablerepo=リポジトリで、有効にしたいリポジトリを指定します。指定には、**dnf repolist**で表示される「repo id」を使用します。以下は、PowerToolsリポジトリを使って**nkf**コマンドをインストールしています[注10]。

```
$ dnf search nkf ・・・・・・・・・・・・・・・・・・・・・・ 標準のリポジトリでnkfを探す
メタデータの期限切れの最終確認: 0:34:01 時間前の  <中略>
================================ 名前 一致: nkf ================================
chunkfs.x86_64 : FUSE based filesystem that allows you to mount an arbitrary
               : file or block device
⬆nkfというパッケージは存在しない
$ dnf --enablerepo=powertools search nkf ・・・・・・ PowerToolsリポジトリを有効化※
CentOS Stream 8 - PowerTools                     2.3 MB/s | 2.0 MB     00:00
============================== 名前 完全一致: nkf ==============================
nkf.x86_64 : A Kanji code conversion filter
================================ 名前 一致: nkf ================================
⬆PowerToolsリポジトリの情報がダウンロードされ、nkfパッケージが見つかった
<中略>
$ sudo dnf --enablerepo=powertools install nkf ・・・・・・・ nkfパッケージのインストール
<以下略>
```

※CentOS 8の場合は、大文字のPowerToolsで指定(**dnf repolist**で確認可能)。

標準ではないリポジトリを追加する

/etc/yum.repos.d/に設定ファイルがないリポジトリの場合は、別途リポジトリの情報を入手する必要があります。Webサイト用の環境でよく使われるのがRemiリポジトリです。Remiリポジトリはレミ・コレット(*Remi Collet*)氏によるリポジトリで、PHPの最新版などが公開されています[注11]。

注10 CentOS 7まではEPELリポジトリに収録されていました。

注11 使用例はA.1節(p.236)を参照。 URL https://rpms.remirepo.net

```
$ sudo dnf install https://rpms.remirepo.net/enterprise/remi-release-8.rpm
(CentOS 8用のRemiリポジトリが追加された※)
<中略>
$ dnf repolist --all | grep remi
  ↑すべてのリポジトリを表示して「remi」で絞り込み
remi                        Remi's RPM repository for Enterprise Linux 無効化
remi-debuginfo              Remi's RPM repository for Enterprise Linux 無効化
remi-modular                Remi's Modular repository for Enterprise L 有効化
remi-modular-test           Remi's Modular testing repository for Ente 無効化
remi-safe                   Safe Remi's RPM repository for Enterprise  有効化
remi-safe-debuginfo         Remi's RPM repository for Enterprise Linux 無効化
remi-test                   Remi's test RPM repository for Enterprise  無効化
remi-test-debuginfo         Remi's test RPM repository for Enterprise  無効化
↑remi-modularリポジトリとremi-safeリポジトリが有効化されている
```

※CentOS Stream 8でも使用可能。

使わないリポジトリを無効化する

sudo dnf config-manager --enable リポジトリ でリポジトリを有効化、**sudo dnf config-manager --disable** リポジトリ で無効化します。標準ではないリポジトリは普段は無効化しておき、必要なときだけ**--enablerepo**オプション(p.160)で指定する方が安全です。

```
$ sudo dnf config-manager --disable "remi*" …… Remiリポジトリをすべて無効化する
```

Column

ロックファイルの役割

パッケージのインストールなどを行う際に、「**Could not get lock /var/lib/dpkg/lock-frontend**」「**ロックファイル ○○ が存在します**」のようなメッセージが表示されることがあります。これは、処理の衝突を避けるため一時的に作成されるファイルで、**ロックファイル**(*lock file*)といいます。

ロックファイルは処理が終了すると自動で削除されますが、システムの強制終了などが原因で削除されず残ってしまい、次の処理ができなくなることがあります。この場合は**rm**コマンドでロックファイルを削除することで処理が可能になります。

ロックファイルを使用中のコマンド、つまり、ロックをかけているコマンドは、**sudo lsof** ロックファイル で調べられます。**lsof**は現在開いているファイルを一覧表示するコマンドで、ファイルを開いているプロセスの名前やプロセスID(第6章)を確認できます。

```
$ sudo lsof /var/lib/dpkg/lock-frontend
lsof: WARNING: can't stat() fuse.gvfsd-fuse file system /run/user/1000/gvfs
      Output information may be incomplete.
COMMAND    PID USER   FD   TYPE DEVICE SIZE/OFF    NODE NAME
unattende 2572 root   10uW  REG    8,5        0 3553510 /var/lib/dpkg/
lock-frontend
(ロックファイルを開いているのはunattende、プロセスIDは2572※)
```

※ **ps 2572**でコマンド名をもう少し詳しく確認可能。なお、プロセスIDは「**Waiting for cache lock～**」のメッセージでも表示されている。

5.4
GitとGitHub
開発中のソースやドキュメントを入手してみよう

開発中のプログラムやドキュメントは、Git《ギット》で管理されていることがあります。Gitは元々Linuxカーネルのソースコードを管理するために作られた「バージョン管理システム」で、現在は多くのソフトウェアのソースコードやWebサイトのコード、ドキュメント管理などに用いられています。

本節では、Gitの概要と、GitHubというWebサービスで公開されているプロジェクトを自分の環境に取り込み、最新版を追いかけられるようにする方法を解説します。開発に参加したり、自分自身のプロジェクトを管理する場合に必要となるコマンドについては、名前とおもな用途のみを紹介しています。

Gitの基礎知識
バージョン管理システムとは

プログラムのソースコードやドキュメントを開発する際に、最新の状態を保存するだけでなく、さまざまなタイミングの状態を保存しておき、後から遡って参照したり、元に戻せるようにするしくみを**バージョン管理システム**(*version control system*、VCS)といいます。

プログラムの開発はバージョン1、バージョン2と一本道で進むとは限りません。現状を維持して問題点の修正のみを行う安定版と、新しい機能を積極的に追加する開発版など、複数に枝分かれさせることがあります。Gitには**ブランチ**(*branch*)というしくみがあり、プロジェクトを分岐させてそれぞれの開発を進めたり、また、分岐させたプロジェクトを合流させる機能があります。

ローカルリポジトリとリモートリポジトリ

本章ではパッケージ管理用のリポジトリという言葉が何度も登場していますが、Gitでもソースコードや変更履歴、コメントなどを一括して保管する場所としてリポジトリが使われています。

Gitのリポジトリは、自分のPC上に作る**ローカルリポジトリ**(*local repository*)と、共有して使用するサーバー上に作る**リモートリポジトリ**(*remote repository*)の2つがあります。変更履歴などの情報は、それぞれのリポジトリに保存されています。このような管理方法を**分散型バージョン管理**(*distributed version control*)といいます。

リモートリポジトリをどこに作るか

会社や研究室などのチームで開発しているプログラムであれば、組織内の共有サーバー内にリモートリポジトリを作って管理するかもしれません。どこからでも参加できるようにするのであれば、GitHubなどのWebサービス上にリモートリポジトリを作ります。

単一のユーザーで、参照や操作を行うコンピューターも1台のみということであればローカルリポジトリのみで運用できますが、ほかの環境からも参照したいのであれば、やはり、Webサービスが便利です。バックアップ先として有用ですし、スマートフォンなどから参照できるようになるというというメリットもあります。

Git用のWebサービス「GitHub」

GitHubはGitHub, Inc.(2018年以降はMicrosoft傘下)によるGit用のWebサービスです。個人から企業まで幅広く利用されており、大小さまざまなプロジェクトが公開されています。非公開のリポジトリも作れるので、自分だけが使うプライベートなリポジトリとしても活用されています。同様なWebサービスには、Bitbucket、GitLabなどがあります。

個人で利用する場合は公開、非公開が設定できるサービスを選択すると良いでしょう。それぞれ有償プラン、無償プランがあります。

コミットとプッシュで自分の変更を反映させる

プロジェクトで管理しているファイルの変更をリポジトリに記録する操作を**コミット**(*commit*)、ローカルリポジトリの変更をリモートリポジトリに反映させる操作を**プッシュ**(*push*)といいます。

ワークツリーとインデックス

変更内容の保管場所であるリポジトリに対し、管理されているファイルを参照したり編集したりする場所を**ワークツリー**(*work tree*)、あるいは**ワーキングエリア**(*working area*)といいます。単純に作業ディレクトリと呼ぶこともあります。

作業ディレクトリでファイルを編集したり、ファイルの追加や削除を行った場合は前述のコミットという操作を行うわけですが、そのための準備として、コミットしたい変更内容を**インデックス**(*index*)あるいは**ステージングエリア**(*staging area*)と呼ばれる領域に追加するという操作を行います。この1ステップがあることで、自分の編集内容をコミットするかどうかを決められるようになっています(**図B**)。

図B Gitの操作イメージ

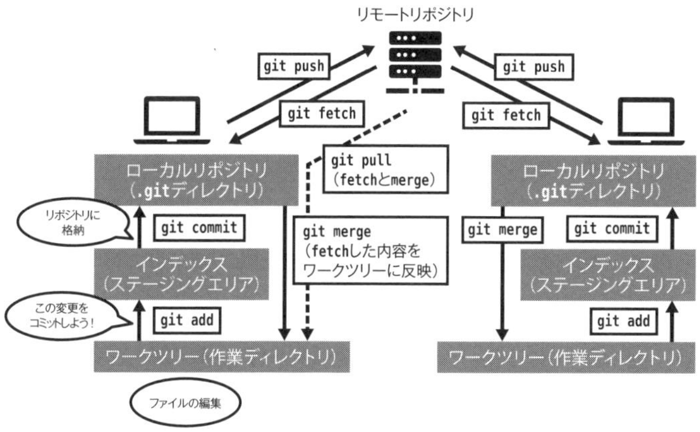

フェッチとマージまたはプルでリモートの変更を取り込む

リモートリポジトリの内容をローカルリポジトリに取り込む操作を**フェッチ**(*fetch*)といいます。リポジトリの内容をワークツリーに反映させる操作が**マージ**(*merge*)で、フェッチとマージを同時に行うのが**プル**(*pull*)という操作です。

gitコマンド
Gitを操作するコマンド

コマンドラインでGitを操作する際は**git**コマンドを使用します。Ubuntu環境では**sudo apt install git**、CentOS環境では**sudo dnf install git**でインストールできます。

gitコマンドは、**git clone** 対象のように、サブコマンドと組み合わせて使用します。

リポジトリの複製を作る git clone

git clone 複製元のリポジトリで、リポジトリの複製を作ります。

以下は2.3節で作成した**~/tmp**ディレクトリで実行しています。**git clone**によって**progit2-ja**というディレクトリが生成されますが、**git**コマンドを試した後は削除してもかまいません。progit2-jaは、「Pro Git」というGitの解説書を翻訳するプロジェクトで、PDFや電子書籍用の形式(epubおよびmobi形式)で整形したファイルは**https://git-scm.com/book/ja/v2**にて公開されています。

git cloneを実行すると、プロジェクトと同じ名前のディレクトリが生成され、その中に最新のソースコード(progit2-jaの場合は対訳が書かれている***.asc**というテキストファイル)が保存されます。プロジェクトに関する作業、たとえばソースコードの更新などはすべてこのディレクトリの中で行います。

プロジェクトのディレクトリには、**.git**というディレクトリも作成されます。これがリポジトリ(ローカルリポジトリ)で、**.git**ディレクトリの中にプロジェクトの情報などが保存されています。以下は2.3節で作成した**~/tmp**ディレクトリで実行しています。

```
~/tmpの中で実行
$ git clone https://github.com/progit/progit2-ja ……  「progit2-ja」の複製を作る
Cloning into 'progit2-ja'...
remote: Enumerating objects: 1, done.
remote: Counting objects: 100% (1/1), done.
remote: Total 10437 (delta 0), reused 0 (delta 0), pack-reused 10436
Receiving objects: 100% (10437/10437), 168.56 MiB | 4.94 MiB/s, done.
Resolving deltas: 100% (6582/6582), done.
$ ls -aF progit2-ja/ ………………  生成されたプロジェクトディレクトリの中を一覧表示する
./                                ch01-introduction.asc
../                               ch02-git-basics.asc
.git/                             ch03-git-branching.asc
.gitignore                        ch04-git-server.asc
(progit2-jaディレクトリが生成され、中に最新のドキュメントと「.git」ディレクトリが保存されている)
<以下略>
```

GitHubで公開されているリポジトリのURL

GitHubで公開されているプロジェクトは**https://github.com**の検索ウィンドウから検索できます。各プロジェクトのURLは**https://github.com/**アカウント**/**プロジェクト名**/**となっており、**git clone**ではこのURLを指定します。

プロジェクトのURLをWebブラウザで開くと、プロジェクトで管理されているファイルを参照できる[Code]のページが表示されます。最新版のソースコードをダウンロードするだけであれば、[Code]ページからZIPファイルをダウンロードすることも可能です(**図C**)。

図C GitHubの公開リポジトリ

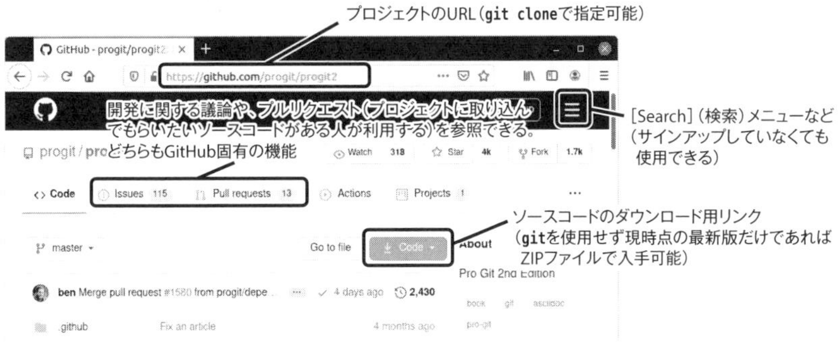

また、GitHub独自の機能として、プロジェクトについての意見交換などを行う[Issues]というページや、[Pull requests]という、ほかの場所で開発した人が自分のコードをプロジェクトに取り込んでもらうためのプルリクエストを参照するページなどがあります。

リモートリポジトリの場所を表示する git remote -v

プロジェクトのディレクトリ(**.git**ディレクトリの親ディレクトリ)で**git remote -v**を実行すると、リモートリポジトリのURLを確認できます。

git cloneで複製したプロジェクトの場合、名前 URL **(fetch)**と名前 URL **(push)**の2行が表示されます。**fetch**はリモートリポジトリの内容取り寄せる、**push**はローカルリポジトリの内容をリモートリポジトリに送るという操作で、デフォルトではどちらの場所も複製元のURLとなります。デフォルトの名前は**origin**です。

git remoteの**-v**オプション(**--verbose**、饒舌)は詳細情報を表示するオプションで、**-v**を付けずに実行するとリモートリポジトリに付けられている名前(**origin**)だけが表示されます。

```
(続き)~/tmpで実行
$ cd progit2-ja/ ······················· プロジェクトのディレクトリへ移動
$ git remote -v ························ リモートリポジトリを表示
origin  https://github.com/progit/progit2-ja (fetch)
origin  https://github.com/progit/progit2-ja (push)
```

ブランチの一覧を表示する git branch -a

git branch -aでブランチを一覧表示します。

「*」が付いているディレクトリが現在参照しているブランチで、通常はデフォルトのブランチである**master**です。**git branch**の**-a**オプション(**--all**、すべて)はローカルリポジトリとリモートリポジトリ両方のブランチを表示するというオプションで、リモートリポジトリのブランチは赤い文字で示されています。

ほかのブランチを参照したい場合は**git checkout** ブランチ名、元のブランチ(masterブランチ)に戻りたい場合は**git checkout master**を実行します。

```
(続き)プロジェクトのディレクトリで実行
$ git branch -a ………………… ローカルとリモートのブランチを一覧表示する
* master
  remotes/origin/HEAD -> origin/master
  remotes/origin/apply-upstream-2
  remotes/origin/fix-104
＜以下略＞
```

変更ログを表示する git log

現在のブランチでの変更内容は、**git log**で参照できます。最新のコミットから順に、作業者と日付、コミットした際に記録したメッセージが表示されます。1画面より長くなる場合、**less**コマンド(p.118)で表示されるのでqで終了してください。

git log --onelineで1件のコミットにつき1行で表示したり、**git log -5**あるいは**git log --oneline -5**のように件数を指定することも可能です。

```
(続き)プロジェクトのディレクトリで実行
$ git log --oneline -5 ………… ログを1コミットにつき1行で5件分表示する
7416f92 (HEAD -> master, origin/master, origin/HEAD) Merge pull request #110
from tnir/transferring-data
468c0ad Fix a wrong translation for "transferring data"
4c8e064 (tag: 2.1.3) Merge pull request #105 from progit/fix-104
8f5156f (origin/fix-104) Update git-daemon.asc
3c53fb4 (tag: 2.1.2) Merge pull request #103 from kenkaton/master
```

リポジトリの変更内容を取り込む git pull

git pullコマンドで、リモートリポジトリの変更内容を取り込めます。

git pullは、リモートから変更履歴を取り寄せる**git fetch**と、変更内容をマージする**git merge**を同時に行うコマンドです。プロジェクトで管理しているファイルは参照のみという場合は、**git pull**を行うだけで常に最新版を追いかけ続けることができます。

```
(続き)プロジェクトのディレクトリで実行
$ git pull ………………… リモートリポジトリの変更内容を取り込む
warning: Pulling without specifying how to reconcile divergent branches is
discouraged. You can squelch this message by running one of the following
commands sometime before your next pull: …… pullを実行した際に、ローカル環境で変更
                                            があった際どうするかについての警告。
                                            (warning) および対処方法のメッセージ
                                            が表示されることがある
＜中略＞
Already up to date.
(最新の状態になっている※)
```

※ 更新されている場合は自動でダウンロードされるが、ローカル側で同じファイルを更新しているような場合はメッセージが表示されるので、どのような措置をとるかを判断する必要がある(**git branch**で枝分かれさせる、**git stash**で自分の変更を退避する、**git merge**または**git rebase**で取り込んで衝突箇所を修正する等)。自分自身も開発に参加している場合はプロジェクトの方針に従って処理する必要があるだろう。

Column

ソースコードからの構築に挑戦

aptコマンドや**dnf**コマンドで使用するパッケージは、入手したファイルを適切な場所に配置、つまりインストールすれば、すぐに実行できます。

これに対し、開発中のソフトウェアの場合はソースコードを入手し、自分のコンピューター上で実行可能な形式にしてから使うことがあります。このようなときに使用するのが**make**コマンドです。

makeコマンドの役割

makeコマンドは、**Makefile**というファイルに書かれた手順に従い、C++言語などのプログラム言語で書かれたファイルを「コンパイル」(後述)したり、ファイルを指定されたディレクトリにコピーしたりします。

まず、これらの工程でよく登場する用語について簡単に確認しましょう。

コンパイルとリンクで実行可能ファイルを作る

コンピュータで使用するソフトウェアを作るには、まず、人間がプログラム言語という専用の言語を使ってプログラムを書き、それをOSが読んで実行できる機械語に**コンパイル**(*compile*、翻訳)します。

多くの場合、ソースコードは膨大な量であり、複数のファイルに分割されています。そこで、それぞれのファイルをコンパイルした後に**リンク**(*link*、結び付ける)という作業を行います。

このような工程を経て実行可能ファイルが作成されます。これらの一連の作業をまとめて**ビルド**(*build*、構築)と呼ぶこともあります。

バイナリパッケージとソースパッケージ

機械語に翻訳されたファイルを、人間が読めるテキストファイルに対し、**バイナリファイル**(*binary file*)と呼びます。バイナリパッケージとは、バイナリファイルをまとめた(パッケージングした)ファイルです。

なお、コンパイルの「素《もと》」(*source*)となる、プログラム言語で書かれたファイルは**ソースファイル**、コンパイルに必要となるソースファイルをまとめたファイルは**ソースパッケージ**と呼ばれています。

スクリプトとの違いは何か

テキストファイルで書かれたプログラムというと、シェルスクリプトをはじめとする「スクリプト」を思い浮かべるかもしれません。

スクリプト(*script*、台本)とは、別の実行ファイル、たとえば**bash**や**perl**コマンド、**ruby**コマンドなどが読んで実行する、というものです。bash用に書かれたスクリプト(シェルスクリプト、p.113)であれば、**bash**がその都度読んで実行するので、コンパイルなどの作業は不要です。

手順が書かれたファイルがMakefile

実行ファイルを作るには、たくさんのファイルをコンパイルし、リンクするという作業が必要です。これらをまとめて行うためのコマンドが**make**コマンドです。

また、makeを実行するにあたり、どのファイルをコンパイルすれば良いか、必要なオプションは何かなどといった手順が書かれたファイルがMakefileです。多くの場合、コンパイルやリンクだけではなく、インストールやアンインストールの手順も書かれています。

Makefileを自分の環境用に書き換えるConfigure

バイナリファイルは各環境専用ですが、ソースファイルは違います。同じソースでLinux用、macOS用、時にはWindows用のバイナリファイルを作れます。

ただし、その過程で必要となる手順は環境によって異なります。たとえば、必要とするファイルを置いてある場所が異なったり、コンパイル用のコマンドを実行するときに指定するべきオプションが異なったりするためです。

開発者と自分の環境が同じであれば同じ**Makefile**を使えるかもしれませんが、多くの場合は、自分の環境用に**Makefile**を書き換える必要が出てきます。この作業を**Configure**といいます。ある程度の規模のプログラムであれば、ソースパッケージの中に専用のスクリプトも収録されています。実際のファイル名は**configure**が一般的です。

Configure用のスクリプト

Configure用のスクリプトを実行すると、コンパイル等に必要なコマンドの位置や、ハードウェアの種類などが自動判定されて**Makefile**が作成されます。

うまく作成できない場合や、カスタマイズをしたい場合はオプションを指定します。使用できるオプションは**--help**オプションで確認できます。コンパイル時の注意事項などは**README**という名前のテキストファイルに書かれていることが多いでしょう。

makeに挑戦してみよう

以下の実行例では、**rsync**コマンドのソースコードをダウンロードして構築までを行っています。**rsync**コマンドはリモート環境とのディレクトリの同期などに使われるコマンドで、現在もアップデートが続けられています[注a]。UbuntuやCentOSでは標準でインストールされているので、試してみる際はconfigureやmakeまでに留めてください。インストールやアップデートはパッケージ管理コマンドで行った方が安全です。

まず、**wget**コマンドでファイルをダウンロードして、**tar**コマンド(p.73)で展開しています。**wget**はURLを指定してファイルをダウンロードできるコマンドで、ディレクトリを指定した再帰処理などにも対応しています。

```
~/tmpの中で実行。ひととおり試したら削除する
$ wget https://download.samba.org/pub/rsync/src/rsync-3.2.3.tar.gz
    ⬆ソースファイルをダウンロードする
<中略>
`rsync-3.2.3.tar.gz' に保存中

rsync-3.2.3.tar.gz  100%[===================>]   1.02M   734KB/s   in 1.4s

2021-03-11 02:44:41 (734 KB/s) - `rsync-3.2.3.tar.gz' へ保存完了
[1069784/1069784]
⬆rsync-3.2.3.tar.gzがダウンロードできた
$ tar -xvf rsync-3.2.3.tar.gz …… tarアーカイブを展開する
rsync-3.2.3/
rsync-3.2.3/flist.c
<以下略>
```

注a　URL https://rsync.samba.org

続いて、tarファイルの展開で生成された**rsync-3.2.3/**ディレクトリへ移動し、**configure**と**make**を実行しています。**configure**はtarファイルに収録されていたシェルスクリプトで、実行にはパスが必要となるので(p.80)「**./**」を付けて実行しています。

初回の**configure**では必要なファイルが不足していたため処理が中断されています。ここでは、メッセージに従ってオプションを付けて再実行しました。

（続き）~/tmpの中で実行

```
$ cd rsync-3.2.3/
$ ./configure ·································· configureスクリプトを実行する
configure.sh: Configuring rsync 3.2.3
checking build system type... x86_64-pc-linux-gnu
checking host system type... x86_64-pc-linux-gnu
（中略）
Configure found the following issues:

- Failed to find openssl/md4.h and openssl/md5.h for openssl crypto lib
support.
- Failed to find xxhash.h for xxhash checksum support.
- Failed to find zstd.h for zstd compression support.
- Failed to find lz4.h for lz4 compression support.

See the INSTALL file for hints on how to install the missing libraries and/
or
how to generate (or fetch) man pages:
    https://github.com/WayneD/rsync/blob/master/INSTALL.md

To disable one or more features, the relevant configure options are:
    --disable-openssl
    --disable-xxhash
    --disable-zstd
    --disable-lz4

configure.sh: error: Aborting configure run
```

↑opensslやlz4などの開発パッケージ(libssl-dev等)が入っていないため、configureが完了できなかった。メッセージによると、INSTALLファイル※1に従って必要なパッケージをインストールするか、--disable-opensslなどのオプションで機能を無効化すれば良いとのこと

```
$ ./configure --disable-openssl --disable-xxhash --disable-zstd --disable-
lz4
configure.sh: Configuring rsync 3.2.3
checking build system type... x86_64-pc-linux-gnu
checking host system type... x86_64-pc-linux-gnu
（中略）
config.status: creating shconfig
config.status: creating config.h
```

続く

```
    rsync 3.2.3 configuration successful

⬆機能の一部を無効化するオプションを付けたら、configureが実行できた
$ make ………………………………………………… makeを実行する（コンパイルとリンクを行う）
mawk -f ./daemon-parm.awk ./daemon-parm.txt
mawk -f ./mkproto.awk ./*.c ./lib/compat.c daemon-parm.h
gcc -I. -I. -I./zlib -I./popt -g -O2 -DHAVE_CONFIG_H -Wall -W  -c flist.c
-o flist.o
<中略>
sed 's;\@bindir\@;/usr/local/bin;g' <./stunnel-rsyncd.conf.in >stunnel-
rsyncd.conf
(makeが完了した)
$ ./rsync --version ………………………… 作成されたrsyncコマンドを実行してみる（ここ
                                        ではバージョンの表示のみ）
rsync  version 3.2.3  protocol version 31
Copyright (C) 1996-2020 by Andrew Tridgell, Wayne Davison, and others.
Web site: https://rsync.samba.org/
⬆rsyncのバージョン3.2.3が構築できている
<中略>
$ make -n install ………………………… make installで実行されるであろう内容を確認※2
<中略>
./maybe-make-man . rsync.1.md
./maybe-make-man . rsync-ssl.1.md
./maybe-make-man . rsyncd.conf.5.md
/usr/bin/mkdir -p /usr/local/bin
/usr/bin/install -c  -m 755 rsync /usr/local/bin
/usr/bin/install -c -m 755 ./rsync-ssl /usr/local/bin
/usr/bin/mkdir -p /usr/local/share/man/man1
/usr/bin/mkdir -p /usr/local/share/man/man5
if test -f rsync.1; then /usr/bin/install -c -m 644 rsync.1 /usr/local/
share/man/man1; fi
if test -f rsync-ssl.1; then /usr/bin/install -c -m 644 rsync-ssl.1 /usr/
local/share/man/man1; fi
if test -f rsyncd.conf.5; then /usr/bin/install -c -m 644 rsyncd.conf.5 /
usr/local/share/man/man5; fi
(make installを実行すると、/usr/local/binにrsyncが、/usr/local/share/man/man1にマニュアルがインストールされる)
```

※1 rsync-3.2.3ディレクトリに展開されるINSTALL.mdファイル。この実行例ではいきなりconfigureを実行しているが、実際は、展開されたファイルを確認し、INSTALLやREADMEなどの名前が付いたファイルがあったら内容を参照してから実行する。

※2 makeの**-n**オプション（**--dry-run**、予行）は、実行するコマンドを表示するのみで、実際には何も行わないというオプション。**./maybe-make-man**はmdファイル（Markdown形式で書かれたテキストファイル）からman用のファイルを生成するシェルスクリプトでrsync-3.2.3.tar.gzから展開されたもの、**install**はファイルをコピーし、オプションに従ってパーミッションなどを設定するコマンド。

第6章

ユーザーとプロセス

誰が何を実行しているかを意識しよう

本章では、システム全体に目を向けて、ユーザーの管理、プロセスの管理、そしてファイルシステムについて扱います。いずれも状況確認が中心ですが、本格的なシステム管理を行う上での基礎知識となる事項です。

6.1 ユーザー管理の基礎知識

ユーザーIDとグループID、/etc/passwd

Linuxはマルチユーザーによる利用を前提としているシステムで、第4章で見たように、ユーザーとグループを使ってファイルの参照や実行許可の管理をするしくみがありました。これらの管理にはユーザーIDとグループIDという数値が使われています。

ここでは、自分のユーザーIDやグループIDを確認する方法、そして、ほかのユーザーとしてコマンドを実行するsudoコマンドや現在システムを利用しているユーザーを確認する方法などを解説します。

一部のコマンドにはroot権限が必要で、本節ではsudoコマンドの有無で示します(sudoで実行しているものはroot権限が必要)。実行時にパスワードを求められた場合はsudoコマンドを実行しているユーザーのパスワードを入力してください。

ユーザーIDとグループID
ユーザーとグループは番号で管理されている

Linuxにログインするときに使う名前や、`ls -l`で表示される所有者やグループには「名前」が表示されています。しかし、システム内部で管理されているのは番号です。これを**ユーザーID**(*user id*、UID)、**グループID**(*group id*、GID)といいます。

0番はどちらもroot(rootユーザー、rootグループ)で、一般ユーザーは**1000**番以降が使われています[注1]。**1〜999**はシステムユーザー(後述)です。

idコマンド
ユーザーの情報を確認してみよう

idで、自分のユーザー名とUID、およびグループ名とGIDを表示できます。ほかのユーザーのIDを調べたい場合は**id** ユーザー名 とします。

```
$ id ……………………………………… 自分のユーザーIDやグループを表示
uid=1000(study) gid=1000(study) groups=1000(study),4(adm),24(cdrom),27(sudo),30(
dip),46(plugdev),120(lpadmin),131(lxd),132(sambashare)
$ id root ……………………………… rootのユーザーIDやグループを表示
uid=0(root) gid=0(root) groups=0(root)
```

ユーザー名とグループ名を簡単に表示する whoami/group

whoamiでユーザー名を表示できます。**id -un**(**-u**はユーザー、**-n**は名前を表示するオプション)に相当します。**whoami**コマンドを実行したユーザーの名前が表示されるので、たとえ

注1 古いシステムでは**500**番以降を一般ユーザーとしているなど、明確な区別があるとは限りません。**1000**という区切りは、UbuntuやCentOSの場合/etc/login.defsで設定されています。

ば**sudo**コマンドを使って**whoami**を実行するとrootユーザーが表示されます。

グループ名は**groups**コマンドで表示します。**id**コマンドでは**id -Gn**に相当します。複数のグループに所属している場合はすべて表示されますが、プライマリグループだけを表示したい場合は**id -gn**を使用します。

```
$ whoami ……………………………… 自分のユーザー名を表示
study
$ sudo whoami ………………………… rootとしてwhoamiを実行
[sudo] study のパスワード: …… （自分のパスワードを入力。以下、sudo使用時は同様に行う）
root
$ id -un ……………………………… ユーザー（-u）の名前（-n）を表示
study …………………………………… （whoami相当の表示になる）
$ groups ……………………………… 自分のグループを表示
study adm cdrom sudo dip plugdev lpadmin lxd sambashare
$ id -Gn ……………………………… すべてのグループ（-G）の名前（-n）を表示
study adm cdrom sudo dip plugdev lpadmin lxd sambashare
$ id -gn ……………………………… プライマリグループの名前のみを表示
study
```

※ **id**コマンドのロングオプションはそれぞれ**-u**（**--user**、名前）、**-g**（**--group**、グループ）、**-G**（**--groups**、複数のグループ）で、**-n**（**--name**、名前）を付けずに実行した場合はユーザーIDおよびグループIDが表示される。

システムユーザー
管理者でも操作する人でもない特別なユーザー

Linuxでは、私たちがコマンドラインやGUIでの操作で動かすコマンドのほかに、さまざまなプログラムが動いています。これらを動かすのに使われているのが**システムユーザー**（*system user*）、またはシステムアカウント（*system accounts*）です。

システムユーザーは多くの場合サーバープロセス専用で、ログインは行いません。たとえば、Webサーバーを動かすのにはwww-dataユーザーやapacheというユーザー（A.1節）、PostgreSQLというデータベースサーバーの管理者にはpostgresというユーザーが使用されます。

なお、すべてのサーバーがこのようになっているというわけではなく、たとえば、MySQLやMariaDBというデータベースサーバーの場合、デフォルトの管理者はrootユーザーです。

システムユーザーにはパスワードがない!?

システムユーザーにはパスワードが設定されていません。これは、パスワードなしでログインできるということではなく、「ログインできない」ということを意味しています。

Linuxでは、ログインにはパスワードが必須です。新しく作ったばかりでまだパスワードが設定されていないユーザーや、パスワードが無効化されているユーザーは、ログインしてシェルを使用することはできません。パスワードが無効化されているかどうかは、後述する/etc/shadowファイルで確認できます（p.174）。

passwdコマンド
パスワードを変更する

passwdコマンドで、自分自身のパスワードを変更できます。まず、現在のパスワードを入力し、続いて新しいパスワードを確認のため2回入力します。

パスワードが短い、あるいは変更前と同じなど、セキュリティ上問題がありそうな場合に警告が出ることがあります。rootユーザーの場合はこのような警告が出ないので注意してください。rootユーザーの権限を使ってパスワードを設定したい場合は**sudo passwd** ユーザー名 のように変更の対象を指定します。

```
$ passwd
study 用にパスワードを変更中 ………… 自分のパスワードを変更する
Current password: ………… 現在のパスワードを入力
新しいパスワード: ………… 新しいパスワードを入力
新しいパスワードを再入力してください: ………… 新しいパスワードを再入力
passwd: パスワードは正しく更新されました
```

/etc/passwdと/etc/shadow
ユーザーの情報を管理する2つのファイル

ユーザーの情報は**/etc/passwd**で、パスワードの情報は**/etc/shadow**で管理されています。古くはパスワードも/etc/passwdで管理されていましたが、/etc/passwdはrootユーザー以外でも参照可能であることから、パスワードの情報は/etc/shadowに分離され、rootユーザーのみが参照できるように変更されました。この方式を**シャドウパスワード**(*shadow password*)といいます。

どちらのファイルも1ユーザーにつき1行で、「**:**」で区切られたテキストデータです。

/etc/passwdには「ユーザー名[注2]**:**暗号化されたパスワード**:**ユーザーID**:**グループID**:**フルネーム**:**ログインシェル」が記録されています。シャドウパスワードが導入されている場合、パスワードは**x**となっています。したがって、/etc/passwdを参照すれば、ユーザーIDとユーザー名の対応関係がわかります。

/etc/shadowは「ユーザー名**:**暗号化されたパスワード**:**パスワードの有効期限に関する情報……」となっています(詳細は**man shadow**で確認可能)。パスワードが無効化されている(ロックされている)場合、2番めのフィールドは「**!**」または「**!!**」、パスワードが設定されていない場合は「*****」となります。どちらの場合もログインはできません。

```
$ cat /etc/passwd ………… /etc/passwdファイルを参照する
root:x:0:0:root:/root:/bin/bash
daemon:x:1:1:daemon:/usr/sbin:/usr/sbin/nologin
bin:x:2:2:bin:/bin:/usr/sbin/nologin
＜中略＞
study:x:1000:1000:study,,,:/home/study:/bin/bash
```
続く

注2 1番めのフィールドはログインに使用する「ログイン名」、5番めのフィールドはフルネームや連絡先等を保存するフィールドで、「GECOSフィールド」と呼ばれることがあります。UNIXより古くから使われているGCOSというOSの旧名称に由来するフィールド名です。

```
<中略>
$ sudo cat /etc/shadow …………………… root権限で/etc/shadowファイルを参照する
[sudo] study のパスワード: ………… (パスワードを入力)
root:!:18410:0:99999:7::: …………… rootのログインはロックされている※
daemon:*:18387:0:99999:7::: ………… daemonのパスワードは未設定
bin:*:18387:0:99999:7::: …………… binのパスワードは未設定
<中略>
study:$6$/mGrHLZOYBi/fE4x$PwurY7Mo8zaapdyTU3on15puBr6ZkLEj66avuJ7ahmgjfaKB9BWyuo
Wc40/KL2IGyoMOGnlNqWns32HWMgnRH0:18613:0:99999:7:::
<以下略>
```

※ CentOSではロックされている場合の2番めのフィールドは「!!」となっている。なおCentOSの場合、デフォルトでは rootはロックされていないため、一般ユーザー同様2番めのフィールドに暗号化されたパスワードが保存されている。

グループの情報 /etc/group /etc/gshadow

グループの情報は/etc/groupに保存されています。1つのグループにつき1行で管理されており、「グループ名:暗号化されたパスワード:グループID:メンバー」となっています。メンバーが複数の場合は「,」で区切られています。パスワードが設定されている場合は/etc/gshadowに保存されます。

```
$ cat /etc/group ………………………… /etc/groupファイルを参照する
root:x:0:
daemon:x:1:
bin:x:2:
<中略>
study:x:1000: ……………………………… 一般ユーザー用のグループは1000番以降、プライマリ
                                      グループなのでメンバーは登録されていない
$ grep study /etc/group ……………… ユーザーstudyが所属しているグループを探す
adm:x:4:syslog,study
cdrom:x:24:study
sudo:x:27:study
dip:x:30:study
plugdev:x:46:study
lpadmin:x:120:study
lxd:x:131:study
study:x:1000:
sambashare:x:132:study
$ sudo cat /etc/gshadow ……………… root権限で/etc/gshadowファイルを参照する
root:*::
daemon:*::
bin:*::
(パスワード付きグループの運用はしていないため、パスワード欄は「*」または「!」になっている※)
<以下略>
```

※「*」は未設定、「!」は無効の意味。CentOSの場合、未設定のパスワードは空欄。

sudoコマンド
コマンドを別のユーザーとして実行する

sudo コマンドで、コマンドをroot権限で実行します。

sudoは、指定したコマンドを別のユーザーとして実行するコマンドです。どのユーザーで実行するかは**-u**オプション(**--user**、ユーザー)で**sudo -u** ユーザー コマンドのように指定します。ユーザーの部分はユーザー名とユーザーIDが使用できます。

```
$ sudo ls /root ……………… root権限で/root(rootユーザーのホームディレクトリ)を表示
$ sudo -u root ls /root …… 「-u」でユーザーrootを指定して実行
```

sudoで入力するパスワード

これまで使ってきたとおり、**sudo**コマンドで入力するのは**sudo**コマンドを実行したユーザー自身のパスワードです。sudoが利用できるユーザーは後述するsudoersで管理されているので、「許可されているユーザーであれば、自分のパスワードで、管理者用のコマンドを実行できる」というしくみになっています。

sudoコマンドは、一定時間内はパスワードの入力を省略できるようになっており、Ubuntu環境のデフォルトは15分間、CentOS環境は5分間に設定されています注3。**sudo -K**で現在の認証情報を削除できます(**--remove-timestamp**、タイムスタンプの除去)。また、**sudo -k** コマンドのように**-k**オプション(**--reset-timestamp**、タイムスタンプのリセット)を付けると、毎回のパスワード入力が必須となります。

Column

CentOSでsudoが使用できない場合

CentOSの場合、wheelグループのメンバーは**sudo**コマンドですべてのコマンドをroot権限で実行できるように設定されています。インストール時の[ユーザーの作成]画面で[このユーザーを管理者にする]にチェックマークを入れた場合、自動的にwheelグループのメンバーになりますが、チェックマークを入れていない場合は、wheelグループに追加する必要があります。

以下の実行例では、studyというユーザーをwheelグループに追加しています。

```
$ su ……………………………………… wheelグループの操作をするためrootユーザーになる
パスワード: ………………………………… rootユーザーのパスワードを入力
# gpasswd -a study wheel ………… ユーザーstudyをwheelグループに追加
ユーザ study をグループ wheel に追加
# exit ………………………………………… suを終了し元のユーザー(study)に戻る
$ su study …………………………………… ユーザーstudyの情報を読み直す※
パスワード: ………………………………… studyユーザーのパスワードを入力
$
(ユーザーstudyでsudoコマンドが利用可能になった)
```

※ グループの変更は次回のログインから有効になるが、GUI環境の場合再起動が必要になるため、**su study**でユーザーstudyに切り替えることでグループの情報を反映させている(**exit**を実行するまで有効)。

注3 /etc/sudoersの**timestamp_timeout**で設定可能(**man sudoers**)。/etc/sudoersは**visudo**コマンドで編集します。

sudoでシェルを動かす

-sオプション(**--shell**、シェル)でシェルを実行できます。**sudo -s**または**sudo bash**のようにシェルを指定して動かした場合、プロンプトの末尾がroot権限で実行中であることを示す「**#**」に変わり、すべてのコマンドをroot権限で実行できる状態になります。**exit**コマンドで**bash**が終了し、元のユーザーに戻ります。

rootユーザーのまま普段の操作も行うと、一般ユーザーでは削除できないファイルやディレクトリも削除できるなど、危険な操作ができてしまいます。**sudo -s**でシェルを使うのではなく、必要なコマンドを実行したいときだけ**sudo**を使うという運用にした方が安全です。

sudoの設定ファイル

どのユーザーが**sudo**を実行できるか、また、**sudo**でどのようなコマンドを実行できるかは、**/etc/sudoers**および**/etc/sudoers.d/**ディレクトリ下のファイルで設定します。**/etc/sudoers**の表示や編集にはroot権限が必要で、かつ、編集する際には**visudo**コマンドまたは**sudoedit**コマンドを使用する必要があります。

/etc/sudoersは「ユーザー ホスト **=(**権限**)** コマンド」または「**%**グループ ホスト **=(**権限**)** コマンド」という組み合わせで設定します。権限の部分は、**(**ユーザー**:**グループ**)** のように、どのユーザー、どのグループの権限で実行できるかを指定できます。

以下はUbuntuの初期設定です。「**%sudo ALL=(ALL:ALL) ALL**」なので、sudoグループのメンバーは、すべてのホストで、すべてのコマンドが実行可能となっています[注4]。インストール後に追加した新規ユーザーは**sudo**が使用できませんが、sudoグループに追加することで**sudo**コマンドが使用可能になります(グループメンバーの追加、p.181)。

```
$ sudo cat /etc/sudoers ……………… root権限で/etc/sudoersを表示する
<中略>
# User privilege specification
root    ALL=(ALL:ALL) ALL

# Members of the admin group may gain root privileges
%admin ALL=(ALL) ALL

# Allow members of group sudo to execute any command
%sudo   ALL=(ALL:ALL) ALL
<以下略>
```

suコマンド
別のユーザーになる

suコマンドは、実行ユーザーを切り替える(*substitute user*)というコマンドで、**su**のみで実行するとrootユーザーになります。この場合、rootユーザーのパスワードが必要です。**su -**のように、「**-**」を指定すると、ログイン時の処理も行われます(**-l**、**--login**オプション相当)。

sudoコマンドの項で触れたとおり、rootユーザーの権限でシェルを実行するのはセキュリティ上、好ましくありません。また、そもそもrootユーザーにパスワードが設定されていない場合は**su**コマンドでrootユーザーに切り替えることはできません。

注4 設定内容はディストリビューションによって異なります。CentOSではwheelグループに許可が与えられています。

ログイン設定やグループの設定を反映させたい

usermodコマンドや**gpasswd**コマンドでユーザーの所属グループを変更した場合、そのユーザーでログインし直すまで設定が反映されません。GUI環境の場合、GUI操作のログアウトではなく実質としては再起動が必要になります。

この場合、**su** ユーザー名で自分自身に改めて切り替えることで、グループの設定を反映させることができます(p.178)。ログインの処理も含めて行いたい場合は**su -** ユーザー名とします。

6.2 ユーザーとグループの追加と削除

adduser/useradd/groupadd

ここでは、ユーザーの作成やグループの作成の方法、および自分の所属グループを変更するコマンドについて扱います。

adduser/useraddコマンド
ユーザーを追加する

adduser ユーザー名で新しいユーザーを追加します。

同じような名前のコマンドに**useradd**コマンドがあり、CentOS環境の場合、**adduser**は**useradd**へのシンボリックリンクです。ユーザーの作成とホームディレクトリの作成、初期設定ファイル(/etc/skelディレクトリのファイル)がコピーされます。

Ubuntu環境の場合、**adduser**は対話式でユーザーの作成とホームディレクトリの作成、初期設定ファイル(/etc/skelディレクトリのファイル)がコピーされた後でパスワードやフルネームなどの設定を行えます。**useradd**コマンドの場合はユーザーの作成のみを行うため、ホームディレクトリの作成や設定は別途行う必要があります。

なお、GUI環境の場合、GUI環境でのログイン時に「デスクトップ」などのディレクトリが作成されます。

(Ubuntuの場合)一般ユーザーはadduserコマンドで追加する

```
$ sudo adduser penguin ·················· ユーザーpenguinを作成
ユーザー `penguin' を追加しています...
新しいグループ `penguin' (1001) を追加しています...
新しいユーザー `penguin' (1001) をグループ `penguin' に追加しています...
ホームディレクトリ `/home/penguin' を作成しています...
`/etc/skel' からファイルをコピーしています...
新しいパスワード: ·················· 新しく作成するユーザーのパスワードを入力
新しいパスワードを再入力してください: ··········· パスワードを再入力
passwd: パスワードは正しく更新されました
penguin のユーザ情報を変更中
新しい値を入力してください。標準設定値を使うならリターンを押してください
        フルネーム []: ·················· 使用しない場合はEnter
```

続く

```
        部屋番号 []: ………………… 使用しない場合はEnter
        職場電話番号 []: ………… 使用しない場合はEnter
        自宅電話番号 []: ………… 使用しない場合はEnter
        その他 []: …………………… 使用しない場合はEnter
以上で正しいですか? [Y/n] ……… 「Y」またはEnterで上記が設定される
$ id penguin ………………………………… penguinのユーザーIDやグループを確認する
uid=1001(penguin) gid=1001(penguin) groups=1001(penguin)
↑新しく作ったpenguinの情報が表示された。グループはpenguinのみなので(UPG、p.54)、sudoは実行できない
$ ls -a ~penguin …………………………… penguinのホームディレクトリ※を表示する
.  ..  .bash_logout  .bashrc  .profile
↑初期設定ファイル(/etc/skel/下のファイル)がコピーされている
```

※ **~penguin**は/home/penguinに展開される(チルダ展開、p.90)。

```
(CentOSの場合)一般ユーザーはuseraddまたはadduserで追加し、passwdコマンドでパスワードを設定する
$ sudo useradd penguin ……………… ユーザーpenguinを作成
(ユーザーpenguinが作成された)
$ sudo passwd penguin ……………… ユーザーpenguinのパスワードを設定
ユーザー penguin のパスワードを変更。
新しいパスワード: ……………………… ユーザーpenguinのパスワードを入力
新しいパスワードを再入力してください: ………… パスワードを再入力
passwd: すべての認証トークンが正しく更新できました。
$ id penguin ……………………………… ユーザーpenguinのユーザーIDやグループを確認する
uid=1001(penguin) gid=1001(penguin) groups=1001(penguin)
↑新しく作ったpenguinの情報が表示された。グループはpenguinのみなので、sudoは実行できない
$ sudo ls -a ~penguin ……………… (確認) penguinのホームディレクトリ※を表示する
.  ..  .bash_logout  .bash_profile  .bashrc  .mozilla
↑初期設定ファイル(/etc/skel/下のファイル)がコピーされている
```

※ CentOSの場合、ホームディレクトリのパーミッションは**700**(**drwx------**)で作成されるため、中を表示するにはroot権限が必要。

システムユーザーを追加する

システムユーザーは**useradd**コマンドの**-r**オプション(**--system**、システム)を使って作成します。ユーザーIDは1000未満の数値が割り当てられ、ホームディレクトリは自動生成されません[注5]。

システムユーザーはログインしないのでパスワードの設定は不要です。ログインを明示的に禁止したい場合は**-s**オプション(**--shell**、シェル)で**/usr/sbin/nologin**(p.180)を指定します。**-s**オプションを使わずに作成した場合も、後述する**usermod**コマンドや**chsh**コマンドで変更できます。

```
$ sudo useradd -r -s /usr/sbin/nologin taro
↑ユーザーtaroをシステムユーザーとして作成
$ id taro ………………………… ユーザーtaroのユーザーIDやグループを確認する
```

続く

注5 Ubuntu環境で**adduser**でシステムユーザーを作成する場合は**--system**オプションを使用します。一般ユーザーと異なり、パスワードなどを設定するプロンプトは表示されず、空のホームディレクトリ(/home/**ユーザー名**)が作成されます。

```
uid=997(taro) gid=997(taro) groups=997(taro)
(1000番以下のIDが使用されている)
```

userdelコマンド
ユーザーを削除する

userdel ユーザー名 でユーザーを削除します。ホームディレクトリも削除したい場合は **-r** オプションを付けます。

```
$ sudo userdel -r penguin …… ユーザーpenguinを削除する(ホームディレクトリも削除する)
```

usermodコマンド
ユーザーの設定を変更する

ユーザーの設定は **usermod** コマンドでも変更できます。この場合、**sudo usermod** オプション ユーザー のように、オプションとユーザーを組み合わせてユーザーの設定を変更します。ただし、パスワードであれば **passwd** コマンド(p.174)、ログインシェルは **chsh** コマンド(p.180)のように、専用のコマンドがある場合はそちらの方が扱いやすいでしょう。

たとえば、シェルは **-s** オプション(**--shell**)で変更できますが、**chsh** コマンドであれば **/etc/shells** ファイルに登録されていないシェルを指定した場合は警告が出るのに対し、**usermod** の場合はそのような確認はありません。

usermodコマンドによるグループの変更

プライマリグループは **-g** オプションで、それ以外のグループは大文字の **-G** オプションで指定します。この場合、**-G grp1,grp2,grp3** のようにプライマリグループ以外のすべてのグループを指定する必要があります。現在のグループに追加する場合は **-a** オプション(**--append**、追加)も一緒に指定し、**usermod -Ga grp4** のようにします。

セカンダリグループ(プライマリ以外のグループ)は **gpasswd** コマンド(p.181)で設定できます。

chshコマンド
ログインシェルを変更する

sudo chsh -s シェル ユーザー でユーザーのログインシェルを変更します。シェルは「/」からのフルパスで指定する必要があり、**/etc/shells** に書かれていない内容で設定した場合、そのユーザーはログインできなくなります。なお、明示的にログインを許可しない場合は **/usr/sbin/nologin** を指定します。

nologin コマンドは /etc/nologin.txt の内容を出力するだけのコマンドです。シェルとして指定されていた場合、ログインに成功しても「このアカウントは利用できない」という旨のメッセージ(/etc/nologin.txt の内容)を表示してログインプロンプトに戻ります。

```
$ sudo chsh -s bash study ……………… (失敗例) シェルをパスなしで設定
chsh: 警告: bash は存在しません
⬆bashは/etc/shellsにないので警告が出る(ユーザーstudyはログインできなくなる)
```

続く

```
$ sudo chsh -s /usr/bin/bash study ………… シェルをフルパスで指定
⬆ユーザーstudyのログインシェルを/usr/bin/bashにする(ログインできるようになる)
```

groupadd/groupdelコマンド
グループの追加と削除

sudo groupadd グループ名 でグループを追加、**sudo groupdel** グループ名 でグループを削除します。システムグループは**-r**オプション(**--system**)で作成できます(p.153のコラムを参照)。

```
$ sudo groupadd testproject
```

gpasswdコマンド
グループメンバーの追加と削除

sudo gpasswd -a ユーザー名 グループ名 で、ユーザーを指定したグループに追加、**sudo gpasswd -d** ユーザー名 グループ名 で、ユーザーを指定したグループから削除します。

gpasswdコマンドは、その名のとおり、グループのパスワードを設定するというコマンドで、**sudo gpasswd** グループ でグループのパスワードを設定できますが[注6]、どちらかというとグループのメンバーの追加や削除に用いられることの方が多いでしょう。なお、グループは**usermod**コマンドでも変更できますが、**usermod**コマンドの場合、プライマリーグループの変更(**-g**オプション)とそれ以外のグループの変更(**-G**オプションと**-a**オプション)を間違えやすいので注意してください。

```
(続き)gpasswdコマンド実行後
$ sudo gpasswd -a study testproject
ユーザ study をグループ testproject に追加
⬆studyがtestprojectグループのメンバーになった
```

グループの設定を反映させる

ユーザーの所属グループは、そのグループでシステムにログインし直した時点から有効になります。コマンドラインですぐに使いたい場合は、**su**コマンド(p.177)を使い、**su** 自分自身 で「自分自身に切り替える」ことでグループの情報が反映されます。

```
(続き)gpasswdコマンド実行後
$ id study ………………………………………… ユーザーstudyのユーザーIDやグループを確認する
uid=1000(study) gid=1000(study) groups=1000(study),4(adm),24(cdrom),27(sudo),30(
dip),46(plugdev),120(lpadmin),131(lxd),132(sambashare),1001(testproject)
                                                    ⬆testprojectが追加されている
$ groups ………………………………………… 現在のユーザーが所属しているグループを確認
study adm cdrom sudo dip plugdev lpadmin lxd sambashare                    続く
```

注6　グループにパスワードが設定されていると、**newgrp** グループ名 で、一時的にプライマリーグループをそのグループに変更できるようになります。再ログインまたは**newgrp**コマンドを引数なしで実行すると元のプライマリーグループに戻ります。

```
(testprojectが反映されていない)
$ su study ………………………… 自分自身に切り替えることでグループを反映させる
パスワード: ……………………… 自分のパスワードを入力
$ groups ………………………… 改めて現在のユーザーが所属しているグループを確認
study adm cdrom sudo dip plugdev lpadmin lxd sambashare testproject
                                          ↑testprojectが反映されている
```

Column

共有ディレクトリでSGIDの設定を試してみよう

共有ディレクトリの場合、通常のパーミッションのほかに所有グループの権限を引き継ぐSGID(*Set Group ID*)属性があると、より使いやすくなります。

「testusers」というグループを作り、testusersグループ用の共有ディレクトリ「/usr/local/workdir」を作ってSGIDがどのように働くかを試してみましょう。

[準備❶]テスト用ユーザーの作成

まず、**adduser**コマンドでテスト用のユーザー**penguin**を作成し、**passwd**コマンドでユーザーのパスワードを設定します。

```
$ sudo adduser penguin ……… penguinというユーザーを作る
$ sudo passwd penguin ………… penguinにパスワードを設定する(penguinでログインで
        きるようになる。Ubuntuの場合、adduserコマンドで設定済みなので実行不要)
```

[準備❷]テスト用グループの作成

次に、**groupadd**コマンドで**testusers**というグループを作り、**gpasswd**コマンドで**penguin**と自分自身を**testusers**グループに追加します。

```
$ sudo groupadd testusers ……………… testusersというグループを作る
$ sudo gpasswd -a penguin testusers …… penguinをtestusersに追加する
$ sudo gpasswd -a $USER testusers ……… 自分自身をtestusersに追加する
$ su $USER ………………………… グループの変更を反映するため、自分自身に切り替える
パスワード:
$ groups ………………………… 現在のユーザーが所属しているグループを確認
study adm cdrom sudo dip plugdev lpadmin lxd sambashare testusers
                     testusersのメンバーとして操作可能になった↑
```

ディレクトリの作成と所有グループの変更

続いて、**mkdir**コマンドで**/usr/local**に**workdir**というディレクトリを作成、**chgrp**コマンドで所有グループを**testusers**に、**chmod**コマンドでグループメンバーによる書き込みの許可を追加します。

以下の実行例では、操作ミスによるトラブルを極力防ぐために、**cd**コマンドで**/usr/local/workdir**に移動してから、**chgrp**コマンドや**chmod**コマンドで「**.**」(カレントディレクトリ)に対する操作をしています。**chgrp** グループ **/usr/local/workdir**のように指定することも可能ですが、操作ミスでディレクトリの指定が不完全な状態でEnterを押してしまい、**/usr**や**/usr/local**などの設定を変更してしまうトラブルを避けるためです。

```
$ sudo mkdir /usr/local/workdir … /usr/localにworkdirというディレクトリを作成
$ cd /usr/local/workdir ………………… /usr/local/workdirへ移動する
$ sudo chgrp testusers . ……………… カレントディレクトリの所有グループを
                                     testusersにする
$ sudo chmod g+w . ……………………… カレントディレクトリにグループによる書き込
                                     み許可を追加する
$ ls -ld ……………………………………… カレントディレクトリの情報を確認
drwxrwxr-x 2 root testusers 4096  3月 12 10:40 .
      ↑グループに書き込みの許可が設定されている
```

これでtestusersグループに所属しているユーザーは/usr/local/workdirにファイルやディレクトリを作成できるようになりました。

SGID属性を試してみよう

chmod g+wで、testuserグループのメンバーは/usr/local/workdirにファイルを作成できるようになりましたが、「作成したファイルの所有グループが作成者のグループになってしまう」「グループ以外のメンバーでも参照できる」状態となっています。

そこで、**chmod**コマンドで**/usr/local/workdir**のパーミッションを**2770**に変更します。1桁めの**2**が「SGID」(*Set Group ID*)です。これによって、「workdirで作成したファイルの所有グループは、自動でworkdirのグループとなる」ということになります。続く3桁の**770**で、ディレクトリの所有者と所有グループにだけファイルのフルアクセス(**rwx**)が可能となります。

ここからは2つのユーザーで操作するので、状況をわかりやすくするためにプロンプトを「**ユーザー名** **@** **ホスト名** **:** **カレントディレクトリ** **$**」で示します。

```
study@ubuntu20:/usr/local/workdir$ touch myfile1 ……… ファイルを作成
study@ubuntu20:/usr/local/workdir$ ls -l myfile* ……… ファイルの情報を確認
-rw-rw-r-- 1 study study 0  3月 12 10:47 myfile1
                ↑所有者study、所有グループstudyのファイルが作成されている
study@ubuntu20:/usr/local/workdir$ sudo chmod 2770 . ‥ 2770に変更
study@ubuntu20:/usr/local/workdir$ ls -ld …………………… 情報を確認
drwxrwS--- 2 root testusers 4096  3月 12 10:47 .
      ↑グループのxがsになっている。すなわちSGIDが設定されている
study@ubuntu20:/usr/local/workdir$ touch myfile2 ……… 改めてファイルを作成
study@ubuntu20:/usr/local/workdir$ ls -l myfile* ……… ファイルの情報を確認
-rw-rw-r-- 1 study study     0  3月 12 10:47 myfile1
-rw-rw-r-- 1 study testusers 0  3月 12 10:47 myfile2
↑ディレクトリのパーミッションを2770にした後に、作成したファイルの所有グループはtestusersになっている
```

sticky属性(削除制限)を試してみよう

2770の場合、testusersグループのメンバーはどのファイルでも削除可能なので、ほかのユーザーが所有するファイルでも削除可能です。もしこれが不都合である場合は、1桁めの特殊な属性に**1**の削除制限を加えます。**2**(SGID)の設定も活かしたいので、**1**(2進数で**01**) +**2**(2進数で**10**) = **3**(2進数で11)を使い**3770**と指定します(ディレクトリのパーミッションが**3770**であっても、rootユーザーであればファイルの削除は可能)。

```
(確認)2770の場合のファイルの削除
study@ubuntu20:/usr/local/workdir$ su penguin …… ユーザーpenguinになる
パスワード: …… penginのパスワードを入力
penguin@ubuntu20:/usr/local/workdir$ whoami    ユーザー名を表示
penguin …… (ユーザーpenguinとして操作している)
penguin@ubuntu20:/usr/local/workdir$ groups    グループを表示
penguin testusers …… (testusersグループの一員として操作できる)
penguin@ubuntu20:/usr/local/workdir$ rm myfile2
(ユーザーstudyが所有しているmyfile2を削除できる)
penguin@ubuntu20:/usr/local/workdir$ exit …… 元のユーザーに戻る
exit
(確認)3770の場合はどうなるか
study@ubuntu20:/usr/local/workdir$ whoami …… ユーザー名を表示
study …… (ユーザーstudyとして操作している)
study@ubuntu20:/usr/local/workdir$ sudo chmod 3770 .   3770に変更
study@ubuntu20:/usr/local/workdir$ ls -ld     情報を確認
drwxrws--T 2 root testusers 4096 12月 29 10:48 .
        ↑削除制限属性が追加された。その他のxがTになっている
study@ubuntu20:/usr/local/workdir$ touch myfile3 …… ファイルを作成
study@ubuntu20:/usr/local/workdir$ ls -l myfile* …… 情報を確認
-rw-rw-r-- 1 study study     0  3月 12 10:47 myfile1
-rw-rw-r-- 1 study testusers 0  3月 12 10:49 myfile3
↑ファイルの所有者やパーミッションはmyfile2のときと同じ
study@ubuntu20:/usr/local/workdir$ su penguin …… ユーザーpenguinになる
パスワード: …… penginのパスワードを入力
penguin@ubuntu20:/usr/local/workdir$ rm myfile3 …… ファイルを削除
rm: 'myfile3' を削除できません: 許可されていない操作です
↑ユーザーstudyが所有しているmyfile3は削除できない
```

6.3 プロセス

いま何が動いているのかを調べてみよう

今、OSで実行中のコマンドは、psコマンドやtopコマンドで確認できます。

コマンドの実行はプロセス(*process*)の単位で管理されており、psコマンドはプロセスを一覧表示するというコマンドです。カーネルはプロセスに対してメモリーや周辺機器などのリソース(*resource*、資源)を割り当てます。これらの情報は、GUI環境では[システムモニター](gnome-system-monitorコマンド、アクティビティでは「system monitor」で検索)、Windows環境では[タスクマネージャー]、macOS環境では[アクティビティモニタ]で表示できます。

psコマンド
現在実行中のプロセスを表示してみよう

psコマンドはいま現在のプロセスを一覧表示するコマンドで、オプションを指定することでさまざまな情報が確認できます。

オプションなしで実行すると、「自分のプロセス」かつ「実行中の端末と結び付いているプロセス」、つまり端末で実行中のプロセスが表示されます。通常であれば、端末で実行中のコマンドはシェルと**ps**コマンド自身の2つなので、**bash**と**ps**の2行が表示されるでしょう。

各行の最初に表示される**PID**がプロセスのIDで、プロセスを識別するのに使います[注7]。

次に表示されている**TTY**が端末で、「端末」のようなソフトウェアによる端末（疑似端末、*pseudo-terminal*）で実行した場合は**pts/**番号が表示されます。次の**TIME**はプロセスがCPUを使用した時間でこの2つのコマンドであれば**00:00:00**が表示されます。**CMD**はプロセスの元となったコマンド名です。

```
$ ps
  PID TTY          TIME CMD
12477 pts/1    00:00:00 bash
12483 pts/1    00:00:00 ps
```

psコマンドのオプション

psコマンドには、「**-**」（ハイフン）のない**a**や**x**などのオプションと、**-a**や**-x**のようなショートオプション、そして**--sort**などのロングオプションがあります[注8]。「**-**」のないオプションとショートオプションはそれぞれまとめて指定でき、**a**と**u**と**x**で**ps aux**、**-e**と**-l**であれば**ps -el**、**a**と**x**と**-l**であれば**ps ax -l**のように分けて指定します。

オプションによって、表示対象となるプロセスや表示される項目（表示フォーマット）が変化します。

プロセスと端末
端末を持つプロセスとは

第1章で述べたとおり、シェルが動いてコマンドを入力したり、実行結果を表示したりできる画面を「端末」といいます。端末で実行されているプロセスの場合、**TTY**欄に端末の名前が表示されます。このようなプロセスを「端末を持つプロセス」あるいは「端末と結び付けられているプロセス」と表現することがあります。これは、プロセスの入出力が端末に対して行われているという意味で、端末で実行したコマンドはほとんどが端末を持つプロセスとなります。

現在使用している端末は**tty**コマンドで確認できます。

```
$ tty ………………………………… 現在の端末を表示
/dev/pts/1
```

注7　システムが起動してからプロセスが作られた順に番号が振られていき、カーネルが管理できる上限に達すると、プロセスが終了して「空き」となっているプロセスIDが再利用されます。

注8　**man ps**では、1文字のオプションはBSD options、ショートオプション（「**-**」1つ＋1文字のオプション）はUNIX options、ロングオプションはGNU long optionsとして区別されています。

端末を持たないプロセスも表示してみよう

GUIアプリケーションのプロセスは端末とは結び付いていないため、**ps**と実行した場合は表示されません。

ps xで、端末と結び付いていないプロセスを含めて表示できます。端末に結び付いていないプロセスはTTY欄に「**?**」、ソフトウェアによる端末と結び付いている場合はpts/番号、物理的な端末（ディスプレイ）に結び付いているプロセスは**tty**番号と表示されます。以下の実行例では、GUI環境で「端末」を2つ開き、片方では**man ps**を実行しています。

ps xでは表示される内容が変化し、プロセスの状態を示す**STAT**が表示されるようになります。また、**CMD**も、コマンドライン全体を表示する**COMMAND**という列に変わります。

端末をもう1つ開き、man psを実行している状態でps xを実行

```
$ ps x ………………………………………… 端末を持たないプロセスも表示する
    PID TTY      STAT   TIME COMMAND
   1289 ?        Ss     0:00 /lib/systemd/systemd --user
   1290 ?        S      0:00 (sd-pam)
   1295 ?        S<sl   0:00 /usr/bin/pulseaudio --daemonize=no --log-target=jou
＜中略＞
   1372 tty2     Ssl+   0:00 /usr/lib/gdm3/gdm-x-session --run-script env GNOME_
   1374 tty2     Sl+    0:18 /usr/lib/xorg/Xorg vt2 -displayfd 3 -auth /run/user
   1392 tty2     Sl+    0:00 /usr/libexec/gnome-session-binary --systemd --syste
＜中略＞
  12434 ?        Ssl    0:02 /usr/libexec/gnome-terminal-server
  12477 pts/1    Ss     0:00 bash
  12750 pts/2    Ss     0:00 bash
  12756 pts/2    S+     0:00 man ps
  12766 pts/2    S+     0:00 pager
  12735 pts/1    R+     0:00 ps x
```

↑pts/2ではbashとman psおよびpager※が実行されている

※ CentOS環境では**bash**、**man ps**、**less**が表示される。Ubuntuのデフォルト設定では**pager**は**less**コマンドへのシンボリックリンク（**/usr/bin/pager**は**/etc/alternatives/pager**への、**/etc/alternatives/pager**は**/usr/bin/less**へのシンボリックリンク。リンク先は**ls**コマンドで1つずつ確認できるが、**readlink -f** コマンド名を使うと1回の実行で最終的なリンク先を表示できる。**-f**はリンク先を再帰的にたどるオプション）。

サーバープロセス
システムを見守るdaemonの役割

psコマンドで見てきたように、Linuxではさまざまなプロセスが実行されています。Windows環境では[タスクマネージャー]、macOS環境では[アクティビティモニタ]でも同じようにたくさんのプロセスが実行されている様子が確認できるでしょう[注9]。

バックグラウンドで動作しているプロセスは**デーモンプロセス**（*daemon process*、daemonは聖霊や守護神という意味）と呼ばれることがあります。デーモンプロセスは、ユーザーと直接やりとりしないのが一般的です。

また、WebサーバーやSSHサーバーのようなサーバーのプロセスも、デーモンプロセスと

注9　UbuntuやCentOSのGUI環境（GNOME環境）の場合、[アクティビティ]の[システムモニター]で表示できます（コマンドラインからは**gnome-system-monitor &**で起動可能）。

して動作しています。これらのプロセスはシステムの初期化プロセス(**/sbin/init**または**/usr/lib/systemd/systemd**)から起動されています(p.11)。

カーネルモードとユーザーモード

ps axを実行すると、一部、コマンド名の部分が**[]**で囲まれているプロセスが表示されます。

プロセスには、カーネルモードで動作しているものとユーザーモードで動作しているものがあり、**[]**で囲まれているのはカーネルモードです。カーネルモードで動いているプロセスは、たとえば、ハードウェア等に直接アクセス可能であるのに対し、ユーザーモードのプロセスはカーネルが提供しているデバイスファイル(/dev、p.201)を経由してアクセスする必要があるなどの違いがあります。

プロセスの状態
STAT欄の表示内容

先ほど試した**ps x**では、あらたに**STAT**欄が表示されていました。STAT欄の1文字めでプロセスの状態がわかります(**表A**)。なお、2文字め以降には優先順位などが表示されています。

表A プロセスのおもな状態

状態(1文字め)	プロセスの状態と説明
R	実行中/実行可能な状態
S	割り込み可能なスリープ状態。ユーザーからの入力などを受け付け可能。シェルや**less**コマンドなどは「**S**」になる
D	割り込み不可能なスリープ状態。ディスクなどのI/O待ちの場合が多い
T	停止またはトレース中。Ctrl+Zで停止しているときなどに表示される
Z	ゾンビプロセス。終了しているのにメモリーに残ってしまっている状態
I	アイドルカーネルスレッド(*Idle kernel thread*)

プロセスの所有者
プロセスが誰の権限で動いているのかを調べよう

psや**ps a**では自分のプロセス(自分が実行したプロセス)が表示されるのに対し、**ps -A**(**ps -e**相当)や**ps ax**では、ほかのユーザーによるプロセスも含めたすべてのプロセスを表示できます。

プロセスを所有しているユーザーも表示したい場合は**-O user**で表示項目を追加します(おもな項目、p.191)。このほか、**ps aux**でユーザー名を含めたさまざまな情報を表示することも可能です。

特定ユーザーのプロセスだけを表示したい場合は**ps -u** ユーザー でプロセスを所有するユーザーの名前またはユーザーIDを指定します。

```
$ ps ax ……………… すべてのプロセスを表示 (ps aで端末を持つすべてのプロセス、ps xで
                   端末を持たないすべてのプロセスを表示)
    PID TTY      STAT   TIME COMMAND
      1 ?        Ss     0:02 /sbin/init splash
```
続く

```
      2 ?        S      0:00 [kthreadd]
      3 ?        I<     0:00 [rcu_gp]
<中略>
  13126 ?        Ssl    0:00 /usr/libexec/fwupd/fwupd
  13142 ?        Ssl    0:01 /usr/lib/packagekit/packagekitd
  13649 pts/1    R+     0:00 ps ax
$ ps -AO user ……… すべてのプロセスを表示（-A）、表示項目にUSERを追加（-O user）
    PID USER     S TTY          TIME COMMAND
      1 root     S ?        00:00:02 /sbin/init splash
      2 root     S ?        00:00:00 [kthreadd]
      3 root     I ?        00:00:00 [rcu_gp]
<中略>
  13102 study    S pts/2    00:00:00 man ps
  13114 study    S pts/2    00:00:00 pager
<中略>
  13126 root     S ?        00:00:00 /usr/libexec/fwupd/fwupd
  13142 root     S ?        00:00:01 /usr/lib/packagekit/packagekitd
  14069 study    R pts/1    00:00:00 ps -AO user
```

実ユーザーと実効ユーザー

「自分のプロセス」というのは少々曖昧な表現で、細かく分けると「自分が実行したプロセス」と「自分の権限で動いているプロセス」の2種類があります。

通常は、自分が実行したプロセスは自分の権限で動きますが、コマンドにSUID（*Set User ID*、p.53）が設定されている場合、プロセスはコマンドの所有者の権限で動作します。たとえば、ユーザーのパスワードを変更する**passwd**コマンドにはSUIDが設定されており、**passwd**のみで実行すると自分のパスワードを変更できますが、このときの**passwd**プロセスは**passwd**コマンドの所有者であるrootユーザーの権限で動作しています。

psコマンドで表示される「ユーザー」も2種類あり、先ほどの**ps -O user**や**ps u**で表示されるUSERは、誰の権限で動いているのかを表す**実効ユーザー**（*effective user*）です。これに対し、プロセスを起動したユーザーを**実ユーザー**（*real user*）といいます。

表示の違いを試してみよう

実際に試してみましょう。端末を2つ開き、片方の端末で**passwd**コマンドを実行します。**passwd**コマンドを引数なしで実行すると対話モードになり、パスワードを入力するプロンプトが表示されるのでその状態にしておきます。

もう1つの端末で**ps a -O user,euser,ruser**を実行すると、自分が実行したプロセス（**a**は端末付きのプロセスで、ほかの端末も含むというオプション）で、**USER**、**EUSER**（実効ユーザー）、**RUSER**（実ユーザー）をそれぞれ表示できます。

なお、プロセスの所有ユーザーを指定する**-u**オプション（**--user**、ハイフンなしの**U**オプション）で指定するのは実効ユーザーで、実ユーザーを指定する場合は**-U**オプション（**--User**）を使用します。

グループについても同様で、実効グループで指定する場合は**-g**オプション（**--group**）、実グループで指定する場合は**-G**オプション（**--Group**）を使用します。**-O**で表示する際のフィールド名は**egroup**と**rgroup**です。

```
$ ls -l `which passwd` ………………… passwdコマンドの情報を表示※1
-rwsr-xr-x 1 root root 68208  5月 28  2020 /usr/bin/passwd
  ⬆ユーザーのxがsになっている＝SUIDが設定されている
$ ps a -O user,euser,ruser
    PID USER     EUSER    RUSER    S TTY          TIME COMMAND
<中略>
  28752 study    study    study    S pts/0    00:00:00 bash
  28792 study    study    study    S pts/1    00:00:00 bash
  37523 root     root     study    T pts/1    00:00:00 passwd
  37715 study    study    study    R pts/0    00:00:00 ps a -O user,euser,ruser
                         ⬆別の端末で動かしているpasswdコマンドの実効ユーザーがrootになっている
$ ps -u study | grep 'pts/' ………… 実効ユーザーがstudyのプロセスを表示※2
  28752 pts/0    00:00:00 bash
  28792 pts/1    00:00:00 bash
  37799 pts/0    00:00:00 ps
  37800 pts/0    00:00:00 grep
（pts/1で実行中のpasswdは対象外で表示されていない）
$ ps -U study | grep 'pts/' ………… 実ユーザーがstudyのプロセスを表示※2
  28752 pts/0    00:00:00 bash
  28792 pts/1    00:00:00 bash
  37523 pts/1    00:00:00 passwd
  37801 pts/0    00:00:00 ps
  37802 pts/0    00:00:00 grep
       ⬆pts/1で実行中のpasswdが表示されている
```

※1 **which**コマンドでpasswdのパスを調べて、**ls -l**の引数にしている。詳しくは、コマンド置換(p.99)、および**which**コマンド(p.82)を参照。

※2 すべてのプロセスが対象となるため、端末を示す**'pts/'**で絞り込んでいる。

プロセスIDとプロセスの親子関係
プロセスには親子関係がある

プロセスには親子関係があり、たとえば、コマンドラインで**ls**コマンドを実行すると、シェルである**bash**が**ls**の親プロセス、**ls**は**bash**の子プロセスという関係になります。

プロセスの親子関係と起動&終了

bashとlsの関係のように、通常は、親プロセスよりも先に子プロセスが終了します。

親プロセスが終了するとき、子プロセスがまだ残っている場合は先に子プロセスへ終了の合図(シグナル、6.5節)が送られます。子プロセスがすべて終了できてはじめて、親プロセスが終了するのが正しい流れです。シャットダウンする際には、親から子へ順次シグナルが伝えられて、子が終了できないときには、ユーザーに処理を問い合わせたり、問答無用に終わらせたりするという流れになっています。

たとえば、GUI環境で使用している端末の場合、bashは端末(gnome-terminal)の子プロセスなので、端末を終了することでbashおよびbashの子プロセス(bashから起動したコマンド）が終了することになります[注10]。

死んだのに存在している「ゾンビプロセス」

起動や終了に失敗したなどの理由で、本来終了しているはずなのにプロセスのリストの中には残っているプロセスをゾンビプロセス（*zombie process*）といいます。ゾンビプロセスは、プロセス自体は何もできなくなっているが、リストから消えるきっかけがなくなって残っているというもので、多くの場合は再ログインなどをきっかけに消去されます。

プロセスを親子のツリーで表示してみよう

pstreeコマンドで、現在動作しているプロセスをツリー形式で表示できます。

psコマンドでは**f**オプションまたは**--forest**オプションでツリー形式の表示となります。**ps f**で端末を持つ自分のプロセス、**ps axf**ですべてのプロセスが表示されます。

```
$ pstree ……………… プロセスをツリー形式で表示する※
systemd─┬─ModemManager───2*[{ModemManager}]
        ├─NetworkManager───2*[{NetworkManager}]
<中略>
        │          ├─gnome-terminal-─┬─bash───pstree
        │          │                 ├─bash
        │          │                 └─4*[{gnome-terminal-}]
<中略>
$ ps --forest ……………… 現在の端末で実行中のプロセスをツリー形式で表示する
    PID TTY          TIME CMD
  12477 pts/1    00:00:00 bash
  14315 pts/1    00:00:00  \_ ps
$ ps f ……………… 端末を持つプロセスをツリー形式で表示する（ps -a --forest相当）
    PID TTY      STAT   TIME COMMAND
  12750 pts/2    Ss     0:00 bash
  14321 pts/2    S+     0:00  \_ man ps
  14331 pts/2    S+     0:00      \_ pager
  12477 pts/1    Ss     0:00 bash
  14351 pts/1    R+     0:00  \_ ps f
   1372 tty2     Ssl+   0:00 /usr/lib/gdm3/gdm-x-session --run-script env GNOME_
   1374 tty2     Sl+    0:26  \_ /usr/lib/xorg/Xorg vt2 -displayfd 3 -auth /run/
   1392 tty2     Sl+    0:00  \_ /usr/libexec/gnome-session-binary --systemd --s
$ ps axf ……………… すべてのプロセスをツリー形式で表示する
    PID TTY      STAT   TIME COMMAND
      2 ?        S      0:00 [kthreadd]
      3 ?        I<     0:00  \_ [rcu_gp]
      4 ?        I<     0:00  \_ [rcu_par_gp]
<中略>
```

続く

注10 端末を閉じても終了させたくない、という場合は**nohup**コマンドを使い、**nohup** コマンド **&**のように実行します。**nohup**を忘れて実行した場合や、**&**を付けるのを忘れてしまった場合は、Ctrl＋Zで中断し、**bg**コマンドで再開させてから、**disown %1**のように続行したいジョブを指定します。**disown**コマンドはシェルのビルトインコマンドです（bash、zsh共通）。**nohup**や**disown**で実行しているプロセスは、端末を閉じると「端末を持たないプロセス」となります。**ps**コマンドでは**ps x**で確認できます。

```
  12434 ?        Ssl    0:08 \_ /usr/libexec/gnome-terminal-server
  12477 pts/1    Ss     0:00 |   \_ bash
  14354 pts/1    R+     0:00 |   |   \_ ps axf
  12750 pts/2    Ss     0:00 |   \_ bash
  14321 pts/2    S+     0:00 |       \_ man ps
  14331 pts/2    S+     0:00 |           \_ pager
<以下略>
```

親プロセスのプロセスIDを調べよう

親プロセスのプロセスIDは、環境変数**PPID**に保存されています。**ps**コマンドは、引数で表示したいプロセスIDを指定でき、**ps $PPID**で親プロセスの情報を表示できます。

```
$ echo $PPID
12434
$ ps $PPID
    PID TTY      STAT   TIME COMMAND
  12434 ?        Ssl    0:08 /usr/libexec/gnome-terminal-server
```

表示項目を指定しよう

psコマンドでは、指定するオプションによって表示項目が変化します。表示項目を自分自身で決めたい場合は**-o**オプションを使用します。たとえば、PPIDとPID、そして実行時のコマンドラインであれば**-o ppid,pid,cmd**のように指定します。追加して表示したい項目は**-O**オプションで指定します（**表B**）。

```
$ ps -o ppid,pid,cmd ……………… PPIDとPIDとCMD（コマンドライン）を表示
   PPID     PID CMD
  12434   12477 bash
  12477   14392 ps -o ppid,pid,cmd
$ ps -O ppid ……………………… psの表示にPPIDを追加
    PID    PPID S TTY          TIME COMMAND
  12477   12434 S pts/1    00:00:00 bash
  14393   12477 R pts/1    00:00:00 ps -O ppid
```

表B **-o**や**-O**で指定できるおもな表示項目

形式	ヘッダ	意味
pid	**PID**	プロセスのID番号
ppid	**PPID**	親プロセス（p.189）のID番号
s	**S**	プロセスの状態表示（p.187の表Aを参照）
stat	**STAT**	複数文字によるプロセスの状態表示
pcpu	**%CPU**	CPUの使用率
pmem	**%MEM**	メモリーの使用量
time	**TIME**	CPUの累積使用時間
start	**STARTED**	コマンドが起動した時刻

続く

nice	**NI**	nice値(プロセスの優先順位)
args	**COMMAND**	コマンド名(引数付き)
comm	**COMMAND**	コマンド名(実行ファイル名のみ)
tt	**TT**	制御端末(tty)
uid	**UID**	ユーザーのID※
user	**USER**	ユーザーの名前※
gid	**GID**	グループのID※
group	**GROUP**	グループの名前※

※それぞれ実効ユーザー、実効グループが表示される(p.188)。実効ユーザーは**euser**、実ユーザーは**ruser**のように、**uid**、**user**、**gid**、**group**に対してはそれぞれ**e**と**r**を付けた指定が可能。

topコマンド
プロセスの実行状況を監視してみよう

topコマンドはプロセスの実行状況を監視するのに使用するコマンドで、実行すると一定間隔で情報を表示し続けます。デフォルトではCPU使用率が高い順に表示されるので、システムに負荷を掛けているプロセスがわかります。上方にプロセス数や使用しているメモリーの量などが、下方に動作中のプロセスが表示されます。qで表示を終了します。

```
$ top ………………………………………………… プロセスの実行状況を表示
top - 13:22:19 up 3 days, 10:09,  1 user,  load average: 0.00, 0.00, 0.00
Tasks: 184 total,   1 running, 183 sleeping,   0 stopped,   0 zombie
%Cpu(s):  0.0 us,  0.0 sy,  0.0 ni,100.0 id,  0.0 wa,  0.0 hi,  0.0 si,  0.0 st
MiB Mem :   1987.8 total,    181.1 free,    972.0 used,    834.7 buff/cache
MiB Swap:   2048.0 total,   2021.6 free,     26.4 used.    814.7 avail Mem

    PID USER      PR  NI    VIRT    RES    SHR S  %CPU  %MEM     TIME+ COMMAND
   1552 study     20   0 3761272 309692  84956 S   0.3  15.2   2:11.85 gnome-s+
  12434 study     20   0 1055040  66996  48484 S   0.3   3.3   0:09.31 gnome-t+
      1 root      20   0  103388  12000   8152 S   0.0   0.6   0:02.44 systemd
      2 root      20   0       0      0      0 S   0.0   0.0   0:00.01 kthreadd
(プロセスが1画面分表示され、1秒ごとにリフレッシュされる。qで終了)
<以下略>
```

6.4 ジョブコントロール

バックグラウンドジョブとその切り替え方を理解しよう

コマンドラインでコマンドを実行したら終わるまで待たなければ次のコマンドは入力できませんが、ジョブコントロールによって1つのコマンドラインを切り替えて使えます。

GUI環境では端末を複数使えるので、ジョブコントロールの操作は必須ではありません。しかし、ジョブの状態を理解していないと、画面が不可解な、操作しにくい状態になったときに元に戻せないなど、困ってしまうケースがあるため、基本操作を解説します。

ジョブコントロールの基礎知識
ジョブはシェルが管理している

プロセスはカーネルが管理しているのに対し、ジョブはシェルが管理しています。コマンドを1つだけ動かした場合、たとえばコマンドラインで**ls -l**と実行した場合は1プロセス＝1ジョブですが、**ls -l | more**のようにパイプ(p.92)でつなげるなどして複数のコマンドを実行した場合は、複数のプロセスで1つのジョブとなります。

フォアグラウンドジョブとバックグラウンドジョブ

ターミナルでキーボードからの入力を受け付ける状態になっているプログラムを**フォアグラウンドジョブ**(*foreground job*)と呼びます。これに対し、バックグラウンドで処理されているジョブを**バックグラウンドジョブ**(*background job*)と呼びます。

jobsコマンド
現在のジョブを一覧表示する

現在のジョブは**jobs**コマンドで一覧表示できます。ただし、ここで表示できるのは「**jobs**コマンドを実行しているシェル自身が管理しているジョブ」なので、通常は何も表示されません。

そこで、先に**sleep 10 &**を実行してから**jobs**コマンドを実行してみましょう。今度は「**[1]+ 実行中**」のような内容が表示されるはずです。**sleep**は指定した秒数だけ何もせずに待機する、というコマンドで、**&**はバックグラウンドで実行するという指定です。**&**を付けて実行することで、コマンドがバックグラウンドで実行されることになり、コマンドラインがすぐに使用可能な状態となります。

```
$ jobs ··········· 現在実行中のジョブを表示する
(ジョブがないため、何も表示されない)
$ sleep 10 & ······ (準備) sleepコマンドをバックグラウンドで実行
[1] 5751 ·········· sleepコマンドがジョブ番号1として実行されていた。sleepコマンドのプロ
                    セスIDは5751
$ jobs ······································· 現在実行中のジョブを表示する
[1]+  実行中                  sleep 10 & ······ ジョブ1が実行中
$ ················· sleep 10の実行開始から10秒以上経ったタイミングで[Enter]
[1]+  終了                    sleep 10 ········ ジョブ1が終了している旨が通知される※
```

※ シェルオプション**notify**(bash、zsh共通)を有効にすると、ジョブが終了した時点でメッセージが表示される。無効(デフォルト)の場合は次に何かコマンドを実行するなど、[Enter]を押したタイミングでジョブの状態が表示される。なお、zshでは表記が若干異なるが、表示されている内容やタイミングはbashと共通。

ジョブの停止と再開
実行中のジョブをバックグラウンドに移してみよう

[Ctrl]＋[Z]で実行中のジョブを停止し、**bg**コマンドを実行すると停止中のジョブをバックグラウンドで再開できます。**bg**コマンドの代わりに**fg**コマンドを実行すると、停止中のジョブをフォアグラウンドで再開できます。

また、**%ジョブ番号**で、指定したジョブをフォアグラウンドに移せます。

以下の実行例では、**sleep 100**を実行し、ジョブの停止と再開を試しています。

```
$ sleep 100 ································ （準備）sleep 100を実行（100秒間何もせず待機）
^Z ········································· Ctrl＋Zで停止
[1]+  停止                  sleep 100 ······· sleepコマンドが停止した
$ jobs ····································· 現在のジョブを表示
[1]+  停止                  sleep 100 ······· ジョブ番号1でsleepコマンドが停止している
$ bg ······································· バックグラウンドで再開させる
[1]+ sleep 100 &
$ jobs ····································· 改めて現在のジョブを表示
[1]+  実行中                sleep 100 & ····· ジョブ番号1でsleepコマンドが実行中
$ %1 ······································· ジョブ番号1をフォアグラウンドに移す
sleep 100 ··············· sleepコマンドがフォアグラウンドに移動、終わるまでコマンドライン
                          が使えない状態になっている
^C ······················ Ctrl＋Cで中止
$ ······················· sleepコマンドが中止され、コマンドプロンプトが表示された
```

Column

プロセス、スレッド、プロセスグループ、セッション、ジョブ、そしてタスク

「現在コンピューターで実行中の何か」を表現するときに、プロセスやスレッド、タスク、ジョブなどさまざまな言葉が登場します。これらの違いは「カーネルによる処理の単位」です。

1つのコマンドの実行に対応しているのがプロセスです。各プロセスにID（PID）が付けられており、**ps**コマンドや**top**コマンドではプロセス単位で今何が行われているかを確認できます。

カーネルはさまざまな処理を細かく分割して切り替えながら実行することで、複数の処理を同時に行っています。この単位が**スレッド**（*thread*）で、プロセスは1つ以上のスレッドに分けて処理されています。プロセスを複数のスレッドに分けて同時に処理できるようにしているしくみを「マルチスレッド」といい、カーネルがこのマルチスレッド処理を効率良く行うことで処理速度が上がります。

一方で複数のプロセスをグループにまとめることもあります。これをプロセスグループといい、おもにシグナルの送信などのプロセス管理で使われます。**ps**コマンドでは**-O pgid**オプションでグループIDを表示、**-g**オプションで表示したいPGIDの指定ができます。グループIDは基本的に親プロセスのグループIDが引き継がれており、「PID＝PGID」となっているプロセスは「グループリーダー」と呼ばれます。なお、親プロセスが先に終了することもあるため、グループリーダーのプロセスが存在するとは限りません。

プロセスグループをさらにまとめたものがセッションです。こちらにもID（SID/*session ID*）があり**ps**コマンドでは**-O sess**で表示できます。

プロセスをまとめて扱うためのもう一つのしくみがジョブです。これはカーネルではなくシェルが管理しており、コマンドラインでまとめて実行したものが1つのジョブとなります。たとえば「**ls**」と実行したら**ls**というプロセスだけのジョブ、「**ls | more**」ならば、**ls**と**more**の2つのプロセスが1つのジョブとなります。

ところで、プロセスや後述するジョブ、分野によってはスレッドのことを「タスク」と呼ぶことがあります。もう少し広く「仕事」、「ひとまとまりの作業」という意味で使われていることもあり、指し示す内容は状況によって異なります。たとえば「マルチタスク」は、実現方法はどうあれ「多くの処理が同時にできる」ということを表すのに使われています。

ジョブを停止させた場合の注意事項

Ctrl＋Zでは停止のみである点に注意してください。たとえば、**firefox**(Webブラウザ)を実行してCtrl＋Zを押すと、**firefox**は停止状態となりキーボードやマウスからの入力に反応しなくなります。**bg**または**fg**コマンドを実行することで、操作を受け付けるようになります。

バックグラウンドで実行する場合の注意事項

バックグラウンドで再開したジョブが標準出力や標準エラー出力にメッセージを出力している場合は端末に表示されることになります。バックグラウンドジョブとして実行したいコマンドは、あらかじめリダイレクトやパイプで出力先を変更しておきましょう。

6.5 シグナル

プロセスに「シグナル」を送ってみよう

プロセスにシグナル(*signal*、信号)を送ることで、プロセスの状態を変化させることができます。シグナルを送るために使うのはkillまたはkillallコマンドで、通常は「TERM」(終了)のシグナルを送ることでプロセスを終了させるのに使用します。この操作を「プロセスをキルする」と表現することがあります。

killコマンド

プロセスを指定してシグナルを送る

kill プロセスID で指定したプロセスを終了させることができます。

たとえば、端末を2つ開いて、片方の端末では**top**コマンド(p.192)を動かし、もう片方の端末で**ps a**を実行すると、**top**コマンドのプロセスIDがわかります。**kill**コマンドで**top**コマンドのプロセスIDを指定して実行すると、別の端末で動いている**top**コマンドが終了します。

```
別の端末ウィンドウを開き、topコマンドを実行してから実行
$ ps a ·························· プロセスIDを確認する
    PID TTY      STAT   TIME COMMAND
<中略>
  28752 pts/0    Ss     0:00 bash
  28792 pts/1    Ss     0:00 bash
  28832 pts/1    S+     0:00 top ········ topコマンドは「28832」
  28833 pts/0    R+     0:00 ps a
$ kill 28832 ···················· topコマンドをkill
(もう1つの端末で動いているtopコマンドが終了する)
```

Column

systemctlの役割と使い方

systemctlは**systemd**を操作するのに使うコマンドです。**sytemd**はシステム全体の初期化などを担っている、すべてのプロセスの親となるプロセスです。最初に実行されるためプロセスIDは**1**になることから、**ps 1**で表示できます。Ubuntu環境の場合、**ps 1**で**init**が表示されますが、**init**は**systemd**へのシンボリックリンクです。

```
$ ps 1 ………………………………………… プロセスID=1のプロセスを表示
    PID TTY      STAT   TIME COMMAND
      1 ?        Ss     0:01 /sbin/init splash
$ ls -l /sbin/init
lrwxrwxrwx 1 root root 20 10月  9 05:14 /sbin/init -> /lib/systemd/systemd
```

systemctlが実行するスクリプトファイル

systemctlから起動するのはサービスやデーモンと呼ばれるプロセスです。コマンドを直接実行するのではなく、起動用のスクリプトを使用するようになっています。

起動用のスクリプトは/usr/lib/systemd/にインストールされており、システム起動時に自動実行するように設定すると、/etc/systemd/system/ディレクトリ下にシンボリックリンクが作成されます。

現在実行中のサービスは**systemctl**で確認できます(**systemctl list-units**相当)。1行がかなり長いので、**less -S**(**--chop-long-lines**、長い行を刻む)で表示すると読みやすいでしょう。

```
$ systemctl | less -S
  UNIT                                                              >
  proc-sys-fs-binfmt_misc.automount                                 >
  sys-devices-pci0000:00-0000:00:03.0-net-enp0s3.device             >
  sys-devices-pci0000:00-0000:00:05.0-sound-card0.device
(実行中のサービスが表示された)
( Enter で1行、Space で1画面、左右の矢印キーで横にスクロール、q で終了)
<以下略>
```

サービスの開始、終了と再実行

サービスを手動で開始するには、**sudo systemctl start** 対象、終了するには**sudo systemctl stop** 対象を実行します。たとえば、7.3節のsshd(SSHサーバー)であれば、**sudo systemctl start sshd**のようにします。

実行内容を確認したい場合は、**systemctl cat** 対象とします。表示には**less**コマンドが使われているので、q で終了します。

```
$ systemctl cat sshd ……………………… sshdで実行される内容を確認※
# /lib/systemd/system/ssh.service
[Unit]
Description=OpenBSD Secure Shell server
Documentation=man:sshd(8) man:sshd_config(5)
After=network.target auditd.service
```

続く

```
ConditionPathExists=!/etc/ssh/sshd_not_to_be_run

[Service]
EnvironmentFile=-/etc/default/ssh
ExecStartPre=/usr/sbin/sshd -t
ExecStart=/usr/sbin/sshd -D $SSHD_OPTS
ExecReload=/usr/sbin/sshd -t
ExecReload=/bin/kill -HUP $MAINPID
（Enter で1行、Space で1画面スクロール、q で終了）
＜以下略＞
```

※ sshdの導入と実行については7.3節を参照。**systemctl cat**コマンドを試してみたい場合、たとえばUbuntu環境であれば**systemctl cat snapd**でsnapd (p.153)の実行内容を表示できる。

systemctlで使用できるサブコマンドは**表a**のとおりです。

表a systemctlのおもなサブコマンド

サブコマンド	内容
status	現在の状態を確認する※
cat	実行内容を表示する※
start	開始する
stop	終了する
restart	開始し直す
enable	OS起動時に自動で開始する
disable	OS起動時に自動で開始しないようにする
is-enabled	自動で開始するようになっているか調べる※

※ 一般ユーザーで実行可能。

プロセス名でプロセスIDを探す pgrep

pgrep **プロセス名**で該当するプロセスのIDを探すことができます。複数のプロセスがある場合すべて表示されますが、**-n**オプション(**--newest**、最新)で一番新しいプロセス、**-o**オプション(**--oldest**、最古)で一番古いプロセスがわかります。

```
(別の端末ウィンドウでtopコマンドを実行してから実行)
$ ps a ························· プロセスIDを確認する
    PID TTY      STAT   TIME COMMAND
＜中略＞
  28752 pts/0    Ss     0:00 bash ·····┐
  28792 pts/1    Ss     0:00 bash ·····┴····· bashは「28752」と「28792」
  28837 pts/1    S+     0:00 top ············ topコマンドは「28837」
  28844 pts/0    R+     0:00 ps a
```
続く

```
$ pgrep top ………………………… topのプロセスIDを表示する
28837
$ pgrep bash ……………………… bashのプロセスIDを表示する
28752
28792
$ pgrep -n bash ………………… bashの新しい方のプロセスIDを表示する
28792
$ ps `!!`
      ⬆直前に実行したコマンドの結果を引数にpsコマンドを
        実行（ヒストリ機能はp.84、コマンド置換はp.99）
ps `pgrep -n bash`
    PID TTY      STAT   TIME COMMAND
  28792 pts/1    Ss     0:00 bash
        ⬆最新のbashプロセスはpts/1で動作している
```

killallコマンド
名前を指定してシグナルを送る

killall プロセス名 で、指定した名前のプロセスをまとめて終了できます。

```
（別の端末ウィンドウでtopコマンドを実行している状態で実行）
$ killall top ……… topのプロセスを終了させる
（もう1つの端末で動いているtopコマンドが終了する）
```

シグナルの種類
シグナルにはいろいろな種類がある

シグナルは**kill**/**killall**コマンド以外でも使われています。たとえば、実行中のコマンドがなかなか終了しないとき、キーボードで Ctrl ＋ C を押して終了させることがありますが、このときは「INT」というシグナルがプロセスに送られています。つまり、「キーボードからINTシグナルを送ることで、プロセスを終了させる」というのが Ctrl ＋ C の操作です。

また、p.117で試したように、**find**コマンドと**head**コマンドをパイプ（|）を使って組み合わせて動かすとき、**head**が指定行数を表示し終わると**find**コマンドが終了します。このときは「PIPE」というシグナルが送られています。

なお、シグナルに対してどのような動きをするかは、受け取ったプロセスによって異なります。ただし、概ね同じような振る舞いをするように作られています。

サーバープロセスの再起動に使われるHUPシグナル

シグナルは、サーバープロセスの再起動に使われることもあります。サーバープロセスは起動時に設定ファイルを読み込み、ほとんどの場合、OSをシャットダウンするまでそのまま動作し続けます。このため、設定を変更した場合は再起動する必要がありますが、サーバープロセスにHUP（ハングアップ）シグナルを送ることで、プロセスの再起動が行えるようになっています。ただし、Linuxのサーバープロセスの場合は**systemctl**コマンド（p.196のコラムを参照）を経由して動かすことが多く、この場合の再起動は**sudo systemctl restart**

サービス名のように行います(使用例は7.2節、A.1節を参照)。

[まとめ]シグナルの種類

killコマンドで指定できるおもなシグナルとその内容は、**表C**のとおりです。

表C　おもなシグナル

シグナル番号	シグナル名	意味
1	HUP	制御している端末またはプロセスが終了した(切断された)
2	INT	キーボードからの割り込み(Ctrl+C)
6	ABRT	プロセスの異常終了(*abort*)
9	KILL	プロセスの強制終了
13	PIPE	読み手のいないパイプへの書き込み(2つのコマンドが コマンド1 | コマンド2 で動作している際、コマンド2が終了するとコマンド1に送られるシグナルで、通常はこのシグナルを受け取ったプロセスは即座に終了する)
15	TERM	プロセスの終了(**kill**/**killall**コマンドのデフォルトシグナル)

6.6 デバイスとファイルシステム

デバイスと疑似ファイルシステムの操作を試そう

ファイルを管理する際の考え方と、それを実現させたものをファイルシステム(*file system*)といいます。ファイルシステムにはさまざまな種類があり、最大でどのくらいのサイズまで扱えるかやアクセス権の管理方法、ファイルにどのような属性を持たせるかはファイルシステムによって異なります。

さらに、Linuxでは、ハードウェアやカーネルなどの情報も、ファイルシステムの形で表現し、参照できるようになっています。

本節では、まず、記憶メディアで使われているファイルシステム、次にシステムの情報を参照するのに使われている疑似ファイルシステムについて解説します。

ファイルシステムの種類
フォーマットは違うが操作は大体共通

ファイルシステムにはさまざまな種類があり、Linuxの場合、古くは**ext2**(*second extended filesystem*)や**ext3**が、昨今のシステムであれば**ext4**や**XFS**(*eXtents File System*)などが使用されています。このほか、Windows環境では**NTFS**(*NT File System*)や**FAT32**(*File Allocation Table*)、macOS環境では**APFS**(*Apple File System*)や**HFS+**(*Hierarchical File System Plus*)が使われています。FAT32はUSBメモリーやSDカードなどでも使われており、Linuxでも読み書き可能です。CDやDVDでは**UDF**(*Universal Disk Format*)が使われています[注11]。

注11　UDFには複数のバージョンがあり、DVDはUDF 1.02やUDF 1.50などが使用されています。

ファイルシステムが違えばファイルの管理方法が違うわけなので、コマンドも当然違う……ということになってしまうと、操作する方は大変です。ファイルシステムによる違いはOSが吸収するので、OSが対応しているファイルシステムであれば、マウントした後は**cd**コマンドや**ls**コマンドなど、通常のコマンドはすべて同じように使えるようになっています[注12]。

ファイルシステムそのものを操作するコマンドの場合は、オプションやサブコマンドで区別します。

フォーマット
記憶媒体を特定のファイルシステム用に準備する

ハードディスクやUSBメモリーなどの記憶媒体を使うには、まず**フォーマット**(*format*)という作業が必要です。フォーマットとは「形式」あるいは「決まった形に整える」という意味で、記憶媒体をフォーマットすることでファイルシステム用の下地が作られます。

パーティション
容量の大きな記憶媒体は区画を分けて管理する

HDDのような大容量な記憶媒体の場合、まずディスク内をいくつかの領域に分けてから、それぞれをフォーマットします。記憶領域を分割するしくみ、または分割された個々の領域のことを**パーティション**(*partition*)といいます。フォーマットはパーティションごとに行うので、同じハードディスクの中で異なるフォーマットを使用することも可能です。

ボリューム
フォーマットされた領域に名前を付けて管理する

フォーマットされたひとまとまりの領域のことを**ボリューム**(*volume*)、ボリュームに付けられている名前を**ボリュームラベル**(*volume label*)といいます。

とくに、Linuxの場合は**LVM**(*logical volume manager*、論理ボリュームマネージャ)というしくみが使われており、複数のパーティションを1つのボリュームとして扱ったり、あるいは、1つのパーティションを複数のボリュームとして管理できるようになっています(p.206のコラムを参照)。

マウント
記憶媒体をOSからアクセスできるようにする

フォーマットされた領域をOSから操作できるように、システムと結び付ける操作を**マウント**(*mount*)といいます。「フォーマット済みの領域」のことをファイルシステムと呼ぶこともあるので、「ファイルシステムをマウントする」「マウントされたファイルシステムでは～」のように表現することもあります。

マウントポイントは自由に設定できる

マウントする領域を結び付ける場所を**マウントポイント**といいます。たとえば「/study」と

注12 保存できるファイルサイズやファイルの個数が異なるなどのなどの違いはあります。

いうディレクトリが格納されているボリュームを「/home」というマウントポイントにマウントした場合、studyディレクトリは「/home/study」というパス名で使用することになります。

起動に使用するパーティションや、ユーザーのホームディレクトリが格納されているパーティションは、いつも同じマウントポイントにマウントされるように設定されています。一方、USBメモリーなどのリムーバブルメディアは、/mntや/mediaのような臨時用のマウントポイントにマウントして使用します。GUI環境を使用している場合、「/media/ユーザー名/ボリューム名」あるいは「/run/media/ユーザー名/ボリューム名」に自動でマウントされるよう設定されています。

Windows環境の場合、通常はパーティションごとにドライブレターと呼ばれるアルファベットが割り当てられて、「`C:`」「`D:`」などの名前でアクセスできるようになっています。

macOSでは/Volumeというマウントポイントが使用されており、マウントしたメディアは/Volume/ボリューム名というパスでアクセスできるほか、GUI環境ではFinderやデスクトップにボリューム名と同じ名前のフォルダが表示されます。

デバイスファイル
ハードウェアにアクセスするための疑似ファイルシステム

ハードディスクやUSBメモリーなどを操作する際に、**/dev**ディレクトリが使われることがあります。

コンピューターに取り付けられているさまざまな装置を**デバイス**（*device*）といいます。外部メディアを含めた記憶装置や入出力装置など、さまざまなデバイスがありますが、Linuxではこれらのデバイスをファイル操作と同じように操作できるようになっています。このとき使用するのが**/dev**ディレクトリで、**デバイスファイル**（*device file*）や**スペシャルファイル**（*special file*）と呼ばれます。

このように、何かをファイルシステムの形で表現し、アクセス可能な状態にしているものを**疑似ファイルシステム**（*pseudo filesystem*）といいます。Ubuntu環境やCentOS環境では、/devのほかに/proc、/run、/sysが使われています（第2章、p.29）。

```
$ ls /dev
autofs      log           sda5    tty25    tty51    ttyS2     vcs1
block       loop-control  sg0     tty26    tty52    ttyS20    vcs2
bsg         loop0         sg1     tty27    tty53    ttyS21    vcs3
<以下略>
```

キャラクターデバイスとブロックデバイス

`ls -l`で**/dev**ディレクトリを表示すると、先頭に今まであまり見ることがなかった**c**と**b**が表示されます。**c**は**キャラクターデバイス**（*character device*）で文字単位で入出力するデバイス、**b**は**ブロックデバイス**（*block device*）でHDDなどのようにデータを一定の単位の塊（ブロック）で読み書きできるデバイスです。

なお、デバイスを通じてアクセスできるといっても一般ユーザーが直接使用することはあまりありません。通常は、たとえば記憶装置であれば、ファイルを操作するコマンドなどを経由してアクセスします。

```
$ ls -l /dev
<中略>
brw-rw----  1 root   disk     8,   0  3月 12 20:15 sda
brw-rw----  1 root   disk     8,   1  3月 12 20:15 sda1
brw-rw----  1 root   disk     8,   2  3月 12 20:15 sda2
<中略>
crw--w----  1 root   tty      4,   0  3月 12 20:15 tty0
crw--w----  1 root   tty      4,   1  3月 12 20:15 tty1
⬆sda1、sda2……はブロックデバイス、tty0、tty1……はキャラクターデバイス
<以下略>
```

特別な用途のデバイス /dev/null /dev/zero /dev/urandom

ユーザーが利用することがある特別なデバイスには、すでに登場している**/dev/null**のほか、**/dev/zero**や**/dev/urandom**などがあります。これらのデバイスは、物理的なデバイスと結び付いていないため**疑似デバイス**(*pseudo device*)と呼ばれます。

/dev/nullは出力先として用いるデバイスで、**/dev/null**へリダイレクトされた内容は破棄されどこにも出力されません。

/dev/zeroと**/dev/urandom**は入力に使われるデバイスで、**/dev/zero**は常にゼロを、**/dev/urandom**は乱数を出力しています[注13]。これらは**dd**コマンドでテスト用のファイルを作るときなどによく使用されています。**dd**コマンドはファイルをブロック単位で読み込み、指定に応じて変換して出力するというコマンドで、デバイス間のコピーにも使われています(使用例はA.3節を参照)。

以下は**~/tmp/**に1024×5=5120バイトのファイルを生成しています。動作を確認したら、削除してください。ブロックサイズの指定は任意なので、**bs=5120**で**count=1**としても結果は同じです。

```
$ dd bs=1024 count=5 if=/dev/zero of=~/tmp/file1
5+0 レコード入力
5+0 レコード出力
5120 bytes (5.1 kB, 5.0 KiB) copied, 9.7244e-05 s, 52.7 MB/s
⬆サイズ5120のファイルが生成された
```

lsblkコマンド ブロックデバイスを一覧表示してみよう

HDDやSSDはデータを1文字ずつ処理するのではなく、ある程度の大きさのまとまりごとに読み書きします。このような装置(デバイス)を**ブロックデバイス**(*block device*)といいます。これに対し、端末のように1文字ずつ順番に処理するデバイスをキャラクタデバイスといいます。

ブロックデバイスは、**lsblk**コマンドで一覧表示できます。以下は、VirtualBoxで動作してい

注13 乱数を発するデバイスには/dev/randomもあります。/dev/randomはカーネル内の領域にある値が使われており、一定量で枯渇するため、生成元の値が補充されるまでの待機時間が発生します。/dev/urandomは生成元を使い切ると再利用するため、待機時間が発生しません。安全面でいうと/dev/randomの方が上ですが、テストファイルなどでとにかくランダムな値で埋められていれば良いという場合は/dev/urandomの方が使い勝手が良いでしょう。

るUbuntuにUSBメモリー(ボリュームラベルはESD-USB)を接続している状態での実行結果です。

```
$ lsblk
NAME   MAJ:MIN RM   SIZE RO TYPE MOUNTPOINT
loop0    7:0    0  55.4M  1 loop /snap/core18/1988※
<中略>
sda      8:0    0    64G  0 disk
├─sda1 8:1    0   512M  0 part /boot/efi
├─sda2 8:2    0     1K  0 part
└─sda5 8:5    0  63.5G  0 part /
sdb      8:16   1  14.5G  0 disk
└─sdb1 8:17   1  14.5G  0 part /media/study/ESD-USB
sr0     11:0    1  56.8M  0 rom
```

※ loop番号はループバックデバイス(後述)。

最初に表示されているのがデバイス名(**NAME**)で、**sda**が1台めの記憶装置、**sda1**が**sda**の1つめのパーティション、**sda2**が2つめのパーティションのように番号付きで表示されます。記憶装置が複数ある場合、2台めは**sdb**、3台めは**sdc**のように接続に応じてアルファベットが割り当てられています。**sr0**はCD-ROMやDVDなどの光学ディスクドライブです。

次に表示されている2つの数字がデバイスを識別するための番号で、それぞれメジャー番号とマイナー番号と呼ばれます[注14]。

RMは「Removable」の略で、CDのように取り外しが可能なメディアには「**1**」が表示されます。

続いて、メディアの容量が表示されています。1024の倍数による読みやすい単位で表示されていますが、バイト数で確認したい場合は**-b**オプション(**--byte**、バイト)を使用します。

ROは「Read-only」の略で、リードオンリーデバイスの場合は「**1**」が表示されます。実際に書き込めるかどうかはメディアによって異なります。

TYPEはブロックデバイスの種類で、その次はマウントポイントです。たとえば**sda**はディスク(**disk**)で**sda1**(1つめのパーティション)が**/boot/efi**に、**sda5**が**/**にマウントされている様子が表示されています[注15]。**sr0**(光学ディスクドライブ)は、たとえばVirtualBoxのデバイスメニューで[Guest Additions CDイメージの挿入]を実施した場合、ゲストOSであるLinuxとしては「CD-ROMがセットされた」という扱いになり、マウントポイントとして、Ubuntuであれば/media/ユーザー名/ラベル、CentOSの場合は**/run/media/ユーザー名/ラベル**が表示されるでしょう。

dfコマンド
ディスクの空き領域を調べてみよう

lsblkコマンドではメディアの容量は表示されていましたが、メディアをどのくらい使用していたかは表示されていません。**df**コマンドを使うと、それぞれの容量(サイズ)と使用量

注14 番号のリストは下記で閲覧可能です。
URL https://www.kernel.org/doc/Documentation/admin-guide/devices.txt

注15 Ubuntuでは**sda1**が基本パーティションで起動用、**sda2**が拡張領域で管理用、**sda5**が拡張パーティションでルートディレクトリ用になっています。ハードディスクの古い制約ではパーティションは4つまででしたが、そのうちの1つを管理領域とすることで、もっと多くのパーティションに分けられるようになりました。パーティション番号の1〜4までが基本パーティション(*primary partition*)、5番以降が拡張パーティション(*extended partition*)です。

を確認できます。**lsblk**と同じように、1024の倍数でG(ギガ)などの単位で表示したい場合は**-h**オプション(**--human-readable**、読みやすい)、1000の倍数で表示したい場合は**-H**オプション(**--si**、国際単位系)を使用します。

```
$ df -h ……… ディスクの空き領域を調べる (-hは読みやすい単位で表示するオプション)
Filesystem      Size  Used Avail Use% Mounted on
udev            967M     0  967M   0% /dev
tmpfs           199M  1.5M  198M   1% /run
/dev/sda5        63G  9.4G   50G  16% / ……… 「/」にマウントされている/dev/sda5は
                                               16%使用済み
<中略>
/dev/loop0       56M   56M     0 100% /snap/core18/1988
<以下略>
```

ループバックデバイス

dfコマンドの場合、**lsblk**では表示されていなかった**tmpfs**のほか、CentOSでは**devtmpfs**や**/dev/mapper/**、Ubuntuでは**/udev**や**/dev/**loop番号などが表示されます。どのようなデバイスが表示されるかは、システムの設定によって異なります。

tmpfsはメモリーの中に作られるファイルシステム(疑似ファイルシステム、p.201)、メモリーが十分にあるシステムの場合**/tmp**ディレクトリもディスク上ではなくtmpfsで作られます。

「**loop0**」のようにloopと数字で示されている場所は、1つのファイルをブロックデバイスのようにマウントしているデバイスで、このようなデバイスおよびそのしくみを**ループバックデバイス**(*loop back device*)、または**ループデバイス**(*loop device*)といいます。ISOイメージなどのマウントもループバックデバイスとして行われます。

ファイルがどのデバイスに保存されているか調べる

df 対象で、対象として指定したファイルやディレクトリが存在するファイルシステムの空き領域が表示できます。この機能を利用することで、ファイルがどのデバイスに保存されているかを調べることができます。

```
$ df . ……………………………………… カレントディレクトリを調べる
Filesystem     1K-blocks    Used Available Use% Mounted on
/dev/sda5       65274444 9506680  52422308  16% /
(カレントディレクトリは/dev/sda5にあり、/dev/sda5はルートにマウントされている)
```

何がどのようにマウントされているのかを調べてみよう mount

mountはファイルシステムをマウントする際に使用するコマンドです。**mount**コマンドを使うと、マウントされているファイルシステムをさらに詳しく確認できます。

mount -t ファイルシステムで表示したいファイルシステムを指定することもできます。

実行結果は1つのファイルシステムにつき1行で、「デバイス **on** マウントポイント **type** ファイルシステムの種類 マウントオプション」の順で表示されています。1行がかなり長いので少々見づらいかもしれません。**less**コマンドの**-S**オプション(p.196)を使うと、折り返さずに表示できます。また、以下の例では**sed**コマンド(p.133)で整形しています。

```
$ mount ………………………………… mountコマンドを実行して、表示内容を確認
sysfs on /sys type sysfs (rw,nosuid,nodev,noexec,relatime)
proc on /proc type proc (rw,nosuid,nodev,noexec,relatime)
udev on /dev type devtmpfs (rw,nosuid,noexec,relatime,size=989344k,nr_
inodes=247336,mode=755)
devpts on /dev/pts type devpts (rw,nosuid,noexec,relatime,gid=5,mode=620,ptmxmo
de=000)
tmpfs on /run type tmpfs (rw,nosuid,nodev,noexec,relatime,size=203556k,mode=755)
/dev/sda5 on / type ext4 (rw,relatime,errors=remount-ro)
<中略>
$ mount | sed 's/\(.*\) on \(.*\) type \(.*\) (\(.*\))/\1\n\t\2\n\t\3\n\t\4\n/'
<中略>
/dev/sda5
        /
        ext4
        rw,relatime,errors=remount-ro
⬆mountコマンドの結果をsedで整形した結果が表示されている
<以下略>
```

ファイルのマウントとアンマウント
mount/umount

mountコマンドは、ファイルシステムをマウントする際に使用するコマンドで、**mount** マウント対象 マウントポイントのように使用します。マウントの対象はデバイスで指定、マウントポイントはディレクトリです。デフォルトの状態ではroot権限が必要です。マウントの解除には**umount**コマンドで、デバイスまたはマウントポイントを指定します。

以下の実行例では、マウントポイントとしてホームディレクトリにdatausbというディレクトリを作成しています。操作を試した後は削除してください。

```
$ lsblk
NAME   MAJ:MIN RM   SIZE RO TYPE MOUNTPOINT
<中略>
sda      8:0    0    64G  0 disk
├─sda1 8:1    0   512M  0 part /boot/efi
├─sda2 8:2    0     1K  0 part
└─sda5 8:5    0  63.5G  0 part /
sdb      8:16   1  14.5G  0 disk
└─sdb1 8:17   1  14.5G  0 part /media/study/ESD-USB
sr0     11:0    1  56.8M  0 rom
⬆GUI環境での自動マウントによってUSBメモリーが/media/study/ESD-USBにマウントされている
$ umount /media/study/ESD-USB ……… マウントを解除する※
(USBメモリーがアンマウントされた)
                                                                 続く
```

```
$ mkdir ~/datausb ………………… （準備）マウントポイント用のディレクトリを作成
$ sudo mount /dev/sdb1 ~/datausb …… USBメモリーを~/datausbにマウントする
$ sudo umount ~/datausb ………………… ~/datausbへのマウントを、解除する※
```

※ GUIでの自動マウントはGUIを表示しているユーザーの権限で行われているため**sudo**コマンドなしで**umount**できるが、root権限でマウントした場合は**sudo**が必要。

一般ユーザーでマウント可能にする　/etc/fstab

mountコマンドでマウントする際の情報は、/etc/fstabに書いておくことができます。/etc/fstabには「デバイス マウントポイント ファイルシステムの種類 マウントオプション」を空白区切りで記述します。

/etc/fstabは、いつも同じ場所にマウントしたいデバイスを指定しておく際にも使います。USBメモリーや外付けディスクなどのデバイスは/dev/sd～で指定しますが、**lsblk**コマンドで見たように、/dev/sdに続くアルファベットは接続順にa、b、c……が付けられ、その後にパーティション番号が続きます。接続順ではなくボリュームラベルで設定したい場合は**LABEL=**文字列のように指定します[注16]。

なお、UbuntuやCentOSのGUI環境の場合「ディスク」(gnome-disks)で同様の設定をするようになっており、設定が衝突しないようにディスクの方を使用することをお勧めします。設定はUSBメモリーを接続した状態でアクティビティから[ディスク]を起動し、ボリュームの設定(歯車のアイコン)➡[マウントオプション]で編集できます。

/etc/fstabに下記を追加(ESD-USBはUSBメモリーのボリュームラベル)

```
LABEL=ESD-USB /home/study/datausb vfat user,rw,noauto
```

user　：ユーザーの権限でマウント
rw　：読み書き可能
noauto：起動時に自動マウントしない

(ホームディレクトリで実行)

```
$ mount datausb ……… fstabで指定されているマウントポイントでマウントできるようになる
```

Column

ディスクを柔軟に管理できるLVM　論理ボリュームマネージャ

CentOS環境では、記憶領域の管理にデフォルトでLVM(*Logical Volume Manager*、論理ボリュームマネージャ)が導入されます。LVMは、物理ボリュームをまとめて仮想化されたボリュームグループを作り、それを論理ボリュームに切り分けて管理するというしくみです。物理ボリュームを直接使うのではなく、論理ボリュームを作り上げて記憶領域を管理することで、複数の物理的なディスクを1つにまとめて大容量のファイルシステムを構築したり、ファイルシステムのサイズを後から変更したりする操作が可能になります。

CentOSでの**lsblk**コマンド(p.202)の表示は以下のようになります。/dev/sda2がLVMで管理されているボリュームで、ルートディレクトリとスワップ領域、およびホームディレクトリに使われ

注16　それぞれのメディアには、**UUID**(*Universally Unique IDentifier*、汎用一意識別子)というメディア固有のIDがありますが、このUUIDを使ってマウントポイントを指定する場合は**UUID=**文字列で指定します。UUIDは**blkid**コマンドで確認できますが、最新情報の取得にはroot権限が必要なので**sudo blkid**で、一度調べたことがあるメディアであれば**blkid** デバイス名のように調べます。

ています。

```
$ lsblk
NAME            MAJ:MIN RM   SIZE RO TYPE MOUNTPOINT
sda               8:0    0    64G  0 disk
├─sda1            8:1    0     1G  0 part /boot
└─sda2            8:5    0    63G  0 part
  ├─cs-root     253:0    0    41G  0 lvm  /
  ├─cs-swap     253:1    0   2.1G  0 lvm  [SWAP]
  └─cs-home     253:2    0    20G  0 lvm  /home
sr0              11:0    1 56.8M  0 rom
```

Ubuntu環境の場合、インストール時の[インストールの種類]-[高度な機能]でLVMを有効にするか、**sudo apt install lvm2**でインストールします（パッケージのインストール、5.2節）。LVMを有効にしてインストールした場合、/dev/sda5がLVMで管理されて、ルートディレクトリとスワップ領域が配置されます。

LVMの情報を表示してみよう

LVMのコマンドは、物理ボリューム用、ボリュームグループ用、論理ボリューム用に分かれています。物理ボリュームの情報は**sudo pvs**で、ボリュームグループの情報は**sudo vgs**で表示できます。CentOS環境の場合、**/dev/sda2**がLVM用の領域になっており、**cs**（CentOS 8はcl）というボリュームグループがあることがわかります。Ubuntu環境ではvgubuntuという名前が使用されています。

論理ボリュームの情報は**sudo lvs**で表示します。**cs**には**root**ボリュームと**home**ボリューム、および**swap_1**ボリュームがあります。**df**コマンド（p.203）でも、ルートディレクトリのファイルシステムが**cs**の**root**である様子がわかります。

rootボリュームの領域が足りなくなったら、ディスクを追加して物理ボリュームを作成し、**cs**グループに追加し、論理ボリューム**root**を拡張する、という操作を行います。

```
$ sudo pvs
  PV         VG Fmt  Attr PSize   PFree
  /dev/sda2  cs lvm2 a--  <63.00g    0
$ sudo vgs
  VG #PV #LV #SN Attr   VSize   VFree
  cs   1   3   0 wz--n- <63.00g    0
$ sudo lvs
  LV   VG Attr       LSize   Pool Origin Data%  Meta%  Move Log Cpy%Sync Convert
  home cs -wi-ao---- <19.99g
  root cs -wi-ao----  40.94g
  swap cs -wi-ao----  <2.07g
$ df -h
ファイルシス          サイズ  使用  残り 使用% マウント位置
    ＜中略＞
```

続く

```
/dev/mapper/cs-root     41G  6.5G   35G   16% /
/dev/mapper/cs-home     20G  1.6G   19G    8% /home
```
⬆ルートディレクトリとホームディレクトリがあるボリューム
```
＜以下略＞
```

Ubuntu環境でLVMを有効にしてインストールした場合は以下のようになっています。**/dev/sda5**に**vgubuntu**というボリュームグループがあり、**vgubuntu**には**home**と**root**と**swap**という3つの論理ボリュームがあります。

```
$ sudo pvs
  PV         VG       Fmt  Attr PSize   PFree
  /dev/sda5  vgubuntu lvm2 a--  <63.50g    0
$ sudo vgs
  VG       #PV #LV #SN Attr   VSize   VFree
  vgubuntu   1   2   0 wz--n- <63.50g    0
$ sudo lvs
  LV     VG       Attr       LSize   Pool Origin Data%  Meta%  Move Log Cpy%Sync Convert
  root   vgubuntu -wi-ao---- <62.54g
  swap_1 vgubuntu -wi-ao---- 980.00m
$ df -h
Filesystem                 Size  Used Avail  Use% Mounted on
＜中略＞
/dev/mapper/vgubuntu-root   62G  5.4G   53G  10% /
＜以下略＞
```

LVMで使用するおもなコマンド

LVMでボリュームを作成、削除したり、現在の構成を表示したりする場合は**表a**のコマンドを使用します。すべてroot権限が必要です。**lvm**コマンドで対話処理をすることも可能で、この場合、**sudo lvm**で起動したら**help**コマンドで使い方を確認、**quit**コマンドで終了します。

表a　LVMの基本コマンド

対象	物理ボリューム	ボリュームグループ	論理ボリューム
情報表示	pvs	lvs	vgs
詳細情報表示	pvdisplay	vgdisplay	lvdisplay
作成	pvcreate	vgcreate	lvcreate
削除	pvremove	vgremove	lvremove
拡張	pvresize	vgextend	lvextend
縮小	pvresize	vgreduce	lvreduce

第7章

ネットワーク

自分の状況を把握できるようになろう

本章では、まずネットワークの基礎知識から、現在の状況を確認できるコマンドまでを解説します。本格的なシステム管理を行う上での基礎知識となる事項です。最後に、SSHによるリモートログインを解説し、ホストOSからゲストOSへの接続を試します。章末のコラムでは、LinuxのGUI環境を支えるX Window Systemをネットワーク経由で使用する方法についても扱っています。

7.1 ネットワークの基礎知識

TCP/IPのイメージを掴もう

ネットワーク機器同士がやりとりをするのには共通するプロトコル(*protocol*、通信規約)が必要です。たとえば、「これからデータを送ります」という合図、「了解です」という応答、「これで全部です」という通知の送り方や、エラーのときはどう返すのか、といった内容が決められています。

TCP/IP
インターネットでも使われているプロトコル

コンピューターなど、情報機器同士がやりとりできるようにした通信網をネットワーク、ネットワーク同士のネットワークを「inter-network」といいます。そして、世界規模でつながっているネットワークが**インターネット**(*The Internet*)です。このインターネットにおける標準プロトコル群を**インターネットプロトコルスイート**(*Internet protocol suite*)、あるいは**TCP/IP**といいます。

TCP/IPの中核は「TCP」と「IP」というプロトコルです。 **IP** (*Internet Protocol*)は、データを**パケット** (*packet*)と呼ばれる小さなブロックに分けて送信するためのプロトコルです。**TCP** (*Transmission Control Protocol*)は、伝送内容(*transmission*)を管理するプロトコルで、小分けにされたパケットがすべて届いているかなどをチェックし制御します。

TCP/IPは、家庭や会社のような限られたエリア内のネットワークでも使われています。

TCP/IPの4つの層
ネットワークは「層」で理解する

ネットワーク通信は、物理的な信号が届くか、小分けにされたパケットが届くか、パケットがすべて届くか、のようにいくつかの**層**(*layer*、レイヤー)に分けて考えることができます。

TCP/IPは4つの層でできています。一番下が物理的なつながりを管理するリンク層、その上にあるのがインターネット層、その上でやりとりを行うのが**TCP**で、この層をトランスポート層といいます。トランスポート層ではTCPのほかに**UDP** (*User Datagram Protocol*)というプロトコルがあり、こちらは、厳密さよりも速さを優先させたいときに使用します。多少データが欠けても成立する音声通話や動画ストリーミングなどはUDP、メールの送受信やファイルの転送にはTCPが使われるのが一般的です。そして、TCPやUDPによる通信を使って具体的なサービスを実現するための層がアプリケーション層で、WebでおなじみのHTTPやメールで使われるSMTP、ファイル転送のFTPなどがこの層のプロトコルです。

なお、ネットワークの学習でよく使われている**OSI参照モデル**(*OSI reference model*)[注1]の場合は7層で組み立てられています(次ページの**図A**)。TCP/IPはOSI参照モデルよりも古くから

注1　OSIは開放型システム間相互接続(*Open Systems Interconnection*)の略で、ISO(国際標準化機構)とITU-T(*International Telecommunication Union Telecommunication Standardization Sector*)によって策定されました。

あり、OSI参照モデルとは一致していませんが、両者の関係も**図A**に示しました。

図A OSI参照モデルとTCP/IPの各層(概要)

OSI参照モデル		TCP/IP	おもなプロトコル、規格
第7層	アプリケーション層	アプリケーション層	HTTP、SMTP、POP DNS、DHCP SSH等
第6層	プレゼンテーション層		
第5層	セッション層		
第4層	トランスポート層	トランスポート層	TCP、UDP等
第3層	ネットワーク層	インターネット層	IP、ICMP(ping)等
第2層	データリンク層	リンク層	ARP、PPP IEEE 802.11等
第1層	物理層		

MACアドレスはリンク層で使われているアドレス

物理的なつながりを管理するリンク層は、**イーサネット**(*ethernet*)や**Wi-Fi**などの層です。ここで通信相手を特定するのに使われているアドレスが**MACアドレス**(*Media Access Control address*)です。「ハードウェアアドレス」や「物理アドレス」とも呼ばれており、ネットワークに接続されている機器にはすべてMACアドレスが存在します。

MACアドレスは48ビットで「`00:00:00:00:00:00`」または「`00-00-00-00-00-00`」のように、6組の16進数で表記します。最初の3組はハードウェアを提供しているハードウェアベンダーを、残りの3組は各ベンダーが管理しています[注2]。MACアドレスは、GUI環境ではネットワークの設定画面に表示されているでしょう。コマンドラインでは**`ip n`**コマンドや**`arp`**コマンドで調べることができます(7.2節)。

IPアドレスはインターネット層で使われているアドレス

リンク層では物理的なアドレスで通信するのに対し、インターネット層では論理的なアドレスで通信します。ここで使われているのが**IPアドレス**です。

IPアドレスは、**ネットワークアドレス**(*network address*)と**ホストアドレス**(*host address*)に分かれており、ネットワークアドレスが同じであるグループ内では直接やりとりができるのに対し、ネットワークアドレスが異なる相手と通信をする際には、**ルーター**(*router*)、または**ゲートウェイ**(*gateway*)と呼ばれる装置やソフトウェアが必要です[注3]。

IPアドレスとMACアドレスを対応付ける ARP/DHCP

IPアドレスとMACアドレスを対応付けることを**アドレス解決**(*address resolution*)といいます。IPアドレスからMACアドレスを調べるプロトコルが**ARP**(*Address Resolution Protocol*)、MACアドレスからIPアドレスを求めるプロトコルが**RARP**(*Reverse Address Resolution Protocol*)です。

また、同一ネットワーク内でIPアドレスを自動的に割り振るプロトコルを**DHCP**(*Dynamic Host Configuration Protocol*)といい、IPアドレスを割り振る役割を受け持つハードウェアやソフト

注2 MACアドレスの前半部分はOUI(*Organizationally Unique Identifier*)と呼ばれており、IEEE(*Institute of Electrical and Electronics Engineers*、米国電気電子学会)のWebサイトでリストを入手できます。

URL http://standards-oui.ieee.org/oui/oui.txt

注3 ルーターは規格が同じネットワーク同士の経路を制御するのに対し、ゲートウェイは異なる規格のネットワーク同士の窓口としての役割を果たすという意味合いがあります。ネットワークコマンドでの表示では「router」と「gateway」の両方が使われていますが、TCP/IPという範囲内においては両者の意味は同じです。

ウェアをDHCPサーバーといいます。家庭では、ルーターに入っているDHCPサーバー機能を利用することが多いでしょう。

IPv4とIPv6
IPアドレスにはIPv4とIPv6がある

IPアドレスは、現在、IPv4とIPv6の2種類が使われています。

IPv4（*Internet Protocol version 4*）は32ビットによるIPアドレスで、単純計算で2^{32}＝約42億台の装置しか識別できません。実際には用途が決まっているため自由に使えないアドレスがあったり、その一方で、1つのIPアドレスで複数の装置を接続するための技術（NAPT、p.216）などが発展したなどの事情がありますが、いずれにせよ、世界中をカバーするインターネットで使用するには少なすぎます。これがいわゆる「IPアドレスの枯渇問題」です。

そこで新たに誕生した規格が**IPv6**（*Internet Protocol Version 6*）です。IPv6のアドレスは128ビットで、2の128乗＝約340兆×1兆×1兆台までの識別が可能となります。もちろんIPv6も管理用ほか用途が決まっているアドレスがあり、すべての数字を1台1台に割り当てるわけではありませんが、IPアドレスの枯渇問題は解消されます。

IPv4
4つの数値で表されているIPアドレス

IPv4は32ビットの値を8ビット（**0～255**）×4組の数値で表記します。たとえば、**127.0.0.1**や、**192.168.1.1**、**10.0.1.1**のような表記です。この中の**127.0.0.1**は「自分自身」（*localhost*）を表す特別な値で、**ループバックアドレス**（*local loopback address*）と呼ばれています。

ネットワークアドレスとサブネットマスク

IPv4の場合、**サブネットマスク**（*subnet mask*）という値を使って、どこまでがネットワークアドレスなのかを示します（**図B**）。

図B　ネットワークアドレスはサブネットマスクで決まる

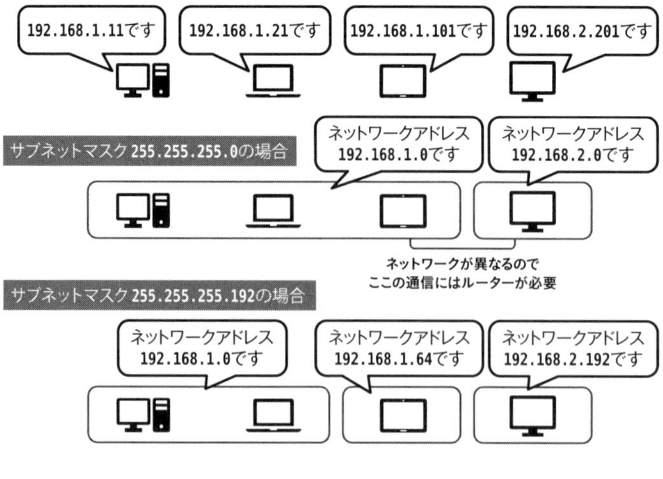

サブネットマスクの値が**255.255.255.0**という場合、先頭から8×3＝24ビットが「**1**」、残りが「**0**」ですが、この先頭24ビット分がネットワークアドレスの値と見なされます。**255.255.255.192**（192は2進表記で**11000000**）だった場合、先頭から8×3＋2＝26ビットが「**1**」で残りが「**0**」なので、先頭26ビット分がネットワークアドレスです。後述するIPv6と同じように、**192.168.1.1/24**や**192.168.1.1/26**のように表現することもあります[注4]。

ローカルIPアドレスとグローバルIPアドレス

企業内や家庭内などで使用するアドレスを**ローカルIPアドレス**（*local IP address*）、または**プライベートIPアドレス**（*private IP address*）といいます。**ローカル・エリア・ネットワーク**（*Local Area Network*、LAN）という限られた場所の中で1台の機器を特定するのに使われるIPアドレスです。

ローカルIPアドレスとして使用できるIPアドレスはIETF（*Internet Engineering Task Force*）およびIANA《アイアナ》（*Internet Assigned Numbers Authority*）によって定められており、ローカルIPアドレスは企業内や家庭内で自由に使える代わり、インターネットでは使用できません（**表A**）。

これに対し、インターネットで使用するアドレスを**グローバルIPアドレス**（*global IP address*）といいます。グローバルIPアドレスはインターネット全体で重複しないようになっている必要があり、現在はICANN《アイキャン》（*Internet Corporation for Assigned Names and Numbers*）という団体によって管理されています[注5]。

家庭のネットワークの場合、グローバルIPアドレスは**プロバイダー**（*provider*）と呼ばれる接続業者によって割り当てられます。プロバイダーから割り当てられるIPアドレスは、通常、各契約につき1つで、プロバイダーが管理しているIPアドレスの中から空いているIPアドレスが割り当てられます。

家庭内で、複数の機器から同時にインターネットに接続したい場合、家庭内のネットワークとインターネットの間でやりとりできるようにルーター（p.211、NAPTはp.216）を使用します。

表A　ローカルIPアドレスとして使用できるアドレス

クラス※	IPアドレスの範囲	サブネットマスク
クラスA	**10.0.0.0～10.255.255.255**	**255.0.0.0**
クラスB	**172.16.0.0～172.31.255.255**	**255.255.0.0**
クラスC	**192.168.0.0～192.168.255.255**	**255.255.255.0**

※p.214のコラムを参照。

注4　かなり古い規定ではサブネットマスクの**1**は必ずしも連続していなくて良かったのですが、現在では連続するように規定されています。

注5　IANAは元々は技術者や研究者のボランティアから構成されていた団体で、ICANN設立に伴い、IANAはICANNにおける資源管理/調整機能の名称として使われています。

URL https://www.soumu.go.jp/g-ict/international_organization/icann/

Column

IPアドレスとサブネットマスクの歴史

サブネットマスクによってネットワークを分割する方式とその表記をCIDR《サイダー》（*Classless Inter-Domain Routing*）といいます。

CIDR以前はアドレスの「クラス」が使われていました（RFC 790、1981年）。どちらも32ビットという限られた空間においてネットワーク番号とホスト番号を効率良く管理するためのしくみで、現在使われているIPアドレスにも影響が残っています。これは、

- **クラスAは、先頭8ビットをネットワーク番号、残りの24ビットをホスト番号**
- **クラスBは、先頭の16ビットをネットワーク番号、残りの16ビットをホスト番号**
- **クラスCは、先頭の24ビットをネットワーク番号、残りの8ビットをホスト番号**

とするルールです。各クラスの範囲は**表a**のとおりです。

たくさんのホストがある大規模なネットワークにはクラスAのアドレスを、小規模なネットワークにはクラスCのアドレスを割り当てます。

その後、あらゆるホストにグローバルIPアドレスを割り当てるのは管理上困難であること、そしてIPアドレスが不足してしまうことからプライベートアドレス（p.213）が提案されました（RFC 1597、1994年。1996年のRFC 1918で改訂）。これは、各クラスにプライベート用の領域を決め、

- **プライベートアドレスは各自で自由に使って良い**
- **プライベートアドレス宛のパケットは外部ネットワークに流さない**

とする取り決めです。

クラスCでも1つのネットワークで254台（`0`はネットワークアドレス、`255`はブロードキャストで使われるため）管理できますが、小さなネットワークであれば数台〜せいぜい30台もあれば充分でしょう。30台であれば5ビットで表現できるので、残りをネットワーク部に回せばより多くのネットワークを管理できます。

そこで、ネットマスクによってネットワークを分割する（サブネットを作る）方式が誕生しました。これがCIDRです。

表a　IPアドレスのクラス

クラス	クラスビット（IPアドレスの先頭部）	ネットワークアドレスの範囲	備考
クラスA	`0`	`1`〜`126`	`0`と`127`は予約、サブネットマスク`255.0.0.0`相当
クラスB	`10`	`128.1`〜`192.254`	サブネットマスク`255.255.0.0`相当
クラスC	`110`	`192.0.1`〜`223.255.254`	サブネットマスク`255.255.255.0`相当
クラスD	`1110`	`224.0.0.0`〜`39.255.255.254`	一般には使用不可※1
クラスE	`1111`	`240.0.0.0`〜`255.255.255.254`	一般には使用不可※2

※1　マルチキャストシステム（同じデータを1つの送信元から複数の宛先へ送る通信）で使用。

※2　実験用に予約。

IPv6
128ビットのIPアドレス

IPv4のアドレス枯渇に伴い、新たに策定されたのがIPv6です。新しいといってもすでに20年以上の歴史があります。

IPv6は128ビットあり、4桁の16進数×8組で表します。各ブロックで先頭の`0`は省略可能で、`0`だけのブロックは`:0:`、`0`のブロックが連続する場合は1ヵ所に限り`::`と表記できるので、たとえば`2001:0dc2:1000:2006:0000:0000:0080:0001`は`2001:dc2:1000:2006::80:1`のように表せます。

ネットワークアドレスは`2001:dc2:1000:2006::80:1/32`のように、`/32`(先頭32ビットがネットワークアドレス)、`/48`(先頭48ビットがネットワークアドレス)のように表記します。自分自身(*localhost*)を表すループバックアドレスは「`::1/128`」です。

IPv4アドレスはDHCPによって自動で割り振るほかに手動で数字を割り当てることがありますが、IPv6アドレスは自動割り当てで使用するのが一般的です。

ユニークローカルアドレスとグローバルアドレス

IPv4のローカルIPアドレス(プライベートIPアドレス)は、IPv6では**ユニークローカルアドレス**(*Unique Local Address*、ULA)といい、`fc00::/7`が割り当てられています。**ユニークローカルユニキャストアドレス**(*uniq local unicast address*)と呼ばれることもあります[注6]。

さらに、同一リンク内、つまり物理的に接続されているネットワーク内でのみ有効なアドレスとして**リンクローカルアドレス**(*link-local address*)が使われており、`fe80::/10`が割り当てられています。

インターネットで使うアドレスは**グローバルアドレス**(*global address*)で、`2000::/3`が割り当てられています。

DNS
ドメイン名とIPアドレスの対応を管理

ところで、私たちがWebで使用しているのはIPアドレスではなく`example.com`や`gihyo.jp`のような文字列です。これを**ドメイン名**(*domain name*)といいます。

ドメイン名とIPアドレスを対応付けるしくみが**DNS**(*Domain Name System*)で、ドメイン名を問い合わせるとIPアドレスを返してくれる、あるいはその逆を行うサーバーが**DNSサーバー**(*DNS Server*)です。

バーチャルドメイン

1つのIPアドレスに対して、複数のドメイン名を使って運用するケースがあります。たとえば、Webサーバーでは、「Aという名前で接続してきた場合はaaaのコンテンツを返す、Bという名前で接続してきた場合はbbbのコンテンツを返す」という具合に、名前によって動作が変わるように設定します。このような運用方法を**バーチャルドメイン**(*virtual domain*)といいます。

注6　1対1の通信で使われるアドレスをユニキャストアドレス、1対多の通信で使われるアドレスをマルチキャストアドレスといいます。

ポート番号
IPアドレスで接続先、ポート番号でサービスを選ぶ

ネットワーク層とトランスポート層ではIPアドレスで接続先を定め、パケットを相手先に届けることができました。届けられるパケットの内容はその上の層であるアプリケーション層で実行されているサービスによって異なります。サービスを識別するのに使われているのが**ポート番号**（*port number*）です。

サービスを提供しているコンピューターや各種装置を「ホスト」（*host*）と呼ぶことがありますが、Webサーバー兼メールサーバー、のように、同じホストで複数のサービスを提供することがあります。このとき、IPアドレスを使って接続先のホストを、ポート番号を使って使用したいアプリケーション層のサービスを指定できます。

ポート番号は16ビットの整数で、**0〜65535**番までを扱えます。

ポート番号の種類

ポート番号は自由に定義して使えるものではありますが、昔から使われている番号については、「**80**といえばHTTP」のような了解事項がありました。現在はこれらをIANA（p.213の脚注を参照）という組織が管理しています。とくに**0〜1023**番は**ウェルノウンポート番号**（*well-known port numbers*）といい、登録されている番号を異なる目的で使用すると混乱の元になるので避けましょう。

Linuxでは**0〜1023**番は特権ポート（*privileged port*）といい、一般ユーザーの権限では自由に扱えないようになっています。

ユーザーが自分で割り当てて使えるのは**1024**番以降ということになりますが、**1024〜49151**番は登録済みポート番号（*registered port numbers*）といい、用途が概ね決められています[注7]。**49152**以降は自由に使える番号で、ダイナミックポート（*dynamic port*）またはプライベートポート（*private port*）といいます。

NATとNAPT
IPアドレスを変換する

私たちが普段利用するコンピューターにはローカルアドレスが割り当てられているのに対し、インターネット接続にはグローバルアドレスを使用します。このような状況でインターネットに接続するために利用される技術が**NAT**（*Network Address Translation*）です。

NATはアドレス同士の変換を行う技術で、送信元のアドレスを変換する**送信元NAT**（*Source NAT*、SNAT）と、宛先を変換する**宛先NAT**（*Destination NAT*、DNAT）があります。

NATは1対1でのアドレス変換を行うのに対し、1つのグローバルアドレスを使って複数の機器からインターネットに接続したい場合のように、1対多で変換するのに使うのが**NAPT**（*Network Address Port Translation*）です。NAPTはIPマスカレード（*IP Masquerade*）と呼ばれることもあります[注8]。

たとえば、Gというグローバルアドレスを使ってAというホストから接続する場合、Aからポート番号**80**で送信したパケットを、Gのポート**50080**からのリクエストとして送信、G

注7　IANAのサイトで検索、ダウンロードできます。
URL https://www.iana.org/assignments/service-names-port-numbers/service-names-port-numbers.xhtml

注8　NAPTとIPマスカレードは厳密には同じではありませんが、通常はほぼ同様の機能として扱われています。

の**500080**への返信をAのポート**80**に返すといった処理を行います(**図C**)。

図C NAPTの動作イメージ

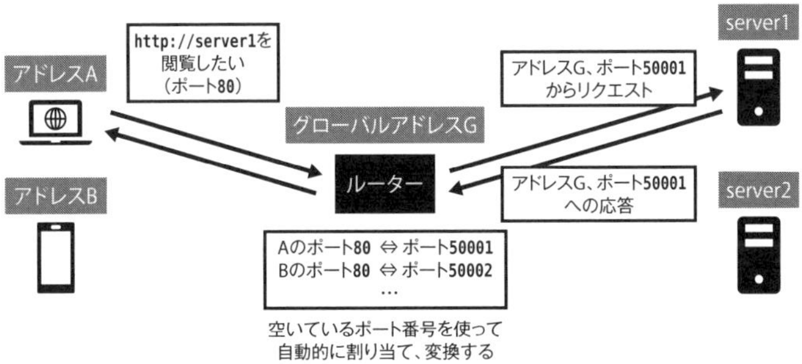

変換時に使用するポート番号は固定されておらず、空いている番号が接続ごとに割り当てられていることから、**動的NAPT**(*dynamic NAPT*)と呼ばれることもあります。単にNAPTといった場合は動的NAPTを指すのが一般的です。

動的にポート番号を割り当てるのではなく、あらかじめ決めておいたポート番号を使用するNAPTを**静的NAPT**(*static NAPT*)、または**ポートフォワーディング**(*port forwarding*)といいます。Webサーバーなど、外部からアクセスされるホストがある場合、たとえばグローバルアドレスGのポート**80**宛の通信はホストBの**80**に送信する、という使い方をします。

ファイアウォール
不正アクセスを防ぐ「防火壁」

外部のネットワークからの不正なアクセスを防ぐしくみの一つが**ファイアウォール**(*firewall*)です。

特定のアドレスからの通信を許可(*allow*)、または拒絶(*deny*)したり、特定ポートへの通信を許可、あるいは拒絶します。たとえば、ローカルネットワーク内でテスト用に使用するWebサーバーであれば、テストで接続するコンピューターのIPアドレスあるいはローカル用のネットワークアドレスからの、**80**番ポートへのアクセスだけを許可する、という設定をします。

このような、許可/拒絶するパケットのルールを設定して、許可しているパケットだけ処理を行うことを**パケットフィルタリング**(*packet filtering*)といいます。フィルタリングのルールはポリシー(*policy*)と呼ばれることもあります。

ファイアウォールは、Ubuntu環境ではufw、CentOS環境ではfirewalldで設定します。

外部へ公開しているWebサーバーやメールサーバーの場合は、「外部からも内部(ローカルネットワーク)からもアクセスできる場所」を設けます。この場所のことを**DMZ**(*DeMilitarized Zone*、非武装地帯)といいます。

7.2 ネットワーク用の基礎コマンド

現在の状態を確認しよう

ネットワークの設定というと、以前はかなり複雑でしたが、ローカルネットワークからインターネットに接続するだけであればインストール時の自動設定だけで済むことも多くなりました。その一方で、外部にサービスを公開するような場合は自動設定のみでは困難なだけではなく、セキュリティなどを含めた専門知識が必要になり本書ではカバーできません。

ここでは、現在の状態を確認するコマンドを中心に紹介します。

ip aコマンド
IPアドレスを調べる

ip aで現在使用しているIPアドレス(ローカルIPアドレス)を一覧できます。

ipコマンドは、ネットワークデバイスやルーティングなどの表示と変更を行うコマンドで**ip addr show**のように、操作の対象(**addr**)とサブコマンド(**show**)を組み合わせて使用します。**ip a**は**ip addr**の省略形で、サブコマンドを指定しない場合、デフォルトのサブコマンドである**show**が実行されます。

IPv4の設定はinetの行で、IPv6の設定はinet6の行に表示されます。IPv4だけで良い場合は**-4**オプション(**-family inet**、アドレスファミリー[注9])、IPv6だけで良い場合は**-6**オプション(**-family inet6**)を指定します。**ip**コマンドでは、長い文字列を使ったオプションも「**-**」(ハイフン)が1つである点に注意してください。

```
$ ip a ·································· ip addr showを実行(IPアドレスを表示する)
1: lo: <LOOPBACK,UP,LOWER_UP> mtu 65536 qdisc noqueue state UNKNOWN group default
qlen 1000
    link/loopback 00:00:00:00:00:00 brd 00:00:00:00:00:00
    inet 127.0.0.1/8 scope host lo
       valid_lft forever preferred_lft forever
    inet6 ::1/128 scope host
       valid_lft forever preferred_lft forever
2: enp0s3: <BROADCAST,MULTICAST,UP,LOWER_UP> mtu 1500 qdisc fq_codel state UP
group default qlen 1000
    link/ether 08:00:27:4d:89:a9 brd ff:ff:ff:ff:ff:ff
    inet 10.0.2.15/24 brd 10.0.2.255 scope global dynamic noprefixroute enp0s3
       valid_lft 74098sec preferred_lft 74098sec
    inet6 fe80::abcf:2e2:4e15:9636/64 scope link noprefixroute
       valid_lft forever preferred_lft forever
```

注9 **-family**は表示対象とするアドレスの種類を指定するオプションで、**inet**(IPv4)、**inet6**(IPv6)のほかに**link**(MACアドレス)が指定できます。「**-**」は1つで、**-fam**や**-f**のように略することも可能です。

ifconfigコマンド

ipコマンド以前は、IPアドレスなどを調べる際には**ifconfig**コマンドが使用されていました。以下はCentOS環境での実行例です。Ubuntu環境の場合は**sudo apt install net-tools**でインストールできます。

```
$ ifconfig
enp0s3: flags=4163<UP,BROADCAST,RUNNING,MULTICAST>  mtu 1500
        inet 10.0.2.15  netmask 255.255.255.0  broadcast 10.0.2.255
        inet6 fe80::abcf:2e2:4e15:9636  prefixlen 64  scopeid 0x20<link>
        ether 08:00:27:4d:89:a9  txqueuelen 1000  (イーサネット)
        RX packets 103343  bytes 150969336 (150.9 MB)
        RX errors 0  dropped 0  overruns 0  frame 0
        TX packets 40966  bytes 2516628 (2.5 MB)
        TX errors 0  dropped 0 overruns 0  carrier 0  collisions 0

lo: flags=73<UP,LOOPBACK,RUNNING>  mtu 65536
        inet 127.0.0.1  netmask 255.0.0.0
        inet6 ::1  prefixlen 128  scopeid 0x10<host>
        loop  txqueuelen 1000  (ローカルループバック)
        RX packets 421  bytes 38499 (38.4 KB)
        RX errors 0  dropped 0  overruns 0  frame 0
        TX packets 421  bytes 38499 (38.4 KB)
        TX errors 0  dropped 0 overruns 0  carrier 0  collisions 0

<以下略>
```

ip lコマンド
ネットワークデバイスの状態を表示、変更する

ip -s lで、ネットワークデバイスの統計情報を表示できます。**-s**オプションは**-statistics**(統計)オプションの省略形、**ip l**は**ip link**の省略形です。デバイスを指定する場合は**ip -s l show dev** デバイス名 のようにします。

```
$ ip -s l show dev enp0s3 ·············· enp0s3の統計情報を表示※
2: enp0s3: <BROADCAST,MULTICAST,UP,LOWER_UP> mtu 1500 qdisc fq_codel state UP
mode DEFAULT group default qlen 1000
    link/ether 08:00:27:4d:89:a9 brd ff:ff:ff:ff:ff:ff
    RX: bytes  packets  errors  dropped overrun mcast
    150972469  103372   0       0       0       0
    TX: bytes  packets  errors  dropped carrier collsns
    2520210    41010    0       0       0       0
```

※ すべての統計情報を表示する場合は、**ip -s l**で実行(**show**はデフォルトのサブコマンドなので省略可能)。

ip rコマンド
ルーティングテーブルを調べる

宛先のIPアドレスごとに、どんな経路を使うのかをまとめたものを**ルーティングテーブル**（*routing table*）といいます。たとえばローカルネットワーク内であれば直接やりとりができるし、外部のネットワークであればデフォルトゲートウェイとして設定されている装置のアドレス（家庭であればブロードバンドルーター）を経由するでしょう。

現在設定されているルーティングテーブルは**ip r**で表示できます。**ip route**の省略形です。同じ用途のコマンドで、古くは**route**コマンドが使用されていました。CentOS環境には**route**コマンドもインストールされています。Ubuntu環境では、**sudo apt install net-tools**でインストールできます。

```
$ ip r ………………… ルーティングテーブルを表示する（ip route show table main相当）
default via 10.0.2.2 dev enp0s3 proto dhcp metric 100
10.0.2.0/24 dev enp0s3 proto kernel scope link src 10.0.2.15 metric 100
```

ip nコマンド
IPアドレスとMACアドレスの対応を調べる

IPアドレスとMACアドレス（p.211）の対応は、**ip n**で調べることができます。**ip n**は**ip neigh**の略で、従来は**arp**コマンドが使用されていました（**arp -a**）。Ubuntu環境では**sudo apt install net-tools**でインストールできます。

```
$ ip n ………………… IPアドレスとMACアドレスの対応を表示する（ip neigh show相当）
10.0.2.2 dev enp0s3 lladdr 52:54:00:12:35:02 REACHABLE
```

pingコマンド
通信相手からの応答を調べる

ネットワークに不具合が生じた場合などに、**ping** ホスト名や**ping** IPアドレスで、相手から応答があるかどうかを調べます。特定の相手だけ応答がないのか、同じネットワーク内（ネットワークアドレスが自分のコンピュータと同じ機器）ならどうかなどを調べることで、問題がある箇所を特定する手掛かりとします。ただし、通信相手がpingに応答しない（拒絶する）設定になっている場合は調べることができません。

pingコマンドは1秒間隔で相手に小さなデータを送り、何ミリ秒後に応答があったかを[Ctrl]+[C]で終了するまで実行し続けます。自動で終了させたい場合は**-c**オプションで回数を指定します。

ping ホスト名で相手から応答がない場合は、名前解決（p.221）ができていない可能性を考えて、**ping** IPアドレスでIPアドレスを指定します。「ホスト名だと応答がなかったがIPアドレスなら応答があった」という場合、DNSサーバーの設定などを見直します。

IPアドレスを指定しても応答がない場合は、相手までの経路（ルート）に問題がある可能性があるので、ルーターの設定を見直す必要があります。「どこからも応答がない」という場合は、ネットワークケーブルのトラブルなども視野に入れて調べましょう。

```
$ ping -c 3 www.example.com ………… www.example.comからの応答を調べる（3回で終了）
PING www.example.com (93.184.216.34) 56(84) バイトのデータ
64 バイト応答 送信元 93.184.216.34 (93.184.216.34): icmp_seq=1 ttl=54 時間=106 ミリ秒
64 バイト応答 送信元 93.184.216.34 (93.184.216.34): icmp_seq=2 ttl=54 時間=107 ミリ秒
64 バイト応答 送信元 93.184.216.34 (93.184.216.34): icmp_seq=3 ttl=54 時間=106 ミリ秒
      ⬆3回実行したので自動終了、-cを指定していない場合はCtrl+C

--- www.example.com ping 統計 ---
送信パケット数 3, 受信パケット数 3, パケット損失 0%, 時間 2002ミリ秒
rtt 最小/平均/最大/mdev = 106.033/106.412/106.902/0.363ミリ秒
```

mtrコマンド
通信相手までの経路とそれぞれの応答を調べる

mtr 通信相手 で、指定した通信相手までの経路と応答を調べます。結果は画面に表示されて1秒間隔でリフレッシュされるので、「**q**」を入力、またはCtrl+Cで終了します。途中の名前解決が不要な場合は**-n**オプション（**--no-dns**、DNSなし）を指定します。

```
$ mtr www.example.com ………………… www.example.comまでの経路を表示する
                              My traceroute  [v0.93]
ubuntu20 (10.0.2.15)                                   2021-01-02T04:41:33+0900
Keys:  Help   Display mode   Restart statistics   Order of fields   quit
                                          Packets               Pings
 Host                                   Loss%   Snt   Last   Avg  Best  Wrst StDev
 1. _gateway                             0.0%    11    0.2   0.2   0.1   0.2   0.0
 2. 192.168.1.1                          0.0%    11    1.1   1.1   0.9   1.4   0.1
 3. (waiting for reply)
 4. (waiting for reply)
 5. (waiting for reply)
 6. (waiting for reply)
 7. (waiting for reply)
 8. (waiting for reply)
 9. (waiting for reply)
10. 93.184.216.34                        0.0%    10  106.1 106.1 105.8 106.4   0.2
(qまたはCtrl+Cで終了)
```

nslookupコマンド
接続先のドメインからIPアドレスを調べる

nslookup www.example.comのようにすると「www.example.com」のIPアドレスがわかります。なお、nslookupのみで実行するとインタラクティブモード（対話モード）となり、**nslookup**コマンドによるプロンプトが表示されます。**exit**またはCtrl+Cで終了できます。

接続先のドメインからIPアドレスを知ること、またその逆を**名前解決**（*name resolution*）といい、名前解決を行うためのしくみをDNS、名前解決を行うサーバーをDNSサーバーまたはネームサーバーといいます。DNSサーバーの設定が間違っていたり、新しいIPアドレスに更新されていないような場合、相手先に接続できなくなります。

```
$ nslookup www.example.com ………… www.example.comのIPアドレスを調べる
Server: …………………………………………… 127.0.0.53
Address: ………………………………………… 127.0.0.53#53

Non-authoritative answer:
Name: ……………………………………………… www.example.com
Address: 93.184.216.34
Name: ……………………………………………… www.example.com
Address: 2606:2800:220:1:248:1893:25c8:1946
```

7.3 SSH

SSHサーバーのインストールとクライアントコマンドの使い方

SSH(*Secure Shell*)は暗号化された通信を使ってリモート接続をする際に使用するプロトコルです。接続を受け入れる側のホストでSSHサーバーを動かすことで、ほかのホストからログインしてシェルを利用できるようになります。Linux同士はもちろん、WindowsやmacOS、スマートフォンやタブレットからログインしてコマンド操作ができるようになります。

SSHサーバーにはいくつかの種類がありますが、本書ではOpenSSH[注10]を使用します。

SSHサーバーのインストールと設定
リモートからの接続を受け入れるには

SSHサーバーはopenssh-serverパッケージでインストールできます。インストールすると自動でSSHサーバー(sshd)が実行されます。現在sshdが実行されているかどうかは**systemctl status sshd**で確認できます(systemctl、p.196)。OSの起動時に自動で実行されるようにしたい場合は**sudo systemctl enable sshd**を実行します。

```
(Ubuntu環境の場合)
$ sudo apt install openssh-server …… SSHサーバー (sshd) をインストールする
(CentOS環境の場合)
$ sudo dnf install openssh-server …… SSHサーバー (sshd) をインストールする※1
<中略>
$ systemctl status sshd ……………… sshdの状態を確認する
● ssh.service - OpenBSD Secure Shell server
     Loaded: loaded (/lib/systemd/system/ssh.service; enabled; vendor preset: >
     Active: **active (running)** since Fri 2021-03-12 00:46:41 JST; 3h 11min ago
```
続く

注10 OpenSSHはオープンソースで開発されており、macOSやWindows環境でも使用されています。
URL https://www.openssh.com

```
activeになっていることを確認(activeになっていない場合は画面のメッセージに従いログなどを参照して原因を調べる)
<中略> ……………………………… CentOSは q で終了
$ sudo systemctl enable sshd …… (CentOS環境) 自動起動にしたい場合は実行※2
```

※1 CentOS Stream 8の「サーバー(GUI使用)」ではデフォルトでインストールされ、有効化されているので追加インストールは不要。

※2 Ubuntu環境では、インストールすると自動起動も設定される。

rootでのログインを禁止する

ローカル環境においてもrootでのログインはセキュリティ上、好ましくありませんが、遠隔地から接続するのが前提である**ssh**コマンドを使ってrootでログインできるのは非常に危険です。SSHサーバーの設定を変更して、rootでのログインを禁止しましょう。

SSHサーバーの設定ファイルは**/etc/ssh/sshd_config**で、編集にはroot権限が必要です。似た名前の**/etc/ssh/ssh_config**はクライアント用の設定ファイルなので間違えないようにしてください。rootのログインを禁止するには**PermitRootLogin**を「**no**」にします(**リストA**)。

リストA /etc/ssh/sshd_config

```
# Authentication:

#LoginGraceTime 2m
PermitRootLogin no
↑「#PermitRootLogin prohibit-password」という行があるので、先頭の「#」を削除して「no」にする※
```

※ **prohibit-password**はパスワードによるログインを禁止するという設定で、後述する公開鍵認証は許可される。CentOSの場合は「PermitRootLogin yes」という行があるので「**yes**」を「**no**」に書き換える。

設定を変更したら**sudo systemctl restart sshd**でSSHサーバーを再起動します。

```
$ sudo systemctl restart sshd …… SSHサーバーを再起動する
```

X11転送を許可する/禁止する

後述するX Window Systemによる接続(X11 Forwarding、X11転送を行う)を許可する場合は、**/etc/ssh/sshd_config**で**X11Forwarding**を「**yes**」に、許可しない場合は「**no**」にします。OpenSSHのデフォルトは「**no**」ですが、Ubuntu環境、CentOS環境ともにデフォルトで「**yes**」(許可)になっています。

設定を変更したら**sudo systemctl restart sshd**でSSHサーバーを再起動してください。

SSHクライアントからの接続
sshコマンドでSSHサーバーに接続する

SSHサーバーへの接続には**ssh**コマンドを使用します。Windows 10の[コマンドプロンプト][注11]やmacOSの[ターミナル]でも同様の操作が可能です。

注11 Windows 10の場合、バージョン1803からSSHクライアント(ssh.exe)がインストールされています。また、MicrosoftのPowerShell TeamがGitHubで公開しているWin32-OpenSSHプロジェクトでSSHサーバーとクライアントをダウンロード可能です(リリースページに32ビット版と64ビット版のZIPファイルがある)。
URL https://github.com/PowerShell/Win32-OpenSSH/releases

なお、今回使用している**ssh**コマンドはすべてOpenSSH版で、オプションはすべてショートオプションです。**ssh**のみで実行するとオプションの一覧が表示され、**ssh -V**でコマンドのバージョンを確認できます。LinuxおよびmacOS環境では**man ssh**で詳細を確認できます[注12]。

sshコマンド
SSHサーバーに接続する

ssh ユーザー名 **@** 接続先 で接続します。「ユーザー名 **@**」の部分を省略した場合、現在実行中のユーザー名で接続します。接続先はホスト名またはIPアドレスで指定できます。

たとえば、sshdを実行中のLinuxで動作のテストをするのであれば、同じターミナルから**ssh localhost**で接続することで、ログインが可能な状態になっていることを確認できます（実行例）。VirtualBoxの中で実行中のLinuxに対し、ホストOSから接続するのであれば、ポートフォワーディングの設定（p.7）で指定したポート番号を使い、**ssh -p** ポート番号 ユーザー名 **@localhost**とします（次ページの実行例を参照）。

いずれの場合も、最初に鍵指紋（*key fingerprint*）が表示されるので「**yes**」と入力して Enter を押し、パスワードの入力を求められたら接続先のパスワードを入力してログインします。

ここで表示される鍵指紋は接続先（SSHサーバー）固有の値です。初めて接続する際に表示され、**yes**と入力するとホームディレクトリの**.ssh**ディレクトリにあるknown_hostsというファイル（**~/.ssh/known_hosts**）に保存されます。次回からはこのメッセージは表示されず、鍵指紋がknown_hostsに保存されている値と一致していればパスワード入力のプロンプトが表示され、一致しない場合は接続先の改ざんの可能性があるため警告が表示されます（表示例はp.261を参照）。

ゲストOS内など、sshdと同じコンピュータでテストをする場合の例

```
$ systemctl status sshd ………… SSHサーバーが起動できているか確認する
● ssh.service - OpenBSD Secure Shell server
     Loaded: loaded (/lib/systemd/system/ssh.service; enabled; vendor preset: e>
     Active: active (running) since Sat 2021-01-02 16:08:59 JST; 4h 30min ago
                        ↑runningであることを確認
$ ssh localhost ………… 自分自身にsshで接続（現在のユーザー名で接続する）
The authenticity of host 'localhost (127.0.0.1)' can't be established.
ECDSA key fingerprint is SHA256:Ica2oo5t5ve5qmqZ3jR+wkwWSQHR0ZjWoGzYuxbi1BU.
Are you sure you want to continue connecting (yes/no/[fingerprint])?
                                                            ↑「yes」と入力
Warning: Permanently added 'localhost' (ECDSA) to the list of known hosts.
study@localhost's password: ………… 接続先のパスワードを入力
Welcome to Ubuntu 20.04.2 LTS (GNU/Linux 5.8.0-44-generic x86_64)
<中略>
study@ubuntu:~$ ………… （接続先のプロンプトが表示される）
```

注12　Windows環境にはマニュアルがインストールされていませんが、最新版のマニュアルは以下で確認できます。
URL https://man.openbsd.org/ssh
URL https://docs.microsoft.com/ja-jp/windows-server/administration/openssh/openssh_overview

Windows 10から接続する場合は以下のようになります。「>」はWindows環境のコマンドプロンプト記号です。VirtualBoxの設定でNAT接続のポートフォワーディングを「ホストポート**50022**、ゲストポート**22**」で設定しているため、ポート番号は**-p 50022**としています。

パスワード入力を求めるプロンプト以降はSSHサーバー側の処理なので、この後の画面はまったく同じになります。

ホストOS(Windows 10)から接続

```
>ssh -p 50022 study@localhost
The authenticity of host '[localhost]:50022 ([127.0.0.1]:50022)' can't be
established.
ECDSA key fingerprint is SHA256:Ica2oo5t5ve5qmqZ3jR+wkwWSQHR0ZjWoGzYuxbi1BU.
Are you sure you want to continue connecting (yes/no)? yes ……… yesと入力※
Warning: Permanently added '[localhost]:50022' (ECDSA) to the list of known
hosts.
study@localhost's password: ………… パスワードを入力
Welcome to Ubuntu 20.04.2 LTS (GNU/Linux 5.8.0-44-generic x86_64)
```

※ Windows環境の場合、接続先と鍵指紋のペアは**C:¥Users¥ユーザー名¥.ssh¥known_hosts**に保存される。¥(円マーク)はWindows環境でディレクトリを表すのに使用されている記号で、英語環境ではバックスラッシュ記号で表示される。

公開鍵方式による接続
公開鍵と秘密鍵のペアによる認証とは

SSH接続用の公開鍵と秘密鍵を作成することで、SSHをパスワード方式ではなく鍵方式で接続できるようになります。

公開鍵方式では**公開鍵**(*public key*)と**秘密鍵**(*private key*)のペアを作り、自分のPCに秘密鍵のファイルを保管し、秘密鍵とペアになっている公開鍵のファイルを接続先に配置します。公開鍵が登録されているSSHサーバーに秘密鍵を使って接続することで、両者が信頼できるとみなすことができ、信頼性が上がります。

秘密鍵と公開鍵のペアは後述する**ssh-keygen**コマンドで生成できます。SSH接続を行う場合は、クライアントで鍵のペアを作り、公開鍵をSSHサーバー側に転送します。

SSHのバージョンと暗号化方式

SSHプロトコルにはバージョン1とバージョン2があり、バージョン1は脆弱性が発見されていることからバージョン2の利用が推奨されています。比較的新しい環境であれば、とくに指定しない限りバージョン2が使用されるでしょう。

暗号化方式についても、SSHバージョン1ではRSAのみだったのに対し、SSHバージョン2ではRSAのほかにDSAやECDSAなどの方式にも対応しています。さらに、強度を調整するためにビット数も指定できます。Ubuntu環境の**ssh-keygen**はデフォルトでRSAの3072ビット、CentOS環境の**ssh-keygen**ではRSAの2048ビットの鍵が生成されます。

ssh-keygenコマンド
「公開鍵」と「秘密鍵」のペアを作る

秘密鍵と公開鍵は**ssh-keygen**コマンドで作成します。秘密鍵は**~/.ssh/id_rsa**に、公開鍵は~/.ssh/id_rsa.pubに保存されます。ファイル名は実行時または**-f**オプションで指定できますが、通常は変更の必要はないでしょう。

鍵のファイルはどちらもテキストファイルで、id_rsa.pub（公開鍵のファイル）にはコメントとして、末尾に「ユーザー名@ホスト名」が保存されます。コメントを空欄にしたい、あるいはメールアドレスなどを登録したい場合は大文字の**-C**オプションで指定します。

暗号化方式は**-t**オプション、ビット数は**-b**オプションで変更できます。たとえば、ED25519の4096であれば、**ssh-keygen -t ed25519 -b 4096**のように指定します。

実行すると、保存先のファイル名の確認の後、パスフレーズの入力を求めるプロンプトが表示されます。これは鍵を使用する際に入力するフレーズで、空白も含めた任意の文字列が指定できますが、省略も可能です。なお、鍵のパスフレーズは**ssh-keygen -p**で変更できます。

```
$ ssh-keygen -C ""  ……… RSA方式で鍵を生成する。コメントは空欄
Generating public/private rsa key pair.
Enter file in which to save the key (/home/study/.ssh/id_rsa):  ……… Enter ※1
Enter passphrase (empty for no passphrase):  ……… Enter ※2
Enter same passphrase again:  ……… Enter ※2
Your identification has been saved in /home/study/.ssh/id_rsa
Your public key has been saved in /home/study/.ssh/id_rsa.pub
The key fingerprint is:
SHA256:qGTWLsGmUnYl+XW3V90xvG29bbwoiGxSfZlLqPAXax8  ……… 鍵指紋
The key's randomart image is:
+---[RSA 3072]----+
|               . |
|     .        . +|
|    o . . . .  +o|
|   . = o . . . .=|
|  o O + S . + ..+|  ……… randomart図
| o B = . + = . oo|
|. . o * o *E.  .+|
| .   o * = O. ...|
|      o o .... . |
+----[SHA256]-----+
```

※1 鍵ファイルは**~/.ssh**ディレクトリ下に生成される。ファイル名を入力する場合は秘密鍵のファイル名を指定（公開鍵は秘密鍵の名前に「.pub」を追加した名前で生成される）。

※2 鍵だけで接続する場合は入力不要。パスフレーズ（パスワードとして使用する文字列で、空白を含んでも良い）を設定した場合、秘密鍵と公開鍵のペアで接続する際にはログインパスワードの代わりにパスフレーズを入力して接続することになる。

鍵指紋とrandomart

先ほどの実行例のように、公開鍵を作成すると鍵指紋とrandomart図（*randomart image*）が表示されます。どちらも公開鍵を元に生成される値で、公開鍵が正しくコピーされているか、改ざんされていないかを確認する際に使用します。

randomart図は、正しい公開鍵を使用しているかどうかを視覚的に確認しやすくするために使います。設定ファイル**~/.ssh/config**に**VisualHostKey=yes**という行を追加するか、**ssh**コマンドで接続する際に**-o VisualHostKey=yes**というオプションを付けて実行すると、接続時にこのrandomartが表示されるようになります。randomartは公開鍵を元に生成されるので、公開鍵ファイルが変更されるといつもと異なる図が表示され、接続先の偽造や鍵ファイ

ルの改ざんに気づきやすくなります。

ssh-copy-idコマンド
公開鍵を接続先にコピーする

ssh-copy-id 接続先 で公開鍵を接続先にコピーします。ポート番号やユーザー名を指定して接続する場合には、**ssh**による接続と同じように、**ssh-copy-id -p** ポート番号 ユーザー名 **@**接続先 と指定します。

```
$ ssh-copy-id -p 50022 study@localhost ········ 接続先に公開鍵をコピーする
/usr/bin/ssh-copy-id: INFO: Source of key(s) to be installed:
＜中略＞
study@localhost's password: ············ ログイン用のパスワードを入力

Number of key(s) added: 1
(公開鍵がコピーされた)
＜以下略＞
```

公開鍵が保存される場所

公開鍵は、接続先の**~/.ssh/**ディレクトリのauthorized_keysファイルに追加されます。authorized_keysはテキストファイルで、複数の環境から公開鍵で接続される場合、複数の公開鍵の内容が保存されています。

Windows環境の場合、**ssh-copy-id**コマンドがないので[注13]、手動でauthorized_keysに公開鍵の内容を追加する必要があります。すべてコマンドで行うという場合は**scp**コマンド[注14]で公開鍵のファイルをコピーし、接続先で**cat** 公開鍵ファイル **>> ~/.ssh/authorized_keys**で追加しますが、コマンドプロンプトがGUI環境の1つの画面であることを活かし、コピー&ペーストで入力するという方法もあります。

```
> ssh -p 50022 study@localhost ····· sshで接続
:中略(パスワードを入力してログインする)
$ vi ~/.ssh/authorized_keys
⬆エディタ(vi)でauthorized_keysファイルを開く(ない場合は新規作成)
❶ファイルの末尾に移動
❷a で追加モードにする(矢印キーで適宜入力位置を調整)
❸Windows環境でメモ帳などを使い公開鍵ファイル※を開き、全体を選択してCtrl+Cでコピー
❹sshでviを実行している画面で右クリック(ペーストされる)
❺viで:wqで保存して終了
```

※ 公開鍵は**C:¥Users¥**ユーザー名**¥.ssh**の中に、id_rsa.pub(秘密鍵ファイルの末尾に「.pub」を追加した名前のファイル)で保存されている。コマンドプロンプトを開くと、デフォルトのカレントディレクトリは**C:¥Users¥**ユーザー名になるので**notepad .ssh¥id_rsa.pub**と指定すれば[メモ帳]で公開鍵ファイルを表示できる。

注13 Git for Windowsでインストールされる「Git Bash」(Git用のbash環境、Gitについては5.4節を参照)では**ssh-copy-id**コマンドが使用できます。 URL https://gitforwindows.org

注14 SSHを使ったコピーコマンドで、**scp** ファイル名 ユーザー名**@**接続先で接続先のホームディレクトリにファイルをコピーできます。

Column

X Window SystemをSSH経由で動かしてみよう

LinuxのGUIで使用されているX Window Systemはネットワーク経由で動かせます。まず予備知識としてX Window Systemのしくみを、続いて、ネットワーク接続で試す方法を紹介します。

なお、GUI環境全体を遠隔地から利用したいという場合は、**VNC**（*Virtual Network Computing*）を利用することでデスクトップ環境全体が操作可能になります。この場合は、操作対象となるコンピューター側でVNCサーバーを動かし、遠隔地からはVNCクライアントを使って操作します（Raspberry Piでの使用例、p.263）。

Xは「クライアント/サーバモデル」で動く

X Window Systemの特徴的なしくみの1つが「クライアント/サーバモデルである」ということでしょう。X Window Systemはさまざまな機種/さまざまな環境で動作させることが想定されており、そのためのしくみがクライアント/サーバモデルです。

画面の描画を担当するのが**Xサーバー**（*X server*）です。マウスやキーボードからの入力をXクライアントに伝え、Xクライアントからの指示に従って画面の描画を行うのがXサーバーの役割です。

実際の処理をするアプリケーションが**Xクライアント**（*X client*）です。XクライアントはXサーバーから受け取った入力に応じた処理を行い、描画指示をXサーバーに送ります。一般に「X用のソフト」と呼ばれているソフトウェア群はXクライアントソフトです。たとえば、xterm（端末と同じ役割のソフトウェア）やFirefox（Webブラウザ）がXクライアントです。XサーバーとXクライアントの間でやりとりするときのルールを**Xプロトコル**（*X protocol*）といいます。

UbuntuやCentOSをGUI環境込みでインストールした場合、ログインもGUIで行います。GUI環境でログインを行う場合、ログイン画面を表示して、ユーザーとのやりとりを開始するのが**Xディスプレイマネージャ**（*X Window Display Manager*、XDM）です。ログインに成功すると、接続先のXクライアントソフトが使用できる、ということになります。ログインからのやりとりを受け持つのが**XDMCP**（*X Display Manager Control Protocol*）というプロトコルです

ウィンドウマネージャとデスクトップ環境

X Window Systemは、ウィンドウ環境を実現するしくみは提供していますが、ウィンドウ環境の外観や使用方法までは規定していません。外観や使用方法は、ユーザーが自由に選択/設定します。**ウィンドウマネージャ**（*window manager*）はこの部分を担当します。たとえば、「ウィンドウの右上に閉じるためのボタンを表示する」「枠をドラッグすると移動できる」といったことをデザインし、実現するのがウィンドウマネージャです。

現在は、Xクライアントのソフトウェアを単体で動かすだけではなく、画面全体を使ってさまざまな操作を行える**デスクトップ環境**（*desktop environment*）を利用するのが主流です。UbuntuやCentOSのインストールでGUIを選択した場合はGNOMEというデスクトップ環境がインストールされています。このほか、KDE、Cinnamon、Xfce、MATE、LXQTなどさまざまなデスクトップ環境があります。

ネットワーク経由でXクライアントを動かすには

次ページの**図a**のように、Xサーバーを実行しているコンピューターからXクライアントがあるコンピューターに**ssh**コマンドで接続し、接続先のXクライアントソフトを実行します。クライアントとサーバーの関係が両者で異なる点に注意してください。

図a X Window System とSSHの「サーバー」「クライアント」

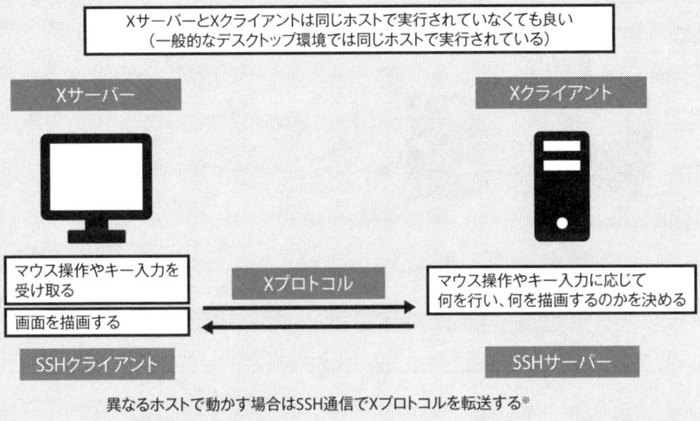

※ SSHサーバーでは **`X11forwarding`**（X11転送を許可する）という設定が必要（p.223）。

Windows でXを使う

Windows にXサーバーをインストールすることで、Linux上のXクライアントを使用できます。市販のソフトウェアを含めいくつかありますが、ここではVcXsrv Windows X Serverを使用しています。

- **VcXsrv Windows X Server（インストーラーをダウンロードして実行する）**
  URL https://sourceforge.net/projects/vcxsrv/

`C:¥Program Files¥VcXsrv¥X0.hosts` にX11 Forwardingを許可するクライアントをホスト名またはIPアドレスで記述します。IPv6接続の場合は **`inet6:`** ホスト名 のように指定します。今回のようにVirtualBoxにNAT接続を使用して接続する場合は **`localhost`** を指定しますが、2021年3月現在の最新版である1.20.9.0の場合はデフォルトで設定されており、設定ファイルの編集は不要です。

設定を変更する場合、編集には管理者権限が必要なので、メモ帳であれば右クリックして[管理者として実行]で実行し、ファイルを選ぶときや保存するときは[すべてのファイル]を選択した上で「**`C:¥Program Files¥VcXsrv¥X0.hosts`**」を指定します。

VcXsrv の起動（XLaunch）

スタートメニューの[XLaunch]で起動します。起動後は右下のシステムトレイに収納され、Xクライアントからの接続を待機します。初回実行時に設定画面が表示されますが、基本的にすべてデフォルトのままで問題ないでしょう。最後に[Save configuration]をクリックして保存すると、次回からは、この設定ファイルをダブルクリックすることでXLaunchを起動できます（次ページの**図b**）。

起動するとシステムトレイに収納され、Xクライアントからの接続を待機します。Xクライアントを起動すると画面が表示されます（p.231、**図c**）。

[Multiple windows]（デフォルト）以外を選択した場合、画面全体にXサーバーのスクリーンが表示されるので、Alt + Tab などで画面を切り替えてコマンドプロンプト（SSHクライアントの画面）を表示して実行してください。

図b　VcXsrv起動画面（設定画面）

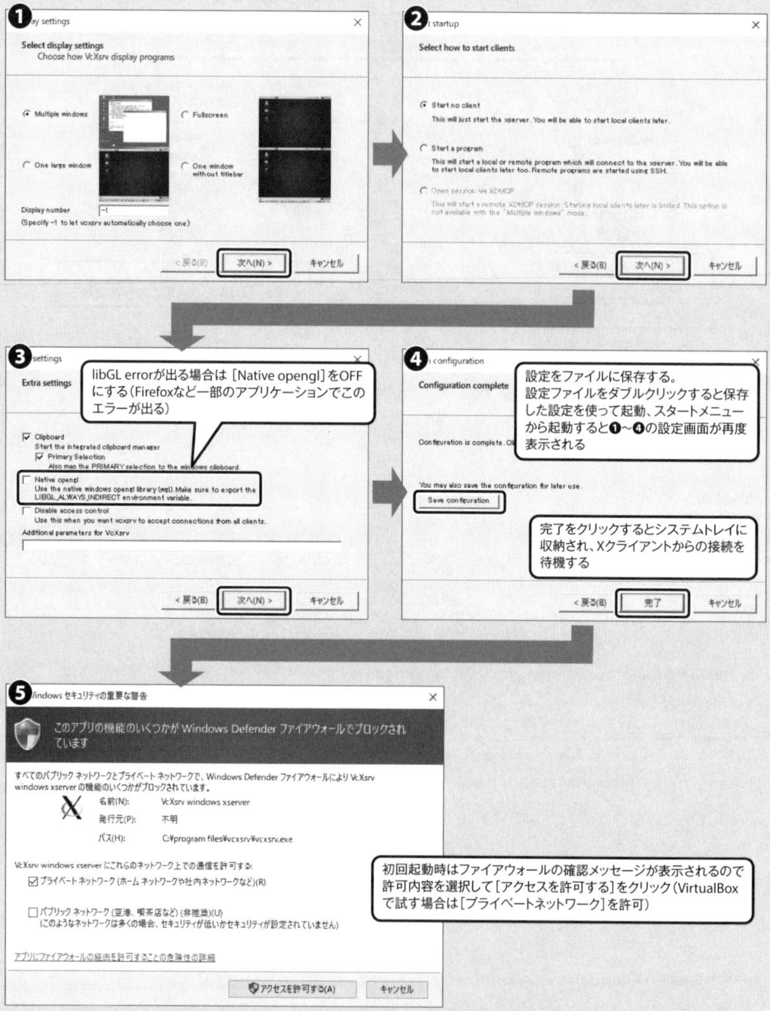

ssh接続とXクライアントの実行

　環境変数DISPLAYを設定し、**ssh**コマンド（ssh.exe）でXクライアントを実行したいホストに接続します。X11 Forwardingを使用する場合、実行時に**-X**オプションまたは**-Y**オプションを指定します。**-X**は通常のX11 Forwardingを行うものですが、キーボードの読み取りなど、攻撃に使われるような危険な転送は拒絶します。**-Y**は「信頼されたX11 forwarding」（*trusted X11 forwarding*）を行うというオプションで、今回のように、自分のPCで動かしている仮想環境に接続する場合のように、確実に信頼できるクライアントとの通信であればこちらのオプションを使うのが簡単です。

　また、Windows標準のSSHクライアント（ssh.exe）を使用してXクライアントを実行する場合、

図c　Windowsから Ubuntuに接続(**ssh -X**)

事前に「¥dev¥tty」ファイルが必要です[注a]。

図d～**図f**はWindowsの「コマンドプロンプト」画面での実行例です。「**>**」はWindows標準のプロンプトです。**md**はディレクトリを作成するコマンドでLinuxの**mkdir**コマンドに相当します。「**¥**」はディレクトリを表す記号で、Linux環境の「/」に相当します。

切断する際は、Xクライアント(xeyesなど)を終了させてから**exit**で**ssh**を終了し、システムトレイのVcXsrvを右クリックして[Exit]で終了させてください。

図d　準備(1回だけ実行)

```
>md ¥dev ………………………………………… ¥devディレクトリを作成(初回のみ)
>echo x > ¥dev¥tty ……………………… ¥devディレクトリにttyというファイルを作成
(ファイルが存在すれば内容は何でもかまわないので、xという文字をechoコマンドで表示してリダイレクトで保存している)
```

図e　**ssh -Y**で接続する場合(先に環境変数DISPLAYを設定)

```
>set DISPLAY=localhost:0.0 ……………………… 環境変数DISPLAYを設定
>ssh -Y -p ポート番号 study@localhost …… ssh -Yで接続※
study@localhost's password: ……………………… 接続先のパスワードを入力※
$ xeyes &
  ↑Xクライアント「xeyes」(マウスポインタの方向を見る「目」を表示するソフトウェア)を実行する
$ firefox &
  ↑Xクライアント「firefox」(Webブラウザ)を実行する
```

※ **C:¥Users¥ユーザー名¥.ssh¥config**で設定されている場合、**ssh 接続先**で接続できる。また、公開鍵をコピーしてある場合はパスワードの入力も省略できる(p.227)。

注a　URL https://github.com/PowerShell/Win32-OpenSSH/issues/1088

図f　**ssh -X**で接続する場合（ログイン後に環境変数DISPLAYを設定）

```
ssh -X -p ポート番号 study@localhost ………… ssh -Xで接続
（ログイン成功）
export DISPLAY=10.0.2.2:0.0 ………………………… ここで環境変数DISPLAYを設定※
xeyes &
```

※ ホストOS側（Xサーバーを動かしている側）のIPアドレスを設定。IPアドレスがわからない場合は**last | head**でログイン履歴を表示し、先頭行のIPアドレスを確認する（**last**コマンドはシステムのログイン履歴を一覧表示するコマンドで、一般ユーザーで実行すると自分自身のログイン履歴が新しい順に表示される）。

macOS環境でXを使うには

macOSでX Window Systemを使うには**XQuartz**をインストールします（**図g**）。

XQuartzは、Mac OS X v10.5（Leopard）に含まれていたX11.appを元に開発されたパッケージで、macOS上でのX Window System開発を進めるためのプロジェクト名でもあります。

インストールには、XQuartzプロジェクト（**https://www.xquartz.org**）で配布されているパッケージを使用します。dmgファイルをダウンロードできるので、ダブルクリックで開き、表示されたXQuartz.pkgを実行して画面に従ってインストールしてください。途中、「**"インストーラ"が"System Events"を制御するアクセスを要求しています**」というメッセージが表示されたら［OK］をクリックして許可するとインストールが続行されます。Homebrewを使用している場合は**brew install xquartz**でもインストールできます。

XQuartzは［アプリケーション］-［ユーティリティ］にインストールされ、起動すると、Xサーバーが起動し、メニューバーからXの環境設定が行えるようになります。通常はデフォルトのままで問題ないでしょう。

図g　macOSでX（XQuartz）を起動

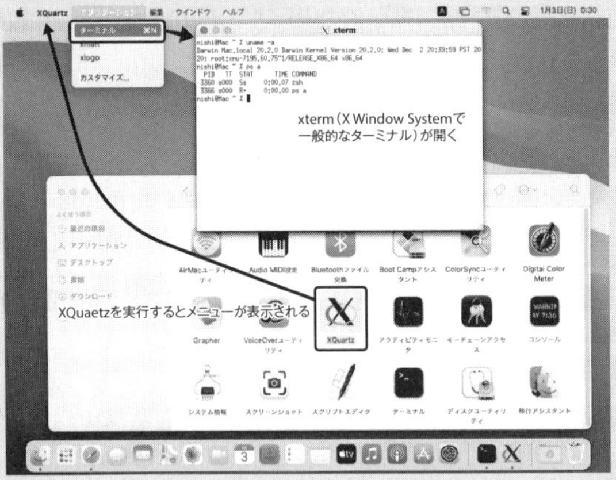

SSHで接続して、接続先のXクライアントアプリケーションを動かす場合は、**ssh -X** ユーザー名 **@** 接続先 で接続すると自動でXQuartzが開始されます。Homebrewでインストールした場合は自動実行用の設定が入らないため、先にXQuartzを実行し、**export DISPLAY=:0.0**を実行してから**ssh -X**で接続します。

Appendix

コマンドラインで広がる世界

WordPress/Python/Raspberry Pi

Appendixでは、Linuxおよびコマンドの学習と実践に役立つ具体例を3つ取り上げます。

A.1はWordPressで学ぶWebサーバーの構築で、ApacheとPHPおよびMariaDBを導入した上で、WordPressをtarパッケージから導入します。

A.2では、Python仮想環境の構築とグラフ描画を試します。Pythonを使いたい人にはもちろん、Pythonを使う予定がなくても、シンボリックリンクやシェルの設定がどのように働いているかを見ていくことで、これまで見てきたさまざまな設定や操作への理解が深まるでしょう。

A.3では、数千円〜1万円程度で手に入る超小型コンピューター「Raspberry Pi」で、OSのインストールおよびSSH/VNC接続を試します。

A.1 WordPress

PHP/MariaDB/ファイアウォール/WordPressの導入と設定

WordPressはとても利用者の多いコンテンツマネジメントシステム(*Content Management System*、CMS)で、Webブラウザから入力しながらWebサイトを構築することができます。本節では、「WordPressのインストール」を題材に、パッケージのインストールやWebサーバー、データベースサーバーの自動実行設定、tarアーカイブの展開や所有者の変更など、システム管理でよく使われるファイル操作を復習します。

WordPressに必要なパッケージ

WordPressをインストールするにあたり、Apache(Apache2)、PHP(PHP 7.4)、MariaDB(MySQL互換のデータベースサーバー)をインストールします。

WordPress実行の要件として上げられているのは以下のとおりです[注1]。

- **PHP バージョン 7.3 以上**
- **MySQL バージョン 5.6 以上、または MariaDB バージョン 10.1 以上**
- **HTTPS 対応**

インストール内容の概要

WordPressはWebで使用するサービスなのでWebサーバーが必要です。Linux環境ではApacheやNginxを使うのが一般的ですが、ここではApacheをインストールします。

PHPはWebとの組み合わせでよく使われているスクリプト言語で、WordPressはPHPで書かれています。2020年11月にバージョン8.0がリリースされましたが、2021年3月現在の主流はバージョン7.xで、Ubuntu環境の場合デフォルトではバージョン7.4が、CentOSではバージョン7.2がインストールされます。

MySQLおよびMariaDBはデータベースサーバーで、WordPressの記事やユーザー情報などを管理するのに使われています。MySQLの方が歴史が古く、MySQLがOracleに買収されたのを機にMySQL互換のデータベースとして開発されたのがMariaDBです[注2]。

WordPressに関してはどちらも同じように使用できるので[注3]、どちらを選択しても問題ありません。本書ではMariaDBを使用します。

注1 URL https://ja.wordpress.org/support/article/requirements/

注2 MySQLは現在でもオープンソース版が公開されています。MySQL 5.5とMariaDB 5.5までは互換性がありますが、その次のバージョンであるMySQL 5.6とMariaDB 10.1(5.6相当)からは基本的な互換性は保たれつつも独自の機能強化が行われています。

注3 CentOS 7では標準でインストールできるのはMariaDB(mariadb-server)のみですが、CentOS 8およびCentOS Stream 8ではMariaDB、MySQLともに標準でインストール可能です。

Apacheのインストール

まずWebサーバー「Apache」をインストールして起動します。Ubuntuでのパッケージ名は**apache2**、CentOSでのパッケージ名は**httpd**です。インストール中の確認メッセージを省略したい場合は**-y**オプションを使用してください(**sudo apt -y install** パッケージ名 または**sudo dnf -y install** パッケージ名)。**systemctl**コマンド(p.196)で起動や設定を行う場合の名前も、Ubuntu環境では**apache2**、CentOS環境では**httpd**です。

```
Ubuntuの場合
$ sudo apt install apache2 ············ Apacheのインストール
$ systemctl status apache2 ············ 動作状態の確認
CentOSの場合
$ sudo dnf install httpd ·············· Apacheのインストール
$ sudo systemctl start httpd ·········· Apacheの開始
$ systemctl status httpd ·············· 動作状態の確認
(共通)status表示内容
●apache2.service - The Apache HTTP Server
     Loaded: loaded (/lib/systemd/system/apache2.service; enabled; vendor prese>
     Active: **active (running) **since Fri 2021-03-12 17:47:34 JST; 17s ago
⬆activeになっていることを確認(activeになっていない場合は画面のメッセージに従い、ログなどを参照して原因を調べる)
<中略> ······································· qで終了
$ sudo systemctl enable httpd ········· 自動起動にしたい場合は実行 (CentOS)
```

※ Ubuntuはインストール時に自動で設定済み。

ファイアウォールの設定(CentOS)

CentOSのインストール時に「サーバー(GUI)」を選択した場合、ファイアウォール(firewalld)が有効になっているため[注4]、localhost以外、たとえばVirtualBoxのホストOSからWebサーバーにアクセスできません。

以下のように、HTTP用のポート(7.1節)である「**80**番」を公開(public)の設定にすることで、ホストOSのWebブラウザを使ってWordPressを操作できるようになります[注5]。

```
ほかの環境からのアクセスを可能にする※
$ sudo firewall-cmd --add-port=80/tcp --zone=public --permanent
$ sudo firewall-cmd --reload
```

※ **firewall-cmd**はファイアウォールの設定用のコマンドで、ここでは、**--add-port=80/tcp --zone=public**でTCPの**80**番ポート(HTTP用のポート)を公開するという設定をし、**--permanent**で保存している。**--reload**は保存した内容を読み込むためのオプション。なお、現在publicになっているポートは**sudo firewall-cmd --list-all**で確認可能。

注4　firewalldがインストールされていない、あるいは開始していない場合、この設定は不要です。ただし、外部からアクセス可能な環境でWebサーバー等を動かす場合は、安全性を高めるために、firewalld等を使って最低限必要なポート以外はアクセスできないようにしておくことが大切です。Ubuntu環境では同じ役割のufwパッケージが導入されています。

注5　VirtualBoxのNAT接続の場合、このほか、ポートフォワーディングの設定が必要です(p.7)。

PHPのインストール

PHPおよびPHPからMariaDBを利用できるようにするためのモジュールをインストールします。本節で使用しているWordPress 5.6での要件はPHP 7.3以上なので、Ubuntu環境とCentOS環境でインストール方法が異なります。

Ubuntu環境の場合、phpおよびphp-mysqlパッケージをインストールします。パッケージ名称はphp-mysqlですが、MariaDBへの接続に使用します。

```
Ubuntu環境
$ sudo apt install php php-mysql … PHPおよびMySQL/MariaDB用のモジュールをインストール
<中略>
$ php --version ……………………………… PHP（phpコマンド）のバージョンを確認
PHP 7.4.3 (cli) (built: Oct  6 2020 15:47:56) ( NTS )
Copyright (c) The PHP Group
Zend Engine v3.4.0, Copyright (c) Zend Technologies
    with Zend OPcache v7.4.3, Copyright (c), by Zend Technologies
$ sudo systemctl restart apache2 …… Apacheを再起動
```

CentOS Stream 8の場合、標準でインストールされるのはPHP 7.2なので、Remiリポジトリ（p.160）を使用します。PHPはバージョンごとにモジュール（*module*、p.154）になっているので、**dnf module install**で**php:remi-**バージョンを指定します。

Remiリポジトリからのインストールがはじめてという場合、ダウンロード元が正しく設定されているかを確認するために公開鍵がダウンロードされます。Fingerprint（鍵指紋）行の値が、作者のサイトのKEYS.txt（**https://rpms.remirepo.net/KEYS.txt**）にある値と一致するか確認してください。KEYS.txtでは「16進数4桁×5個、空白2つ、16進数4桁×5個」という行になっているのに対し、Fingerprint行は16進数4桁の値がすべて空白1つで区切られている点に注意してください。Webブラウザ等でFingerprint行全体を検索しても一致しません。

PHPがインストールできたら、php-mysqlをインストールし、**systemctl restart**でhttpdを再起動します。php-mysqlはPHPからMySQLおよびMariaDBへアクセスする際に使われます。

```
CentOS環境
(sudo dnf install https://rpms.remirepo.net/enterprise/remi-release-8.rpmでRemiリポジトリをインストールしてから実行)
$ sudo dnf --enablerepo=remi,remi-modular module install php:remi-7.4
<中略>
これでよろしいですか? [y/N]: …… 「y」で開始
<中略>
警告: /var/cache/dnf/remi-modular-6408ecca79e22107/packages/php-cli-7.4.16-1.
el8.remi.x86_64.rpm: ヘッダー V4 RSA/SHA256 Signature、鍵 ID 5f11735a: NOKEY
Remi's Modular repository for Enterprise Linux  3.0 MB/s | 3.1 kB     00:00
GPG 鍵 0x5F11735A をインポート中:
 Userid     : "Remi's RPM repository <remi@remirepo.net>"
 Fingerprint: 6B38 FEA7 231F 87F5 2B9C A9D8 5550 9759 5F11 735A
 From       : /etc/pki/rpm-gpg/RPM-GPG-KEY-remi.el8
これでよろしいですか? [y/N]: …… 「y」で開始※
<中略>
続く
```

```
$ php --version ………………… PHP（phpコマンド）のバージョンを確認
PHP 7.4.16 (cli) (built: Mar  2 2021 10:35:17) ( NTS )
Copyright (c) The PHP Group
Zend Engine v3.4.0, Copyright (c) Zend Technologies
⬆PHP 7.4がインストールできた
$ sudo dnf install php-mysql ……… php-mysqlをインストールする
$ sudo systemctl restart httpd …… httpdを再起動する
```

※ 本文で説明したとおり、作者のサイトで公開されている値と一致するか確認する（**https://rpms.remirepo.net/KEYS.txt**）。この値が合っていない場合、破損やなりすましなどの可能性があるので「**N**」で中断し原因を調べる必要がある。

MariaDBのインストール

mariadb-serverをインストールします。クライアントコマンド（**mysql**コマンド）も同時にインストールされます。

パッケージ名は共通で、Ubuntuの場合はインストールと同時に自動で起動しますが、CentOSの場合は手動で実行する必要があります。自動起動の設定方法は共通です。

```
$ sudo apt install mariadb-server …… パッケージをインストールする
(CentOSではsudo dnf install mariadb-server)
<中略>
$ sudo systemctl start mariadb ………… （CentOSのみ）MariaDBを開始する
$ systemctl status mariadb ………………… MariaDBサーバーの状態を確認する
● mariadb.service - MariaDB 10.3.25 database server
     Loaded: loaded (/lib/systemd/system/mariadb.service; enabled; vendor prese>
     Active: **active (running)** since Fri 2021-03-12 05:01:21 JST; 54s ago
(activeを確認し、qで終了)
<中略>
$ sudo systemctl enable mariadb ……… （必要に応じて）自動起動を設定する
```

MariaDBの設定

mysql_secure_installationコマンドで、セキュリティ設定およびデータベース管理者（root）でMySQLサーバーに接続する際のパスワードを設定します。root用のパスワードを入力するほかは、基本的にすべて Enter で処理を進めてください。**mysql_secure_installation**はMySQL/MariaDBとともに収録されているコマンドで、パスワードの設定のほかに、テスト用のデータベースやユーザーの削除も行います。

```
$ sudo mysql_secure_installation
<中略>
Enter current password for root (enter for none): …… ❶ Enter
OK, successfully used password, moving on...

Setting the root password ensures that nobody can log into the MariaDB
root user without the proper authorisation.
```

続く

```
Set root password? [Y/n] ··················· ❷Enter
New password: ······································ ❸新しいパスワードを入力してEnter
Re-enter new password: ···················· ❹パスワードを再入力してEnter
Password updated successfully!
Reloading privilege tables..
 ... Success!
<中略> ······················································ この後もEnterでデフォルトの処理を行う
All done!  If you've completed all of the above steps, your MariaDB
installation should now be secure.

Thanks for using MariaDB!
(設定が完了した)
```

WordPressのインストール

ここからはWordPress固有の作業です。WordPressのファイルをダウンロードして配置し、MariaDBでWordPress用のデータベースとユーザーを作成し、WebブラウザでWordPressをインストールします。

WordPress用のファイルの配置

最新版のtarアーカイブをダウンロードして展開し、**/var/www/html/**へ移動し、**chown**コマンドで所有者を**www-data**、所有グループを**www-data**(CentOSでは両者とも**apache**)に変更します(パーミッション、2.5節)。**/var/www/html/**は、**Apache**で使用されているデフォルトのドキュメントルートで、ここに配置したファイルやディレクトリが**http://ホスト名/**で表示されます。

chownコマンドの**-R**オプション(**--recursive**)はディレクトリ下のすべてのファイルを対象とするオプションで、Ubuntu環境の**www-data**とCentOS環境の**apache**は、それぞれの環境でApacheを実行しているユーザーの名前です(システムユーザー、p.173)。

```
~/tmpの中で実行(ダウンロードしたファイルは別途保存しておくのがお勧め)
$ wget https://ja.wordpress.org/latest-ja.tar.gz ·········· 最新版をダウンロード
<中略>
latest-ja.tar.gz    100%[===================>]  16.96M  3.14MB/s    in 12s

2021-03-12 05:20:01 (1.42 MB/s) - `latest-ja.tar.gz' へ保存完了
[16456005/16456005]
$ tar -xvf latest-ja.tar.gz ·········· latest-ja.tar.gzを展開する
wordpress/
wordpress/wp-login.php
wordpress/wp-cron.php
<中略>
$ sudo mv wordpress/ /var/www/html/ ·········· 展開されたwordpressディレクトリを移動
Ubuntuの場合
$ sudo chown -R www-data:www-data /var/www/html/wordpress/ ···· 所有者を変更
```

続く

```
CentOSの場合
$ sudo chown -R apache:apache /var/www/html/wordpress/ ………… 所有者を変更
$ sudo chcon -R -t httpd_sys_content_t /var/www/html/wordpress※
$ sudo chcon -R -t httpd_sys_rw_content_t /var/www/html/wordpress※
```

※ SELinux用の設定。SELinux(*Security-Enhanced Linux*)とは強制アクセス制御(*Mandatory Access Control*、MAC)を加えたLinuxのカーネルモジュールとその機能をいい、SELinuxを有効にすると、通常のファイルシステムよりも高度なアクセス制御機能を使用できるようになる。CentOSではデフォルトで有効になっているため、wordpressディレクトリのファイルをhttpdサービスから書き換えられるように設定を行っている。Ubuntuの場合、SELinuxとは異なるセキュリティのしくみであるAppArmorが導入されており、SELinuxを使いたい場合は先にAppArmorを無効化する必要がある。AppArmor(*Application Armor*)はアプリケーションごとにアクセスを制御するしくみで、特定のアプリケーション、たとえば外部からの攻撃を受けやすいソフトウェアはアクセス可能な範囲を限定するという設定を行う。

WordPress用データベースとユーザーの作成

sudo mysql -u root -pでmysqlコマンドを実行してMariaDBにログインし、以下の4行を実行し、**quit**で終了します。MySQLの場合も同じコマンドで同じ内容が実行できます。

```
CREATE DATABASE データベース名 DEFAULT CHARACTER SET utf8mb4; ………… ❶
CREATE USER 'ユーザー名'@'localhost' IDENTIFIED BY 'パスワード'; ……… ❷
GRANT ALL ON データベース名.* TO 'ユーザー名'@'localhost'; …………… ❸
FLUSH PRIVILEGES; ……………………………………………………………… ❹
```

内容は以下のとおりです。

❶WordPress用のデータベースを作成している。文字コードとして指定しているutf8mb4は4バイトのUTF-8コードで、絵文字にも対応

❷1行めで作成したデータベースの管理者にするためのユーザーを作成している

❸1行めで作成したデータベースすべてへの権限を❷で作成したユーザーに付与している

❹設定した権限をサーバーに読み込ませている

以下は実行画面です。データベースは「wordpress」、ユーザー名は「wpuser」、パスワードは「mypassword」としています。4行実行できたら**quit**で**mysql**コマンドを終了します。

```
$ sudo mysql -u root -p ………………… MariaDBサーバーにユーザーrootで接続
Enter password: ………………… mysql_secure_installationで設定した管理者パスワードを入力
Welcome to the MariaDB monitor.  Commands end with ; or \g.
Your MariaDB connection id is 64
Server version: 10.3.25-MariaDB-0ubuntu0.20.04.1 Ubuntu 20.04
<中略>
MariaDB [(none)]> CREATE DATABASE wordpress DEFAULT CHARACTER SET utf8mb4;
Query OK, 1 row affected (0.016 sec)

MariaDB [(none)]> CREATE USER 'wpuser'@'localhost' IDENTIFIED BY 'mypassword';
Query OK, 0 rows affected (0.005 sec)

MariaDB [(none)]> GRANT ALL ON wordpress.* TO 'wpuser'@'localhost';
Query OK, 0 rows affected (0.004 sec)
```

続く

```
MariaDB [(none)]> FLUSH PRIVILEGES;
Query OK, 0 rows affected (0.000 sec)

MariaDB [(none)]> quit  ………… mysqlコマンドの対話モードを終了する
Bye
(mysqlコマンドの対話モードが終了した)
```

WordPressのインストール

GUI画面でWebブラウザ(Firefox)を開き、アドレスに**localhost/wordpress**と入力します(**図A**)。VirtualBoxの中で実行中のLinuxに対し、ホストOSから接続するのであれば、ポートフォワーディングの設定(p.7)で指定したポート番号を使い、**localhost:50080/wordpress**のように入力します。

図A　WordPressのインストール

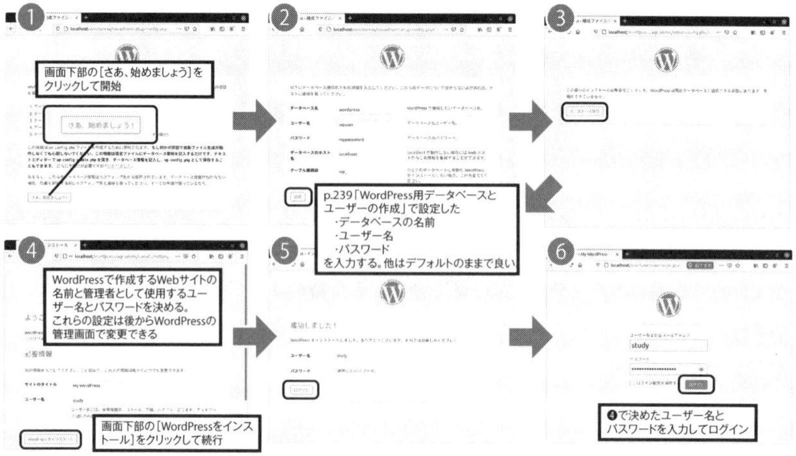

この後は❻の画面(**http://localhost/wordpress/wp-login.php**)がWordPressのログイン画面となります。ログインすると[ダッシュボード](WordPressの管理画面)が開きます(**図B**)。

図B　WordPressの管理画面[ダッシュボード]

A.2 Python

Python仮想環境の構築&グラフ描画のテスト

人工知能(AI)や数値解析などの分野で、近年ますます注目を集めているプログラム言語が「Python」です。本節では、Python用の仮想環境の導入方法を解説し、Python用の仮想環境を通じて、環境変数やシンボリックリンクの使われ方などを学習します。

Pythonのバージョン

Pythonは大きく分けてバージョン2系とバージョン3系が使用されてきましたが、バージョン2は2020年1月1日にサポートが終了しました(最終バージョン2.7.18)。

Ubuntu環境にはPython 3.8.5が、CentOS環境にはPython 3.6.8がインストールされています。どちらも実行コマンド名は**python3** (/usr/bin/python3)です。

```
Ubuntu環境
$ python3 --version ………… Python (python3コマンド) のバージョンを確認
Python 3.8.5
CentOS環境
$ python3 --version ………… Python (python3コマンド) のバージョンを確認
Python 3.6.8
```

[参考]Python 3.8のインストール(CentOS環境)

CentOS環境でバージョン3.8をインストールする場合は、**dnf module**を使います。

新しいバージョンのPythonは後述する**pyenv**を使用してインストールすることも可能で、**pyenv**を使用する場合は**dnf**でインストールする必要はありません。

```
$ dnf module list python* ………… Pythonのモジュールを確認 (CentOS環境)
メタデータの期限切れの最終確認: 0:01:49 時間前の　<中略>
CentOS-8 - AppStream
Name      Stream      Profiles          Summary
python27  2.7 [d]     common [d]        Python programming language, version 2.7
python36  3.6 [d][e]  build, common [d] Python programming language, version 3.6
python38  3.8 [d]     build, common [d] Python programming language, version 3.8
python39  3.9 [d]     build, common [d] Python programming language, version 3.9

ヒント: [d]efault, [e]nabled, [x]disabled, [i]nstalled
$ sudo dnf module install python38 …… Python 3.8をインストールする
<以下略>
$ python3 --version ………… Python (python3コマンド) のバージョンを確認
Python 3.6.8 ………… python3はバージョン3.6のまま変更されていない
```

続く

```
$ ls -l /usr/bin/python* ·············· /usr/bin下にあるpythonコマンドのファイルを確認
lrwxrwxrwx. 1 root root   25  3月  3 14:37 /usr/bin/python3 -> /etc/
alternatives/python3
lrwxrwxrwx. 1 root root   31  1月 29 12:31 /usr/bin/python3.6 -> /usr/libexec/
platform-python3.6
lrwxrwxrwx. 1 root root   32  1月 29 12:31 /usr/bin/python3.6m -> /usr/libexec/
platform-python3.6m
-rwxr-xr-x. 1 root root 7656  1月 29 12:40 /usr/bin/python3.8
↑❶python3.8がインストールされていること、❷python3は/etc/alternatives/python3へのリンクであることがわかった
$ sudo update-alternatives --set python3 /usr/bin/python3.8 ·········· 切替※
$ python3 --version ························ Python（python3コマンド）のバージョンを確認
Python 3.8.3 ······················ コマンド名python3でバージョン3.8が実行できるようになった
```

※ **update-alternatives**は/etc/alternatives/ディレクトリ下のシンボリックリンクを利用してデフォルトのコマンドを管理するコマンド。CentOS環境では**alternatives**コマンド（/usr/sbin/alternatives）へのシンボリックリンク（Ubuntu環境での使用例、p.152、実行例の注記）。

Pythonの仮想環境

PythonやRuby、Perlなどのプログラム言語では、それぞれの言語用のライブラリを使用することで高度な開発が行えます。

同じ言語でもバージョンが異なると使用できるライブラリが異なることがあり、必ずしも最新版にすれば良いというものではありません。また、ライブラリ間にも競合関係があり、「AというテーマでX開発するにはXというライブラリが、BにはYというライブラリが必要だが、XとYは同時にインストールできない」といった問題が生じることがあります。

そこで、Pythonでは仮想環境を使って複数のバージョン、複数のライブラリを切り替えて使用できるようになっています。仮想マシンを使うメリットと同じで、ほかの作業環境への影響を気にすることなく導入して動作を試せて、削除もしやすいというメリットがあります。

Pythonの仮想環境を作る方法はいくつかあり、pyenv、Virtualenv、Pipenv、Anaconda（conda）、venvなどが使われています。大学や職場などでPythonを使用している場合、まずは周囲で使われている方法や参考にしている書籍で採用されているもので試してみるのが良いでしょう。本節ではpyenvを使って仮想環境を構築します。

pyenvによる仮想環境

pyenvを使うと、複数のバージョンのPythonを切り替えて使用できるようになります。Python2系も選択可能なので、Python2系の時代に書かれたスクリプトを試すような用途にも便利でしょう。

［準備］関連パッケージのインストール

pyenvは開発用のファイルやコマンドを使用するので、事前に関連するパッケージをインストールしておく必要があります。以下は、pyenvのドキュメント[注6]に記載されている内容

注6　URL https://github.com/pyenv/pyenv/wiki/Common-build-problems

でパッケージをインストールしています。

Ubuntuで使用している**apt-get**はインストール用のコマンドで、使用方法は**apt**と同じです。**-y**オプションも指定されているため、確認メッセージが表示されない点に注意してください。

CentOSで使用している**yum**コマンドは**dnf**コマンドの前身で、使い方は共通です(p.154)。**@development**はパッケージグループで、開発関連のパッケージがまとめてインストールされてます。また、このあとMatplotlibでグラフを描画する際にTkというGUIツールキットを使用するので、tk-develパッケージをインストールしておきます。pyenvではPythonのソースコードをダウンロードしてローカル環境で実行ファイルを生成しますが(コンパイル、p.167)、tk-develパッケージはPythonのコンパイル時に使用されます。

```
Ubuntu環境(pyenvの構築に必要なパッケージをインストールする)
$ sudo apt-get install -y build-essential libssl-dev zlib1g-dev libbz2-dev \
libreadline-dev libsqlite3-dev wget curl llvm libncurses5-dev libncursesw5-dev \
xz-utils tk-dev libffi-dev liblzma-dev python-openssl git
＜中略（実行結果）＞
CentOS環境(pyenvの構築に必要なパッケージをインストールする)
$ sudo yum install @development zlib-devel bzip2 bzip2-devel readline-devel sqlite \
sqlite-devel openssl-devel xz xz-devel libffi-devel findutils
＜中略（実行結果）＞
$ sudo dnf install tk-devel ············ グラフ描画用にtk-develを追加
＜以下略（実行結果）＞
```

pyenvのインストール

pyenvはGitHub(**https://github.com/pyenv/**)で開発が進められており、**git clone**で最新版のソースを取得できます(p.164)が、**pyenv**を使用したいだけであれば、インストール用のスクリプトがあるのでそちらを使うのが手軽です。

以下は、公式サイトで公開されているインストール用のスクリプト(pyenv installer)注7を実行しています。インストールを実行すると必要なファイルがダウンロードされ、最後に**~/.bashrc**(bashの設定ファイル、p.105)でpyenv用の設定をするように促されます。

```
$ curl https://pyenv.run | bash … https://pyenv.runの内容を実行する※1
  % Total    % Received % Xferd  Average Speed   Time    Time     Time  Current
                                 Dload  Upload   Total   Spent    Left  Speed
100   285  100   285    0     0    245      0  0:00:01  0:00:01 --:--:--   245
Cloning into '/home/study/.pyenv'...
＜中略＞
Cloning into '/home/study/.pyenv/plugins/pyenv-virtualenv'...
＜中略＞
**WARNING**: seems you still have not added 'pyenv' to the load path.

# Load pyenv automatically by adding
# the following to ~/.bashrc:                                          続く
```

注7　URL https://github.com/pyenv/pyenv-installer

```
export PATH="/home/study/.pyenv/bin:$PATH"  ┐
eval "$(pyenv init -)"                      ├ WARNINGに従い、exportの行およびevalの
eval "$(pyenv virtualenv-init -)"           ┘ 合計3行を~/.bashrcの末尾に追加する※2
$ vi + ~/.bashrc
<中略>
$ . ~/.bashrc ……………… ~/.bashrcの変更内容を反映させる (p.106)
```

※1 **curl**コマンドはファイルのダウンロードやアップロードを行うコマンドで、オプションを指定しなかった場合は取得した内容を標準出力に出力する。同じことを**wget**コマンドで行うなら**wget https://pyenv.run -O - | bash**とする(なお、pyenv.runの中でも**curl**コマンドを使用している)。

※2 **vi**(**vim**、4.4節)の**+**はファイルを開いたとき指定行にカーソルを移動するオプションで、行番号を指定しなかった場合は最下行になる。[o]ですぐ下の行から入力が開始できるので「export」からの3行を入力する。GUI環境の端末であれば、あらかじめ右クリックして[コピー]でクリップボードにコピーしておき、[o]を押した後で右クリックして[貼り付け]。

pyenvによるPythonのインストール

pyenv install バージョン で指定したバージョンのPythonをインストールします。

インストール可能なバージョンは**-l**オプション(**--list**、一覧)を使い**pyenv install -l**で確認できます。なお、開発が終了しているバージョンのPythonはあくまでも確認用とし、新しい開発を行う場合はメンテナンスが行われている現行バージョン注8を使用しましょう。

以下の実行例では、pyenvでバージョンを切り替える様子を確認するために、3.8.6と3.9.0、そして2.7.18の3種類をインストールしています。Pythonのソースコードをダウンロードして構築しているため「**Installing...**」というメッセージの後、しばらく時間がかかります。

```
$ pyenv install -l ……………… pyenvでインストール可能なバージョンを確認
Available versions:
  2.1.3
<中略>
  2.7.18
<中略>
  3.8.6
  3.9.0
<中略>
$ pyenv install 3.8.6 ……………… バージョン3.8.6をインストールする
Downloading Python-3.8.6.tar.xz...
-> https://www.python.org/ftp/python/3.8.6/Python-3.8.6.tar.xz
Installing Python-3.8.6...
Installed Python-3.8.6 to /home/study/.pyenv/versions/3.8.6 …… バージョン3.8.6が
                                                               インストールされた
$ pyenv install 3.9.0 ……………… バージョン3.9.0をインストールする
<中略>
$ pyenv install 2.7.18 ……………… バージョン2.7.18をインストールする
<以下略>
```

注8 下記URLの「Active Python Releases」で確認可能。
URL https://www.python.org/downloads/

pyenv用にインストールされているPythonのバージョンは**pyenv versions**で確認できます。

```
$ pyenv versions ……………… pyenvで使用できるPythonのバージョンを表示
  2.7.18
  3.8.6
  3.9.0
(ここに表示されるバージョンに切り替えることができる)
```

pyenvでPythonのバージョンを切り替える❶

pyenv global バージョン で、コマンド名**python**で実行されるPythonのバージョンを切り替えることができます。**pyenv global system**でOSでインストールされているPythonに切り替わりますが、Ubuntu環境やCentOS環境の場合、デフォルトではコマンド名**python**では何もインストールされていないため**pyenv global**で設定中のバージョンがそのまま保持されます。現在の設定は**pyenv global**で確認できます。

```
$ python --version ……………… コマンド名「python」で実行されるバージョンを確認
pyenv: python: command not found ……………… コマンド名pythonでは何も実行できない
<中略>
$ pyenv global 3.9.0 ……………… 3.9.0に切替
$ python --version ……………… コマンド名「python」で実行されるバージョンを再確認
Python 3.9.0 ……………… コマンド名pythonでバージョン3.9.0が実行されるようになった※
```

※ **pyenv versions**でpyenvによってインストールされているPythonのバージョンを一覧表示すると、現在globalで設定されているバージョンに「*」が表示される。

以下の実行例では、コマンド名**python**がどのように実行されているかを調べています。pythonはホームディレクトリにある**.pyenv**ディレクトリ下にインストールされているシェルスクリプトで、**pyenv**の設定に従って各バージョンの**python**が実行されている様子がわかります。

```
$ type python ……………… 「python」で何が実行されるか確認
python はハッシュされています (/home/study/.pyenv/shims/python)
↑コマンド名pythonでホームディレクトリ下の.pyenv/shims/pythonが実行されることがわかった
$ file ~/.pyenv/shims/python ……… pythonがどのようなファイルなのか調べる
/home/study/.pyenv/shims/python: Bourne-Again shell script, ASCII text
executable
↑~/.pyenv/shims/pythonはシェルスクリプトだとわかった※
```

※ スクリプトから呼び出されるファイルは**~/.pyenv/versions/** バージョン **/bin**下にインストールされている。

pyenvでPythonのバージョンを切り替える❷

開発している内容によってPythonのバージョンを切り替えたくなることがあります。

pyenv localで、ディレクトリごとにPythonのバージョンを切り替えられるようになります。この操作はディレクトリごとに1回だけ必要です。**pyenv local** バージョン を実行すると、実行したディレクトリに「.python-version」というファイルが作成されます。「.python-version」には使用したいPythonのバージョンが書かれており、このファイルがあることで「特定のディレクトリで実行されるPythonのバージョン」を決められるようになります。

なお、**pyenv local**が設定されているディレクトリでは、**pyenv local**の設定が**pyenv global**より優先されます。

以下の実行例では、2.3節で作成した**~/tmp**ディレクトリの中に作業用のディレクトリ(**pytest**)を作成し、**pytest**ディレクトリで実行するPythonが2.7.18になるように設定しています。

```
$ cd ~/tmp ……………………………… (準備) ~/tmpに移動
$ mkdir pytest …………………………… 作業用のディレクトリを作成
$ cd pytest ………………………………… 作業用のディレクトリへ移動
$ pyenv local 2.7.18 ……………… このディレクトリで使用するPythonを2.7.18にする
$ python --version ……………… 「python」で実行されるバージョンを確認
Python 2.7.18 ………………………… コマンド名pythonで実行されるのは2.7.18
$ cd .. …………………………………………… 別のディレクトリへ移動
$ python --version ……………… 「python」で実行されるバージョンを確認
Python 3.9.0 …… コマンド名pythonで実行されるのは3.9.0、pyenv globalで指定したバージョン
$ cd pytest ………………………………… 改めて作業用のディレクトリへ移動
$ python --version ……………… 「python」で実行されるバージョンを確認
Python 2.7.18 ………………………… コマンド名pythonで実行されるのは2.7.18
どのように実行されているかを調べる
$ pwd ………………………………………………… カレントディレクトリを確認
/home/study/tmp/pytest ………… カレントディレクトリは~/tmp下に作成したpytest
$ ls -a ………………………………………… ドットファイルも含めて一覧表示
.  ..  .python-version ………… カレントディレクトリには「.python-version」がある
$ cat .python-version ………… 「.python-version」の内容を確認
2.7.18 ………………………………………… 「.python-version」には2.7.18と書かれている
```

pyenv-virtualenvでPythonのバージョンを切り替える

開発用のディレクトリごとにPythonのバージョンを切り替えるのではなく、開発テーマごとにバージョンやライブラリを切り替えたい場合は**pyenv-virtualenv**を使用します。

pyenv virtualenv バージョン 仮想環境名 で仮想環境を作成し、**pyenv local** 仮想環境名 で有効化、**pyenv local --unset**で無効化します。

仮想環境が有効になっている間は、プロンプトの先頭に**(**仮想環境名**)**が表示されます(以下の例を参照)。pyenvおよびpyenv-virtualenvの仮想環境は、Python用の環境変数を設定することで、**python**コマンドで実行するPythonの実行ファイルやPythonが使用するライブラリのパスを制御しているだけなので、ほかのコマンドは普段どおり使用できます。

ライブラリ等は**~/.pyenv/versions/**仮想環境名**/**下に保存されます。

```
$ pyenv virtualenv 3.8.6 project1 …… 3.8.6を使用するproject1を作成
$ pyenv local project1 ……………………… project1を有効化
(project1) $ ……………………………………………… プロンプトに仮想環境名が追加された
(project1) $ python --version ………… 「python」で実行されるバージョンを確認
Python 3.8.6 ………………………………………………… この仮想環境で使用するpythonは3.8.6
(project1) $ pyenv local --unset …… 仮想環境の利用を終了
$ ………………………………………………………………………… プロンプトが元に戻った
```

続く

```
$ python --version
Python 3.9.0 ………… この仮想環境で使用するpythonは3.9.0=globalで設定したバージョン
```

ライブラリの追加
pipコマンド

Python用のライブラリは**pip**コマンドでインストールできます。ここでは、グラフ描画用のライブラリ「Matplotlib」[注9]をインストールし、サンプルデータを使って簡単なグラフを描画します。仮想環境を有効化してから**pip install** ライブラリ名 を実行することで、ライブラリのファイルがすべて仮想環境のディレクトリにインストールされるので、ほかの環境には影響することなく使用できます。

なお、グラフの描画にはGUIツールキット「Tkinter」[注10]が必要ですが、**pyenv**のインストール時に開発ツール(tk-dev、tk-devel)を追加済みなのでここではインストール不要です[注11]。

```
$ pyenv local project1 ………… 仮想環境「project1」を開始する※
(project1) $ pip install --upgrade pip …… pipを更新（pipがアップデートされている場
                                           合、必要になることがある）
Collecting pip
<中略>
Successfully installed pip-20.3.3 ………… pipがアップデートできた
(project1) $ pip install matplotlib ………… pipでmatplotlibをインストール
Collecting matplotlib
<中略>
Successfully installed cycler-0.10.0 kiwisolver-1.3.1 matplotlib-3.3.3
numpy-1.19.4 pillow-8.1.0 pyparsing-2.4.7 python-dateutil-2.8.1 six-1.15.0
⬆matplotlibと依存ライブラリがインストールされた
```

※ この場合、仮想環境project1のみでMatplotlibが使用可能になる(**pip**でインストールしたライブラリは**~/.pyenv/versions/project1/lib/pythonバージョン/site-packages**下に配置される)。プロジェクト単位ではなくバージョン単位で切り替えたい場合は**pyenv global**または**pyenv local**でバージョンを選択してから**pip**コマンドを実行。

サンプルデータでグラフを描画してみよう

以下の例では、**python**で対話画面を開始し、「Matplotlib」の「Stacked bar chart」のサンプルソース(p.249、**リストA**)を入力して実行しています。この結果、次ページの**図C**のようにグラフが表示されます。

```
(続き)仮想環境「project1」を有効化した状態で実行
(project1) $ python
Python 3.8.6 (default, Jan  4 2021, 18:49:10)
```

続く

注9 URL https://matplotlib.org

注10 URL https://docs.python.org/ja/3/library/tkinter.html

注11 pyenvを使用していない場合、事前に**sudo apt install python3-tk**(Ubuntu環境)または**sudo dnf install python3-tkinter**(CentOS環境)でインストールしておいてください。**pip**コマンドは**python3-pip**パッケージをインストールし、**sudo python3 -m pip install matplotlib**でライブラリをインストールできます。pyenvの場合、Pythonを追加する際のコンパイルで事前にインストールした開発用ライブラリ(tk-dev/tk-devel)が組み込まれています。

```
[GCC 9.3.0] on linux
Type "help", "copyright", "credits" or "license" for more information.
>>> ……………… pythonのプロンプトが表示されたサンプルソースを入力※1
>>> import matplotlib.pyplot as plt
<中略>
>>> plt.show() ……………… [Enter]でグラフが表示される
>>> ……………… グラフの画面を閉じたら、[Ctrl]+[D]で終了※2
(project1) $ ……………… pythonが終了してプロンプトが表示された
(project1) $ pyenv local --unset …… (仮想環境を終了する)
$ ……………… (元のプロンプトに戻った)
```

※1 GUI環境の端末の場合、Webブラウザ等でサンプルソースを表示してコピーし、端末でPythonのプロンプト(**>>>**)が表示されている状態で右クリックして[貼り付け]をすることで入力できる。

※2 [Ctrl]+[D]はファイルの終了(EOF)という意味のキー操作(p.23、p.37)。

図C Pythonでグラフを描画する

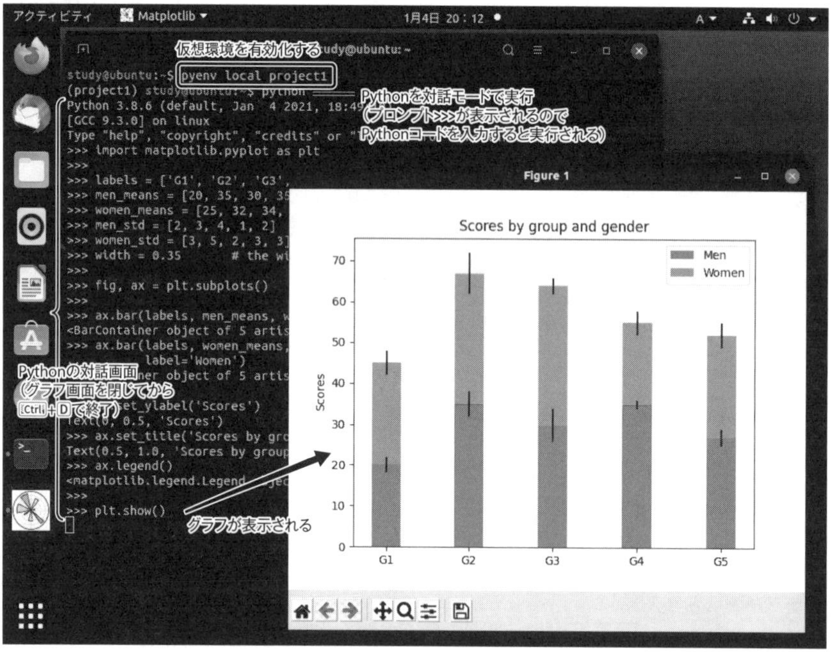

なお、この例では実行の様子をわかりやすくするため対話画面を使用していますが、次のように**wget**コマンドで次ページの**リストA**のようなソースコードをダウンロードし、**python** ファイル名 で実行する方が一般的でしょう。

```
(project1) $ cd ~/tmp/pytest        ファイルを仮想環境用のディレクトリに保存できるよう
                                    に、先にcdで移動する
(project1) $ wget https://matplotlib.org/_downloads/2ac62a2edbb00a99e8a853b17387
ef14/bar_stacked.py※
```

続く

```
<中略>
`bar_stacked.py' に保存中

bar_stacked.py      100%[===================>]    814  --.-KB/s   in 0  <中略>
(project1) $ python bar_stacked.py ……… Pythonで「bar_stacked.py」を実行
(グラフの画面が表示される)
```

※ 下記URLの[Download Python source code: bar_stacked.py]ボタンを右クリックしてURLを取得。

URL https://matplotlib.org/stable/gallery/lines_bars_and_markers/bar_stacked.html

リストA bar_stacked.py※

```
import matplotlib.pyplot as plt

labels = ['G1', 'G2', 'G3', 'G4', 'G5']
men_means = [20, 35, 30, 35, 27]
women_means = [25, 32, 34, 20, 25]
men_std = [2, 3, 4, 1, 2]
women_std = [3, 5, 2, 3, 3]
width = 0.35       # the width of the bars: can also be len(x) sequence

fig, ax = plt.subplots()

ax.bar(labels, men_means, width, yerr=men_std, label='Men')
ax.bar(labels, women_means, width, yerr=women_std, bottom=men_means,
       label='Women')

ax.set_ylabel('Scores')
ax.set_title('Scores by group and gender')
ax.legend()

plt.show()
```

※ URL https://matplotlib.org/stable/gallery/lines_bars_and_markers/bar_stacked.html

A.3 Raspberry Pi

Raspberry Pi OSのインストールからSSH/VNC接続まで

数千円〜1万円程度で手に入る超小型コンピューター「Raspberry Pi《ラズベリーパイ》」ではLinux系OSである「Raspberry Pi OS」が使われています。本節では、Linux環境でRaspberry Pi用のOSを準備し、起動後のRaspberry PiをSSHやVNC接続で操作する方法を紹介します。

Raspberry Piの基礎知識

Raspberry Piは、イギリスのRaspberry Pi Foundation（ラズベリーパイ財団）によって開発された小型のコンピューターです。財団のホームページ[注12]にプログラミング学習用のコンテンツが充実しているとおり、おもに子供向けの教育用途で作られていますが、Linuxがインストールできる安価な小型コンピューター[注13]として、研究や趣味、IoT（*Internet of Things*）を活用した業務など幅広く利用されています。

Raspberry Piはいくつかのモデルが発売されていますが、本節では、Wi-Fi接続が可能なエントリーモデルである「Raspberry Pi Zero WH」を使用しています。SSHによるリモートログインを試す場合、ネットワーク接続が必須です（**図D**）。

図D リモートログインで操作する

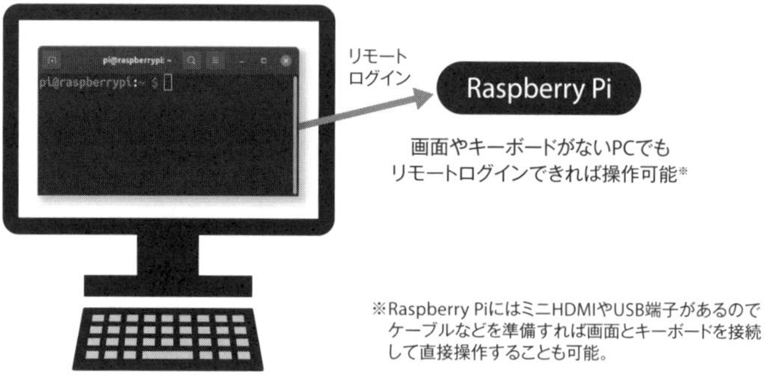

Raspberry Pi用のOS「Raspberry Pi OS」

Raspberry Pi用のOSはさまざまな種類が開発されています。本節では、公式のOSである「Raspberry Pi OS」を使用します。Linuxカーネルを用いたDebianベースのOSです。デスク

注12 URL https://www.raspberrypi.org（英語）
URL https://projects.raspberrypi.org/ja-JP/projects（日本語）

注13 本書原稿執筆時点で最も安いモデルが税抜600円（ケース等を含めたキットが2000〜5000円）程度、上位機種もケース等を含めたキットが1万円台で入手可能です。

トップ環境入りのRaspberry Pi OSを使えばリモート接続によるGUI操作も可能です。

Raspberry PiにOSをインストールする

Raspberry Piは、ストレージとしてmicroSDメモリーカード（以下、SDカード）を使います。

OSインストール状態のファイル群を1つのファイルにまとめた「インストールイメージファイル」を公式サイトからダウンロードして、SDカードに転送し、Raspberry PiにSDカードを装着する、という手順でRaspberry PiでRaspberry Pi OSを起動できるようにします。最低4GB、フルバージョンのRaspberry Pi OSを使う場合は8GB以上の容量が必要です。

なお、ここではコマンドの学習用に、**wget**コマンドでファイルをダウンロードしたり**dd**コマンドでSDカードに書き込んだりしていますが、実際には各種OS用のRaspberry Pi Imager[注14]を使って最新版を直接SDカードに書く方が手軽です（**図E**）。macOS用、Windows用およびUbuntu用があり、CentOSの場合はSnap（p.153）によるインストール方法が公式サイトで紹介されています[注15]。

Raspberry Pi Imagerを使ってSDカードに転送した場合は、p.255の手順❸から実施してください。

図E　Raspberry Pi Imager（このソフトウェアでインストールする場合、❶と❷の操作は不要）

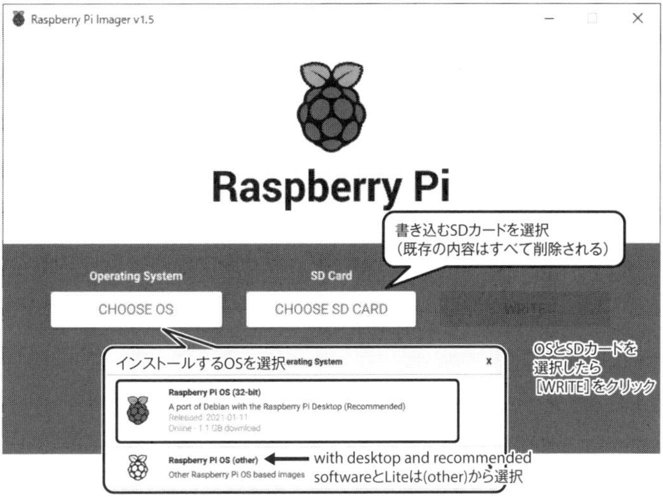

❶OSのイメージファイルをダウンロードする

Raspberry Pi OSのインストールイメージをダウンロードします（次ページの**図F**）。

注14　Install Raspberry Pi OS using Raspberry Pi Imager
URL https://www.raspberrypi.org/software/

注15　How to install Raspberry Pi Imager on CentOS
URL https://snapcraft.io/install/rpi-imager/centos/

図F　Raspberry Pi OSのダウンロード([Software] - [Raspberry Pi OS])※

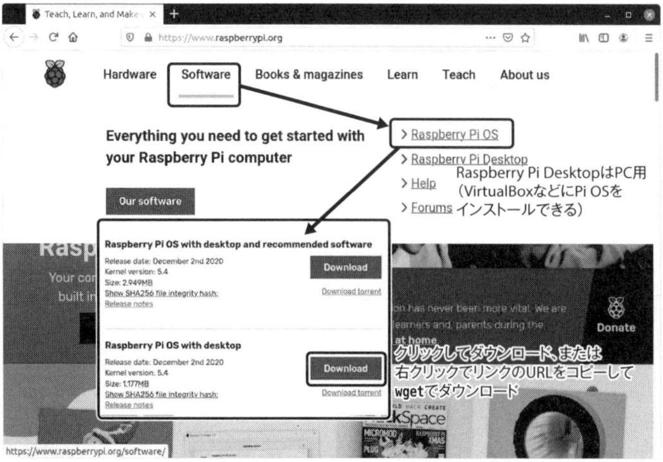

※ URL https://www.raspberrypi.org/software/operating-systems/#raspberry-pi-os-32-bit

公式サイト(**raspberrypi.org**)には、3種類のインストールイメージが用意されています。

- **Raspberry Pi OS with desktop and recommended software**
  デスクトップ環境およびScratchなどのプログラミングツールやLibreOfficeなどがインストールされている
- **Raspberry Pi OS with desktop**
  デスクトップ環境が含まれている、ごく標準的な環境
- **Raspberry Pi OS Lite**
  デスクトップ環境なしの軽量版

それぞれ、ダウンロードページの[Download]アイコンからダウンロードできます。転送が遅い場合はミラーサイトの利用注16も検討してください。

ダウンロードファイルを照合する　sha256sum

Raspberry Pi OSのダウンロードページには、「SHA-256」の値が掲載されています。これは、ファイルのメッセージダイジェスト(*message digests*)という値で、ファイルの内容が同じなら常に同じ値になります。照合に用いる値はハッシュ関数によって算出されるのでハッシュ値と呼ばれたり、古くはチェックサム(*check sum*)という計算方法が使われていたため、チェックサムということもあります。この値が、ダウンロードしたデータから**sha256sum**コマンドで計算した値と一致すれば、正しくダウンロードされたことが確認できます。

注16　下記はRaspberry Pi OSの国内ミラーサイトの例(本書原稿執筆時点)。リンクがうまく見つからないときは公式サイトのダウンロードリンクで最新版のZIPファイル名を確認し、同じ名前のファイルを探すと良いでしょう。

- [with desktop] URL http://ftp.jaist.ac.jp/pub/raspberrypi/raspios_armhf/images/
- [with desktop and recommended software] URL http://ftp.jaist.ac.jp/pub/raspberrypi/raspios_full_armhf/images/
- [Lite] URL http://ftp.jaist.ac.jp/pub/raspberrypi/raspios_lite_armhf/images/

「SHA-256」の値は、**sha256sum** 照合したいファイル で求められます。

```
$ sha256sum 2021-01-11-raspios-buster-armhf-full.zip
9a272403d3647ee4 …中略… 0599778c36100e01  2021-01-11-raspios-buster-armhf-full.zip
⬆ファイル名の前に表示される値がダウンロードサイトに掲載されている値と一致しているか確認する
```

sha256sumコマンドで値を比較したい場合は、「値 検証したいファイル名」という行が書かれたテキストファイルを作成し、**-c**オプションで**sha256sum -c** テキストファイル のように指定します。テキストファイルの名前は任意で、値とファイル名の間は半角スペース2つで区切ります。

以下の例では、**echo**コマンドを使ってテキストファイルを作成しています。値とファイル名を空白2つで区切るため引用符が必要です。

```
照合用のファイルを作成してチェックする
$ echo '9a272403 …Webサイトから値をコピー… 36100e01  2021-01-11-raspios-buster-armhf-full.zip' > chk.txt
⬆「値、空白2つ、ファイル名」をchk.txtというファイルに保存
$ sha256sum -c chk.txt
2021-01-11-raspios-buster-armhf-full.zip: OK
⬆正しくダウンロードできている
```

一致しない場合は「**FAILED**」と表示されるので、ダウンロードし直すか別の場所から入手しましょう。なお、そもそも照合用のファイル（ここではchk.txt）の書き方が違う場合は「**no properly formatted SHA checksum lines found**」というメッセージが表示されます。

❷ファイルを転送する dd

OSイメージの転送には**dd**コマンドを使用します。

ddは、ファイルをブロック単位で読み込んでそのまま出力できるコマンドで、デバイス間のコピーなどでよく用いられます。

Raspberry PiをSDカードで起動するには、SDカードに起動用の領域を作る必要があります。**cp**コマンドのようなファイル単位のコピーではなく、**dd**コマンドで起動イメージをそのままSDカードに転送することで、起動用のSDカードが作成できます。

デバイス番号の確認

ホストOSでSDカードを認識したら、VirtualBoxの［デバイス］メニューの［USB］でSDカードリーダーのデバイスを選択します。型番やブランド名などを手がかりに探すと良いでしょう。なお、USB 3.0を使用する場合はExtension Packが必要です（p.8）。

まず、**lsblk**で転送先のデバイス名を確認します。マウントされている場合は**sudo umount /dev/** デバイス名 でマウントを解除します（p.205）。

```
$ lsblk ………………………………………… ブロックデバイスを一覧表示する
NAME    MAJ:MIN RM   SIZE RO TYPE MOUNTPOINT
loop0     7:0    0    51M  1 loop /snap/core18/1988
＜中略＞
sda       8:0    0    64G  0 disk
├─sda1   8:1    0   512M  0 part /boot/efi
```
続く

```
├─sda2  8:2    0     1K  0 part
└─sda5  8:5    0  63.5G  0 part /
sdb     8:16   1    15G  0 disk …… SDカードだと思われるデバイス
                                      (この後のddコマンドではsdbを指定)
└─sdb1  8:17   1    15G  0 part /media/study/SD16G※
sr0    11:0    1  1024M  0 rom
↑SDカードは/dev/sdbであることがわかった
$ sudo umount /dev/sdb1 ………… マウントされている場合はアンマウントする(GUI環境
                              の自動マウントの場合はsudoなしで実行可能)
```

※ GUI環境で使用している場合、外部メディアは自動でマウントされる。

ddコマンドで転送する

dd bs=4M if=イメージファイル **of=/dev/**デバイス名 **conv=fsync**でイメージファイルの内容をSDカードに転送します(ここでは、公式サイト注17に書かれているオプションを使用)。

転送先のファイルはすべて削除されるので、**dd**コマンドを実行する前に必ず**lsblk**や**sudo fdisk -l**でデバイス名を確認しましょう。同じ環境でも、SDカードやほかのメディアを接続したタイミングや順番によってデバイス名は変化します。

bs=は転送する際のブロックサイズで**4M**は4MB(*Mega Byte*、1024×1024×4バイト)です。最後の**conv=fsync**は同期の際に使われるオプションで、コマンドを終了する際に出力データとメタデータ(*meta data*、ファイルの情報などのデータ)を同期します。

ddコマンドの**if=**ではファイル名の補完が使用できません。そこで、**unzip**コマンドの**-p**オプションで**unzip -p** ZIPファイル名 **| sudo dd of=**デバイス名 **bs=4M conv=fsync**のようにすることで、ファイル名の補完を使って入力できるようになります。**-p**は展開した内容を標準出力に書き出すというオプションで、展開内容をファイルに保存しないためディスクスペースの節約にもなります。

ddコマンド実行中は経過が表示されません。数GBの書き込みなのでそれなりの時間がかかりますが、GUI環境で実行している場合、ほかの端末画面からシグナルを送ることで経過を表示できます(次ページの実行例を参照)。

```
$ unzip -l 2021-01-11-raspios-buster-armhf-full.zip …… ZIPファイルの内容を確認
Archive:  2021-01-11-raspios-buster-armhf-full.zip
  Length      Date    Time    Name
---------  ---------- -----   ----
8602517504  2021-01-11 22:32   2021-01-11-raspios-buster-armhf-full.img
---------                     -------
8602517504                     1 file
↑ZIPの内容はimgファイル1つで、サイズは8,602,517,504バイト)
$ unzip -p 2021-01-11-raspios-buster-armhf-full.zip | sudo dd of=/dev/◉ bs=4M
conv=fsync
↑unzipで展開した内容をddコマンドでSDカードに書き込む(◉の部分はlsblkで調べたSDカードのデバイス名を使用する)
```

続く

注17 URL https://www.raspberrypi.org/documentation/installation/installing-images/linux.md

```
0+131264 レコード入力 ……………… ここからの3行は転送が完了すると表示される
0+131264 レコード出力
8602517504 bytes (8.6 GB, 8.0 GiB) copied, 1514.5 s, 5.7 MB/s
⬆8,602,517,504バイトの書き込みが完了した
```

zipコマンドで先に展開してから**dd**コマンドで書き込む場合は、以下のようにします。

```
(参考)先に展開する場合
$ unzip 2021-01-11-raspios-buster-armhf-full.zip ……… zipファイルを展開する
$ ls -l *.img ……………………………… 展開されたimgファイルの名前とサイズを確認
$ sudo dd bs=4M if=2021-01-11-raspios-buster-armhf-full.img of=/dev/◉ conv=fsync
⬆展開したimgファイルをddコマンドでSDカードに書き込む(◉の部分はlsblkで調べたSDカードのデバイス名を使用する)
```

[参考]ddの途中経過を確認する

ddコマンドは経過が表示されないため、本当に動いているか不安になるかもしれません。そのようなときは、別の端末から**USR1**シグナル(**SIGUSR1**)を送ってみると様子がわかります(シグナルを送る、6.5節)。**dd**コマンドは、**USR1**を受け取ると、その時点でのIN/OUTの情報を画面に出力します[注18]。

```
ddとは異なる端末からUSR1シグナルを送信する
$ sudo killall -USR1 dd ……………… ddのプロセスにUSR1シグナルを送る
```

ddを実行している端末では、**USR1**シグナルを受け取ったタイミングで、「in、out、これまでの転送量と速度」の3行が表示されます。

```
ddを実行している端末での表示
$ unzip -p 2021-01-11-raspios-buster-armhf-full.zip | sudo dd of=/dev/◉ bs=4M
conv=fsync
0+15708 レコード入力 ……………………… USR1シグナルを受け取ると現在の入力と出力などを表示
0+15708 レコード出力
1449066496 bytes (1.4 GB, 1.3 GiB) copied, 89.1005 s, 16.3 MB/s
0+22866 レコード入力 ……………………… USR1シグナルを受け取ると現在の入力と出力などを表示
0+22866 レコード出力
2133917696 bytes (2.1 GB, 2.0 GiB) copied, 137.525 s, 15.5 MB/s
0+131264 レコード入力 ……………………… 完了すると最終的な入力と出力が表示される
0+131264 レコード出力
8602517504 bytes (8.6 GB, 8.0 GiB) copied, 1514.5 s, 5.7 MB/s
⬆転送が完了した
```

❸SDカードに設定ファイルを追加する

SDカードに追加の設定ファイルを配置しましょう。1つはWi-Fi用の設定ファイル、もう1つはSSH接続を有効化するファイルです。この2つのファイルを用意しておくことで、Raspberry Pi OSを起動すると同時にSSHによるリモートログインが可能になります。

注18　使用するシグナルはOSによって異なります(**man dd**で確認可能)。

これらの設定はRaspberry Pi OS起動後に、メニュー選択で操作できる環境設定用のコマンド(**sudo raspi-config**、p.261)から行うことも可能です。

SDカードに書き込んでおくと、Raspberry Pi本体にキーボードやディスプレイを接続していない状態でも、電源を入れるだけで操作できるようになるというメリットがあります。しかし、はじめて試す際はあまり無理をせずに、うまくいかない場合はRaspberry Pi本体にモニターとキーボードを接続して操作することをお勧めします。

SDカードの状態を調べてみよう

ddコマンドで書き込んだ後で改めて**lsblk**コマンドで確認すると、2つのパーティションが作成されていることがわかります。1つめの小さなパーティションは起動用のパーティションで、2つめのパーティションがRaspberry Pi OSのルートディレクトリとなるパーティションです。

また、**fdisk**コマンドの**-l**オプションでファイルシステム(フォーマットの種類、p.199)を確認できます。

```
$ lsblk ………………………… ブロックデバイスを一覧表示する
NAME     MAJ:MIN RM   SIZE RO TYPE MOUNTPOINT
<中略>
sda        8:0    0    64G  0 disk
├─sda1     8:1    0   512M  0 part /boot/efi
├─sda2     8:2    0     1K  0 part
└─sda5     8:5    0  63.5G  0 part /
sdb        8:16   1    15G  0 disk
├─sdb1     8:17   1   256M  0 part ………… パーティションが作成されている
└─sdb2     8:18   1   7.8G  0 part ………… パーティションが作成されている
sr0       11:0    1  1024M  0 rom
⬆SDカードのデバイスに2つのパーティションが作成されている
$ sudo fdisk -l /dev/sdb ………… SDカードのデバイスを指定して表示する
ディスク /dev/sdb: 14.101 GiB, 16088301568 バイト, 31422464 セクタ
Disk model: Mass-Storage
単位: セクタ (1 * 512 = 512 バイト)
セクタサイズ (論理 / 物理): 512 バイト / 512 バイト
I/O サイズ (最小 / 推奨): 512 バイト / 512 バイト
ディスクラベルのタイプ: dos
ディスク識別子: 0x7e39db9c

デバイス    起動 開始位置 最後から   セクタ サイズ Id タイプ
/dev/sdb1           8192   532479   524288   256M  c W95 FAT32 (LBA)
/dev/sdb2         532480 16801791 16269312   7.8G 83 Linux
⬆それぞれのファイルシステムが確認できる
```

マウントポイントを作成してマウントする

設定ファイルを保存するのは、SDカードの2つめのパーティション(デバイス名の末尾に「**2**」を付ける)ですが、確認のため、それぞれのパーティションをマウントして中を表示してみましょう。

mkdirコマンドでマウントポイントにするためのディレクトリを作成し、**mount**コマンドでマウントします。ここでは2.3節で作成した**~/tmp**ディレクトリで実行しています。設定ファイルを書き込んでSDカードを取り出したらこのディレクトリは削除してください。

```
~/tmpの中で実行。マウントポイントとして作成するimg1ディレクトリとimg2ディレクトリはコマンドを試したら削除する
$ mkdir img1
$ sudo mount /dev/sdb1 img1/  ……… /dev/sdb1はRaspberry Pi OSの起動パーティション
$ ls img1/
COPYING.linux          bcm2710-rpi-3-b.dtb  fixup4db.dat  start.elf
LICENCE.broadcom       bcm2710-rpi-cm3.dtb  fixup4x.dat   start4.elf
<以下略>
$ mkdir img2
$ sudo mount /dev/sdb2 img2/  ……… /dev/sdb2はRaspberry Pi OSのルートディレクトリに
                                  なるパーティション
$ ls img2/
bin   dev  home  lost+found  mnt  proc  run   srv  tmp  var
boot  etc  lib   media       opt  root  sbin  sys  usr
```

Wi-Fi用の設定ファイル

起動パーティションの直下（ここではimg1ディレクトリ）に**wpa_supplicant.conf**というテキストファイルを作成し、以下の内容を記述します。「**ssid=""**」には接続したいWi-FiのSSIDを、「**psk=""**」部分にはSSID用のパスワードを入力します。

```
country=JP
ctrl_interface=DIR=/var/run/wpa_supplicant GROUP=netdev
update_config=1
network={
 ssid="接続したいSSID"
 psk="パスワード"
}
```

※ **psk=**の行は、平文パスワードの場合引用符付き、ハッシュ値（暗号化された値）の場合は引用符なしで記述。

パスワードを直接書くのを避けたい場合は、**wpa_passphrase**コマンドでパスワードのハッシュ値を生成します。以下は、SSID「myssid」、パスワード「mypassword」での実行例です。

```
$ wpa_passphrase myssid mypassword  ………… SSIDとパスワードを指定して実行
network={
        ssid="myssid"
        #psk="mypassword"
        psk=2f0568b3492812b…暗号化された値…462ff057949b025c  …… このpsk=の行を使用する
}
```

続いて、**vi**コマンドで**wpa_supplicant.conf**ファイルを作成します。viの画面が開いたら、上記のcountryからの7行を入力し（端末の場合は[i]で挿入モードにして右クリックして[貼り付け]でペーストできる）、[Esc]に続けて[:]、[w]、[q]で終了します（vi、4.4節）。

```
viコマンドでファイルを作成する
$ sudo vi img1/wpa_supplicant.conf
```

SSH接続を有効化するファイル

bootパーティションの直下(1つめのパーティションをマウントしたディレクトリの直下)に「ssh」という名前の空のファイルを作成しておくことで、SSHが有効になります。

```
touchコマンドで「ssh」という名前の空のファイルを作成する
$ sudo touch img1/ssh
```

アンマウントしてSDカードを取り出す

編集が終わったら、**sudo umount /dev/デバイス**または**sudo umount マウントポイント**でアンマウントして、SDカードを取り出します。VirtualBoxの場合は[デバイス]メニューの[USB]でSDカードリーダーのチェックマークを外します。

```
$ sudo umount img1
$ sudo umount img2
(SDカードをアンマウントし、取り外し可能になった※)
```

※ VirtualBoxを使用している場合は[デバイス]メニューでSDカードのチェックマークを外すといったんホストOSに接続されるので、その後ホストOSで取り外しの操作を行う。SDカードの2つめのパーティションはLinux用の形式(ext4)であるため、ホストOSがWindowsの場合は「認識できない」あるいは「フォーマットされていない」という扱いになるが、そのまま取り外せば良い。

Raspberry PiにSSHで接続する

Raspberry Pi OSを書き込んだSDカードをRaspberry Piに装着し、電源を入れるとRaspberry Pi OSが起動します(次ページの**図G**)[注19]。

ここでは、起動後のRaspberry PiにSSHでリモートログインし、環境設定を行う方法を紹介します。SSHでうまく接続できない場合は、そもそもネットワークに接続できていない可能性があります。無理をせず、Raspberry Pi本体にモニターとキーボードを接続して操作すると良いでしょう。この場合は「Raspberry Piの初期設定」(p.261)の**sudo raspi-config**の実行部分を参考にしてください。デスクトップ環境の場合は初回起動時に次ページの**図G**のような設定画面が表示されるので、そのまま環境設定を行います[注20]。

接続先のIPアドレスを確認する(ゲストOSから接続する場合)

ssh pi@raspberrypiで、Raspberry Pi OSが動作しているRaspberry Piにリモートログインします。ユーザー「pi」の初期パスワードは「raspberry」です。

VirtualBoxでNATまたはNATネットワークを使っている場合、raspberrypiやraspberrypi.

注19 モニターを接続していない場合はアクセスランプの様子から起動を判断します。電源を入れてしばらくの間はアクセスランプがランダムに点滅し、起動できると点灯の状態となります。上位機種はデスクトップ環境でも高速に起動できますが、エントリーモデルのRaspberry Pi Zero WHの場合は多少時間がかかります。

注20 Desktop環境がない(Lite)の場合は「**raspberrypi login:**」というプロンプトが表示されているので、ユーザー名「pi」、パスワード「raspberry」でログインし、**sudo raspi-config**を実行します。

図G　Raspberry Pi OSの初回起動画面（本体にモニターを接続して表示）

localという名前では接続できない（名前解決ができない）ため、IPアドレスを使って**ssh pi@IPアドレス**で接続するか、/etc/hostsファイルにIPアドレスとraspberrypiを設定します。いずれにせよIPアドレスを調べる必要があるので、Raspberry Piの画面が表示できている場合は初期設定の画面またはTerminalで**ip a**を実行（7.2節）するか、ホストOSの**ping**コマンド等で調べると良いでしょう[注21]。**ping**コマンドは、macOSのターミナルやWindows環境のコマンドプロンプトで使用できます。以下はWindowsでの実行例です。

```
Windows環境のpingコマンド(PING.EXE)でraspberrypiのIPアドレスを確認する
C:¥Users¥ユーザー名>ping -4 raspberrypi ……… raspberrypi宛てにpingを実行、「-4」は
                                              IPv4を使用するというオプション
raspberrypi.local [192.168.1.109]に ping を送信しています 32 バイトのデータ:
192.168.1.109 からの応答: バイト数 =32 時間 =4ms TTL=64
192.168.1.109 からの応答: バイト数 =32 時間 =6ms TTL=64
192.168.1.109 からの応答: バイト数 =32 時間 =6ms TTL=64
192.168.1.109 からの応答: バイト数 =32 時間 =5ms TTL=64

192.168.1.109 の ping 統計:
    パケット数: 送信 = 4、受信 = 4、損失 = 0 (0% の損失)、
ラウンド トリップの概算時間 (ミリ秒):
    最小 = 4ms、最大 = 6ms、平均 = 5ms
        ⬆raspberrypiのIPアドレスは「192.168.1.109」だとわかった※
```

※ Windows版の**ping**は4回信号を送ると終了する（Linux版の**ping -c 4**相当）。macOSの場合は**ping**の対象をraspberrypi.localと指定して、Linux版と同様に［control］＋［C］で終了する。IPv4を使用するオプションは共通で**-4**を指定。

/etc/hostsにIPアドレスを設定する（ゲストOSから接続する場合）

/etc/hostsファイルに**IPアドレス** **名前**という行を追加することで、名前を使ってRaspberry Piに接続できるようになります。

注21　ホストOSのWindowsやmacOSで「raspberrypi」という名前を解決できるのは、mDNS（*multicast Domain Name System*）の働きによるものです。mDNSでは同一のネットワークで、ホスト名に「.local」を付けることで通信相手を探します（Windowsでは「.local」を省略できます）。Raspberry Pi OSではmDNSプロトコルによる通信ができるavahi-daemonが動作しており、mDNSの問い合わせに応答しています。

```
127.0.0.1        localhost
192.168.1.109    raspberrypi ………… この行を追加
↑調べたIPアドレス
```

```
viコマンドで/etc/hostsを編集する
$ sudo vi /etc/hosts
```

※ viの画面が開いたら、IPアドレスと名前の組み合わせを追加し、Escに続けて:、w、qで終了(4.4節)。

SSHで接続する

ssh pi@raspberrypiでRaspberry Piに接続します。Xクライアントを動かしてみたい場合は**-X**オプションを使い**ssh -X pi@raspberrypi**で接続します(X Window System、p.228)。

初回接続時は鍵指紋が表示されるので、「**yes**」を入力して先に進みます(p.224)。

```
$ ssh pi@raspberrypi ………………………… Raspberry Piに接続
The authenticity of host 'raspberrypi (192.168.1.109)' can't be established.
ECDSA key fingerprint is SHA256:qImpGZULv8…中略…7s7X+PUAY.
Are you sure you want to continue connecting (yes/no/[fingerprint])? yes
                                                        ↑yesと入力して接続
Warning: Permanently added 'raspberrypi,192.168.1.109' (ECDSA) to the list of
known hosts.
pi@raspberrypi's password: ………… ユーザーpiの初期パスワード (raspberry) を入力
Linux raspberrypi 5.4.83+ #1379 Mon Dec 14 13:06:05 GMT 2020 armv6l
<中略>
pi@raspberrypi:~ $
(接続できた)
```

接続に成功すると、Raspberry Pi OSのプロンプトが表示されます。以下、本項ではRaspberry Pi OSのプロンプトを「**pi@raspberrypi:~ $**」で示します。

```
pi@raspberrypi:~ $ uname -a ………… Raspberry Piでuname -a (p.15) を実行
Linux raspberrypi 5.4.83+ #1379 Mon Dec 14 13:06:05 GMT 2020 armv6l GNU/Linux
```

SSH接続時のWARNING(警告)が表示された場合

セットアップを何度も試しているなどの過程で、Raspberry Pi OSをSDカードに転送し直した後に再度**ssh pi@raspberrypi**で接続したような場合、SSH接続時にWARNING(警告)が表示されることがあります。

これは、同じ接続指定であるにもかかわらず、接続先で生成される「Fingerprint」(指紋)が変化してしまったために表示されるものです(鍵指紋、p.224)。接続先のPCが改ざんされたり、想定していない相手に接続しようとしているときなどに表示されますが、今回の場合はOSを書き換えているので接続して問題ないはずです。**ssh-keygen -R raspberrypi**で、以前raspberrypiに接続したときに残したFingerprintを削除することで、警告が出なくなり接続可能になります。IPアドレスで接続した場合は**ssh-keygen -R** IPアドレスで削除してください。

```
$ ssh pi@raspberrypi
@@@@@@@@@@@@@@@@@@@@@@@@@@@@@@@@@@@@@@@@@@@@@@@@@@@@@@@@@@@
@    WARNING: REMOTE HOST IDENTIFICATION HAS CHANGED!     @
@@@@@@@@@@@@@@@@@@@@@@@@@@@@@@@@@@@@@@@@@@@@@@@@@@@@@@@@@@@
IT IS POSSIBLE THAT SOMEONE IS DOING SOMETHING NASTY!
Someone could be eavesdropping on you right now (man-in-the-middle attack)!
It is also possible that a host key has just been changed.
The fingerprint for the ECDSA key sent by the remote host is
SHA256:+ou+S/KCYn…中略…vOlqvXl0kM.
Please contact your system administrator.
Add correct host key in /home/study/.ssh/known_hosts to get rid of this message.
Offending ECDSA key in /home/study/.ssh/known_hosts:1
  remove with:
  ssh-keygen -f "/home/study/.ssh/known_hosts" -R "raspberrypi"
ECDSA host key for raspberrypi has changed and you have requested strict
checking.
Host key verification failed.
$
(接続できず元のプロンプトに戻った)

記録をいったん削除して再接続する
$ ssh-keygen -R raspberrypi ………… raspberrypiの記録を削除する（IPアドレスで接続して
                                    いる場合はIPアドレスを指定）
$ ssh pi@raspberrypi ………………………… raspberrypiに再接続
```

Raspberry Piの初期設定

ここからは、Raspberry Pi OSの操作です。前述のとおりプロンプトは「**pi@raspberrypi:~ $**」で示します。

sudo raspi-configで設定画面が開きます。図Hのようなメニューが表示されるので、画面に従って矢印キーで選択を移動し、Enterで実行します。

図H　「sudo raspi-config」で表示される設定画面

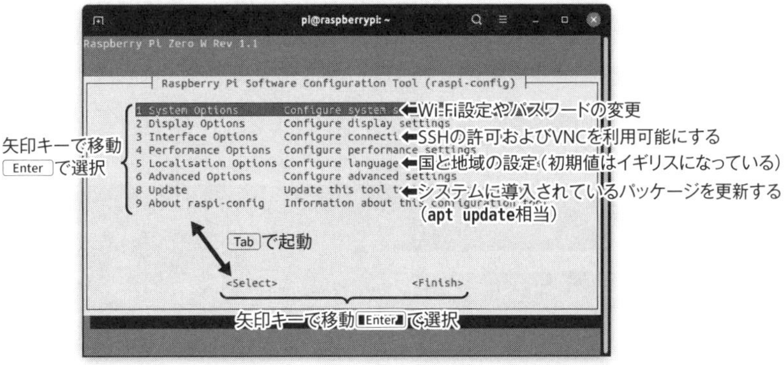

なお、デスクトップ環境の場合、Raspberry Piの初回起動時に[Setup wizard]が表示されて、マウス操作で[Set Country]（国と地域）、[Change Password]（ユーザー「pi」のパスワード変更）、[Set Up Screen]（画面調整、全画面を使ってデスクトップが表示されず黒い枠が表示されている場合はチェックマークを入れる）、[Select Wireless Network]（Wi-Fi設定）、[Update Software]（パッケージの更新）を行えます。この画面は、Raspberry Piのターミナルで**sudo piwiz &**を実行すると再表示できます。

[補足情報]VNCで接続する場合

VNC接続を有効にすると、macOSの[画面共有]や、VNC Viewerなどのソフトウェアなどを使って、Raspberry Pi OSのデスクトップ画面を表示できるようになります。

VNC接続を有効にするには、**sudo raspi-config**（p.261）の[3 Interface Options] - [P3 VNC]でVNC Serverを有効にします。なお、Raspberry Pi本体に画面を接続していない場合、VNC接続時の解像度が低くなっていることがあります。あらかじめ[2 Display Options]-[D1 Resolution]で解像度を変更しておくことで画面を見やすくできます。

VNC用のパスワードを設定する

続いて、**sudo vncpasswd -service**でVNC用のパスワードを設定します。**-service**は、画面共有でRaspberry Piのデスクトップを操作できる[サービスモード]用のパスワードを設定するためのオプションです。

```
raspi-configを終了するとプロンプトに戻る
pi@raspberrypi:~ $ sudo vncpasswd -service
Setting "Password" VNC parameter for Service Mode server
Password: ………………………… パスワード（6文字以上）を入力
Verify: ………………………… 確認のため再入力
Successfully set "Password" VNC parameter in /root/.vnc/config.d/vncserver-x11
```

VNCの認証方法を変更する

パスワードによる認証で接続できるようにするために、**/etc/vnc/config.d/common.custom**に**Authentication=VncAuth**という行を追加します。最初に起動した段階ではまだ**/etc/vnc/config.d/common.custom**ファイルがないので新規で作成します。root権限が必要です。

認証方法を変更したら、VNCサーバーを再起動します。ここでは、Raspberry Pi OSの**systemctl**コマンドで実行中のサーバープログラム（サービス）を一覧表示し、**grep**コマンドでサービス名に**vnc**を含む行を表示しています。**-i**（**--ignore-case**、大小文字を無視する）は大小文字を区別しないというオプションです。

```
/etc/vnc/config.d/common.customに追加
Authentication=VncAuth
```

```
VNCの認証方法を変更する
pi@raspberrypi:~ $ sudo vi /etc/vnc/config.d/common.custom ……… 新規作成
➡「Authentication=VncAuth」という行を入力して保存、終了する
pi@raspberrypi:~ $ systemctl | grep -i vnc ……… VNCのサービス名を確認
```

続く

```
  vncserver-x11-serviced.service                         loaded    active running
VNC Server in Service Mode daemon
⬆vncserver-x11-serviced.serviceだとわかった
pi@raspberrypi:~ $ sudo systemctl restart vncserver-x11-serviced.service ……
                                                            VNCサービスを再起動する
```

VNCで接続する

Linux環境やWindows環境の場合はVNCクライアント(VNCビューアー)、macOSの場合は[画面共有]で接続できます。

Ubuntu環境の場合**remmina**コマンドで、接続方法として[VNC]を選択することでRaspberry Piに接続できます(**図I**)。CentOS環境の場合はTigerVNCをインストール(**sudo dnf install tigervnc**)して**vncviwer**コマンド(**図J**)を使用するのが簡単でしょう。

macOSの場合は、[Finder]で command + K ([移動]-[サーバへ接続])で**vnc://raspberrypi.local**と入力、または[ターミナル]で**open vnc://raspberrypi.local**を実行すると、パスワード入力画面が開き、Raspberry Pi OSのデスクトップを表示することができます(次ページの**図K**)。

パスワードの入力画面が表示されない場合、あるいはパスワードによる認証がうまくいかない場合は**Authentication=VncAuth**の設定を確認し、Raspberry Piを再起動してください[注22]。

図I VNCクライアントから接続(Ubuntu環境のRemminaの例)

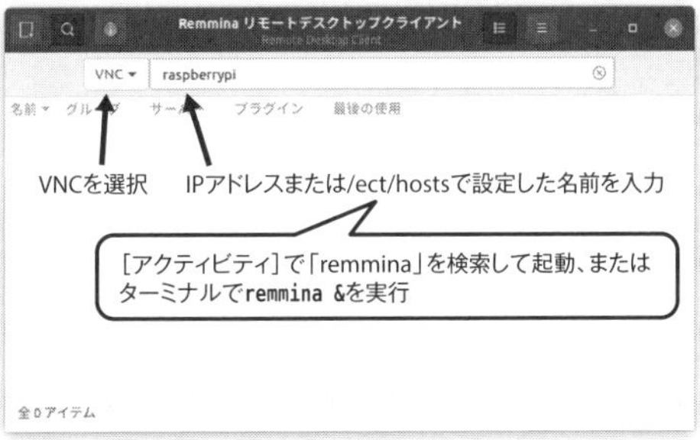

図J VNCクライアントから接続(CentOS環境のTigerVNCの例)

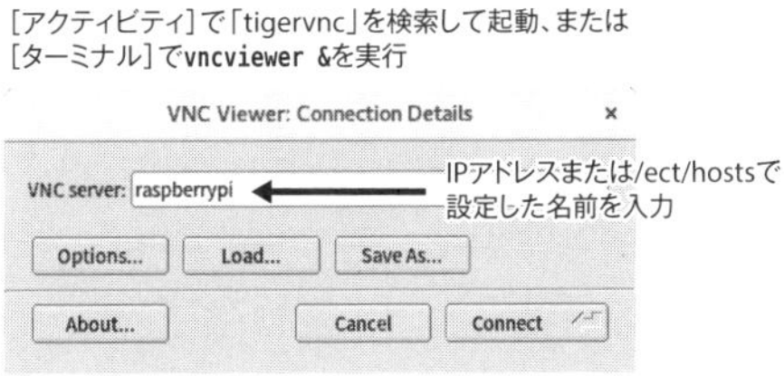

注22 GUI操作ができる場合は左上のメニューボタンから[Shutdown]を選択、SSH接続中の場合はRaspberry Piのプロンプトで**sudo reboot**を実行することで再起動できます。

図K　VNCで接続してRaspberry Pi OSのデスクトップを表示

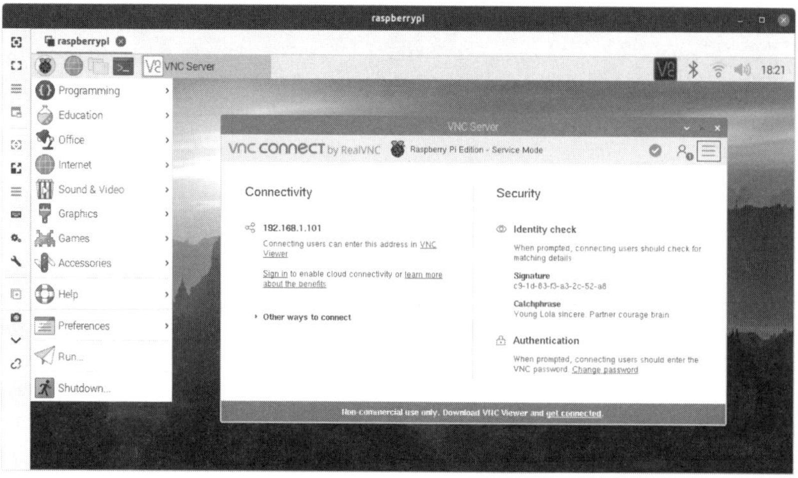

sudoでパスワードの入力を求めるようにする

Raspberry Pi OSの初期設定では、ユーザー「pi」はパスワードなしで**sudo**コマンドが使用できるようになっています。**sudo**の設定ファイル**/etc/sudoers**では、**#includedir**で**/etc/sudoers.d/**ディレクトリのファイルを読み込むように設定されており、**/etc/sudoers.d/010_pi-nopasswd**で、ユーザー「pi」に対し**NOPASSWD**が設定されているためです。

/etc/sudoers.d/010_pi-nopasswdを削除するか、下記のように「pi」の設定行をコメントアウトすることで、ユーザー「pi」でも**sudo**コマンド実行時にはパスワードの入力が求められるようになります。

```
pi@raspberrypi:~ $ sudo vi /etc/sudoers.d/010_pi-nopasswd
```

➡viが開くので「pi ALL=(ALL) NOPASSWD: ALL」の行頭に「#」を入力して保存
(読み込み専用のファイルなので、:wq!コマンドで強制的に書き込んで終了する)

索引
用語&コマンド

記号/数字

アルファベット

カナ

著者プロフィール

西村 めぐみ Megumi Nishimura

1990年代、生産管理ソフトウェアの開発およびサポート業務/セミナー講師を担当。書籍および雑誌での執筆活動を経て㈱マックス・ヴァルト研究所に入社、マーケティングリサーチの企画および実査を担当。その後、PCおよびMicrosoft Officeのeラーニング教材作成/指導、新人教育にも携わる。おもな著書は『図解でわかるLinuxのすべて』(日本実業出版社)、『シェルの基本テクニック』(IDGジャパン)、『[新版 zsh&bash対応] macOS×コマンド入門』(技術評論社)など。

装丁・本文デザイン……… 西岡 裕二
編集・DTP・図版………… 有限会社テクスト

WEB+DB《ウェブディービー》 PRESS《プレス》 plus《プラス》シリーズ

Linux《リナックス》＋コマンド入門《にゅうもん》

シェルとコマンドライン、基本《きほん》の力《ちから》

2021年 5月 1日 初版 第1刷発行
2022年 11月 15日 初版 第3刷発行

著者……………………………… 西村《にしむら》 めぐみ
発行者…………………………… 片岡 巌
発行所…………………………… 株式会社技術評論社
東京都新宿区市谷左内町21-13
電話 03-3513-6150 販売促進部
03-3513-6177 雑誌編集部
印刷／製本…………………… 日経印刷株式会社

ISBN 978-4-297-12024-5 C3055
Printed in Japan

●お問い合わせ
本書に関するご質問は記載内容についてのみとさせていただきます。本書の内容以外のご質問には一切応じられませんのであらかじめご了承ください。なお、お電話でのご質問は受け付けておりませんので、書面または小社Webサイトのお問い合わせフォームをご利用ください。

〒162-0846
東京都新宿区市谷左内町21-13
㈱技術評論社
『Linux＋コマンド入門』係
URL https://gihyo.jp (技術評論社Webサイト)

ご質問の際に記載いただいた個人情報は回答以外の目的に使用することはありません。使用後は速やかに個人情報を廃棄します。

ユーザーの管理/情報確認

id	ユーザーの情報を表示する
whoami	自分のユーザー名を表示する

passwd	ユーザーのパスワードを変更する
chsh	ユーザーのログインシェルを変更する

sudo	他のユーザーに成り代わってコマンドを実行する（通常はroot権限が必要なコマンドを実行する際に使用する）
su	他のユーザーに切り替える（通常はrootユーザーになる際に使用する）
su -	他のユーザーに切り替える。ログイン時の処理も行う
su $USER	自分自身に切り替える（グループの設定などを反映させる）

adduser	新しいユーザーを追加する
useradd	新しいユーザーを追加する
useradd -r	システムユーザーを追加する

userdel	ユーザーを削除する
userdel -r	ユーザーを削除する（ホームディレクトリも削除する）

usermod -g	ユーザーのプライマリグループを変更する
gpasswd -a	グループにメンバーを追加する
gpasswd -d	グループからメンバーを削除する

プロセスの管理/情報確認

ps	現在自分が端末で実行しているプロセスを一覧表示する
ps x	端末を持たないプロセスも含めて表示する
ps au	すべてのユーザー（**a**）の端末を持つプロセスをユーザーの情報付きで（**u**）表示する
ps aux	すべてのプロセスを表示する
ps axf	すべてのプロセスを親子ツリーで表示する
pstree	すべてのプロセスを親子ツリーで表示する
pgrep	プロセス名からプロセスIDを探す
pgrep -n	プロセス名からプロセスIDを探す（最も新しいプロセスを表示）
ps `pgrep 名前`	指定した名前のプロセスの情報を表示する
ps $PPID	親プロセスの情報を表示する
top	実行中のプロセスをリアルタイムで表示する（q で終了）

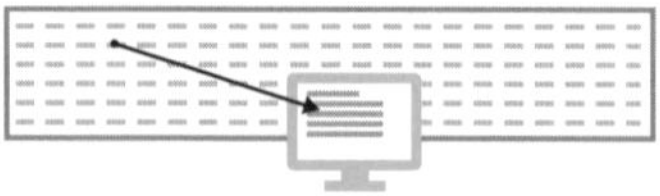

kill	指定したプロセスを終了させる。指定したシグナルを送る（プロセスIDで対象を指定）
killall	指定したプロセスを終了させる。指定したシグナルを送る（プロセス名で対象を指定）

おもなシグナル

シグナル	意味
HUP	端末またはプロセスが終了した（切断された）
INT	キーボードからの割り込み（Ctrl＋C相当）
KILL	プロセスの強制終了
TERM	プロセスの終了（killとkillallのデフォルトシグナル）

systemctl start	サービスを開始する
systemctl stop	サービスを終了させる
systemctl restart	サービスを開始し直す（設定の変更を反映させる）
systemctl status	サービスの状態を表示する
systemctl enable	OS起動時に自動で開始する
systemctl disable	自動で開始しないようにする

デバイス/ファイルシステムの情報確認

df	ディスクの空き領域を表示する
df -h	読みやすい単位で表示する

lsblk	ブロックデバイスを一覧表示する

mount	ディスクをマウントする。マウントの情報を表示する

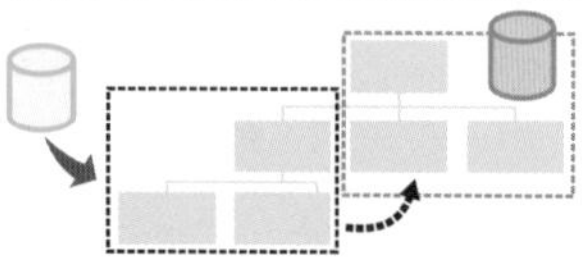

umount	マウントを解除する